病险水闸除险加固技术指南

水利部水利建设与管理总站
黄河水利科学研究院　编
河南黄河勘测设计研究院

黄河水利出版社
·郑州·

图书在版编目(CIP)数据

病险水闸除险加固技术指南/水利部水利建设与管理总站，黄河水利科学研究院，河南黄河勘测设计研究院编.—郑州：黄河水利出版社,2009.9

ISBN 978-7-80734-713-2

Ⅰ.病… Ⅱ.①水… ②黄… ③河… Ⅲ.①水闸-加固-指南 Ⅳ.TV66-62

中国版本图书馆 CIP 数据核字(2009)第162600号

策划组稿:王 琦 电话:0371-66028027 E-mail:wq_731212@163.com

出 版 社:黄河水利出版社

地址:河南省郑州市顺河路黄委会综合楼14层 邮政编码:450003

发行单位:黄河水利出版社

发行部电话:0371-66026940、66020550、66028024、66022620(传真)

E-mail: hhslcbs@126.com

承印单位:河南地质彩色印刷厂

开本:787 mm×1092 mm 1/16

印张:14.5

字数:380千字 印数:1—3100

版次:2009年9月第1版 印次:2009年9月第1次印刷

定价:45.00元

《病险水闸除险加固技术指南》
编　委　会

审　　定：张严明　江恩惠

审　　核：张文洁　冷元宝　席凤仪

主　　编：宋万增

副 主 编：王保民　朴哲浩　毕　生　赵圣立

编　　写：李永强　宋　力　李纪辉　鲁立三　张林波　刘　筠
张　彬　李　静　杨　勇　张　波　王世忠　张廷毅

特邀专家：李兴平　虞强生　耿石民

前 言

水闸工程是国民经济和社会发展的重要基础设施,新中国成立以来,我国修建了大量水闸,据不完全统计,截至2008年底,我国已建成各类小(I)型以上水闸40 603座,其中,大型水闸877座、中型水闸6 018座、小型水闸33 708座。我国幅员辽阔,河流众多,各地区地理、水文、气象条件复杂多变,水资源分配极度不均,干旱缺水和洪涝灾害并存,这些水闸为保障和促进社会经济的发展,兴利除害,保护人民生命财产安全作出了巨大贡献,在防洪、防潮、排涝、供水、灌溉、发电、养殖、生态保护等方面发挥着重要的作用,在水资源的优化配置和防洪减灾中具有特殊的地位。但我国的水闸大部分建于20世纪80年代以前,由于当时社会经济和技术条件的限制,同时,我国的水文记录历史也比较短,使这些水闸在建成后就存在着防洪标准和建设标准偏低、建设质量差等诸多问题。随着水闸使用年限的增加,这些水闸已接近建筑使用寿命,同时出现建筑物结构老化、机电设备陈旧等诸多问题,加之工程配套设施不够完备、工程管理水平低、管理运行机制不健全、维护和维修经费投入不足等因素,致使病险水闸存在严重的工程安全隐患,不仅不能够完全发挥水闸兴利除害的效益,而且时刻严重威胁着人民生命财产安全。

水是国家重要的战略资源,水闸是工农业生产、供水、防洪、防潮、排涝、航运和水资源合理利用等的重要水利工程,直接涉及到工农业的生产安全和人民群众的生命安全,是水利行业国家公共安全的重要组成部分。党和政府历来高度重视水闸工程的安全,《中华人民共和国水法》、《中华人民共和国防洪法》、《水闸安全鉴定规定》、《水闸工程技术管理规程》和《水闸安全鉴定管理办法》中都对病险水闸除险加固工作作出了相应的规定。水利部根据《国民经济和社会发展第十一个五年规划纲要》和《安全生产"十一五"规划》等文件精神,坚持"以人为本",全面落实科学发展观,确保水利工程的安全生产。在2009年1月6日召开的全国水利工作会议上,陈雷部长提出"今后2~3年,要突出抓好'十大水利工程'建设",其中第一件事情即为"病险水库除险加固工程:确保2010年年底完成6 240座大中型和重点小型病险水库除险加固任务,在此基础上,启动大中型病险水闸除险加固工程,加快各地小型病险水库除险加固步伐"。之后,为贯彻落实全国水利工作会议精神,推进病险水闸除险加固工作,水利部办公厅印发了《关于开展全国大中型病险水闸除险加固专项规划编制工作的通知》(办规计[2009]85号),对病险水闸除险加固工作作出了具体部署;提出"以保障防洪安全、供水安全、粮食安全和生态安全为目标,在水闸注册登记和安全鉴定的基础上,综合考虑大中型病险水闸的特点、险情、功能和效益,因地制宜、统筹兼顾、注重实效,合理制定除险加固方案,用3~5年时间完成全国大中型病险水闸的除险加固任务,充分发挥水闸的防洪排涝与供水作用,提高区域防洪保障能力和粮食生产能力,促进经济社会又好又快发展"。因此,大中型病险水闸的除险加固工作将是水利行业今后一段时间内的又一项重点工作。

在水利部1998年6月3日发布的《水闸安全鉴定规定》(SL214—98)中,将水闸分为一、二、三、四类闸。根据水利部《关于开展全国大中型病险水闸除险加固专项规划编制工作的通知》的精神,病险水闸除险加固的重点主要是全国水利系统管辖、已进行注册登记、经安全鉴定确定为三类或四类的大型(最大过闸流量≥1 000 m^3/s)和中型(100 m^3/s≤最大过闸流量<1 000 m^3/s)病险水闸。根据水利部2008年开展水闸安全状况普查的情况,病险水闸数量较大,除险加固工作的任务相当繁重。

病险水闸除险加固规划编制工作是在全国水闸注册登记、全国大中型水闸安全状况普查的基础上,依据水利部办规计[2009]85号文,通过对水闸进行全面的安全鉴定,根据水闸安全鉴定结论,进而确定病险水闸除险加固项目。在规划编制完成后,通过相应的技术手段,采取工程措施与非工程措施相结合的方法,消除水闸病险,恢复水闸的设计功能,从而保证水闸的安全运行及其在灌溉、供水、生态环境等方面效益的充分发挥。

影响病险水闸除险加固效果的关键因素是水闸安全鉴定结论的准确性和病险水闸除险加固设计方案对恢复水闸设计功能的可行性、有效性及经济性。国内开展病险水闸除险加固工作时间还比较短,1998年水库水闸规划实施后,水库开展了大规模的除险加固工作,但水闸仅有20座左右进行了除险加固,虽然相关的科研、设计、施工单位结合本单位本地区的特点和优势,对该项工作开展了不同程度的研究、探索和实践,但总体来讲,病险水闸除险加固还存在实践经验不足、技术成熟度不够等问题,特别是针对病险水闸除险加固工作中的设计、施工、验收等方面,缺乏相应的比较完善的技术标准体系。目前,水利部门发布的可用于水闸安全鉴定和病险水闸除险加固工作中的技术标准主要有:《水闸技术管理规程》(SL75—94)、《水闸安全鉴定规定》(SL214—98)、《水闸设计规范》(SL265—2001)、《水闸施工规范》(SL27—91)及水建管(2008)214号文件"水闸安全鉴定管理办法",其中《水闸设计规范》和《水闸施工规范》等多数规程规范主要是针对新建工程制定的,对病险水闸除险加固工作缺乏具有针对性的规范规程。因此,为了高效、经济、合理、安全地开展病险水闸除险加固工作,有必要对国内比较适用的成熟技术和方法进行深入研究和探索,初步编制病险水闸除险加固技术指南。本书基于上述目标,以水利水电工程的相关规范规程为依据,研究吸收了国内相关部门在病险水闸除险加固工作中积累的经验,参考了不同专家学者公开发表的论文和著作,借鉴了其他行业的相关规程规范,结合编写单位在除险加固方面的经验,在简要介绍水闸安全鉴定工作技术的基础上,对病险水闸如何开展初步设计、目前国内可用于病险水闸除险加固的较成熟技术进行了重点论述,同时给出了必要的实例供参考。通过上述内容,以期对将开展的全国病险水闸除险加固的初步设计工作从技术上提供指南和参考。

本书第一章由朴哲浩、宋力编写,张文洁定稿;第二章由宋力编写,张文洁定稿;第三章第一节~第四节由李永强编写,第五节由李纪辉、张林波、刘筠、李静编写,第六节由张林波编写,第八节~第十四节由张波编写,第三章由王保民定稿;第四章第一节由鲁立三、杨勇编写,第二节由毕生编写,第三节由毕生主要编写,其中第八小节由张彬编写,第四节由毕生、赵圣立编写,第五节由王世忠、张廷毅编写,第四章由宋万增定稿。全书内容由宋万增定稿,由张文洁、冷元宝、席凤仪审核,由张严明、江恩惠审定。在编写过程中,参考了国内病险水闸及其他行业除险加固的相关书籍,在参考文献中一并列出,在此表示衷心的感谢!本书在编写和出版过程中得到了水利部水利建设管理总站、黄河水利科学研究院、河南黄河勘测设计研究院等有关方面领导的关心和支持,特别是得到了李兴平、虞强生、耿石民三位特邀专家的支持和关心,在此一并表示衷心的感谢。同时由于时间紧迫、编者水平和国内整体技术水平所限,本书不当之处敬请赐教。

编委会

2009年8月

目　录

第一部分　技术指南

第二部分　工程实例

第一部分　技术指南

第一章 概 述

第一节 水闸工程基本情况

一、水闸工程基本概念

(一)水闸工程的功能和分类

水闸是调节水位、控制流量的低水头水工建筑物,具有挡水和泄水(引水)的双重功能,在防洪、治涝、灌溉、供水、航运、发电等方面应用十分广泛。按水闸的作用,水闸分为节制闸、进水闸(分水闸、分洪闸)、退水闸(排涝闸)、挡潮闸(双向挡水)、渠首闸(引水闸)及冲沙闸,按闸室结构型式分为开敞式、胸墙式、涵洞式、双层式。

(二)水闸工程的组成

水闸工程由闸室,防渗排水、消能防冲及两岸连接工程,管护设施等组成。

1. 闸室

闸室是水闸工程的主体,由底板、闸墩(含边墩)、工作桥及启闭机房、检修便桥、交通桥等组成,可按开敞式、胸墙式、涵洞式单独布置,也可双层布置。闸顶高程、闸孔净宽、闸底板高程和形状、闸墩及分缝、胸墙、闸门及门槽、启闭机等由设计确定。闸门按材质分类主要有钢闸门、混凝土闸门和正在淘汰的钢丝网水泥薄壳闸门,按形状分类主要有平板闸门、弧形闸门。启闭机主要有卷扬(固定或移动)启闭机、液压启闭机、螺杆启闭机。电气设备主要包括变压器、线路及供配电系统、操作控制和自动化监控系统、照明及防雷系统等。

2. 防渗排水、消能防冲及两岸连接工程

防渗排水工程包括铺盖、垂直防渗体(板桩、防渗墙、帷幕、铺膜等)、排水井(沟)等。消能防冲工程包括陡坡(溢流面、挑流段)、消力池、消力槛(墩)、护坦、海漫、防冲槽及护坡等。两岸连接工程包括岸墙、上下游翼墙、上下游护坡及堤岸等。

3. 管护设施

水闸工程管护设施包括水闸工程的管理范围和保护范围、工程观测项目及设施、交通设施、通信设施、生产生活设施等。

管理范围是管理单位直接管理和使用的范围,包括各建筑物(上游引水渠、闸室、下游消能防冲工程、两岸连接建筑物)覆盖范围、加固维修及美化环境所需范围、管理及运行所必需的其他设施占地(包括办公、生产、生活及福利区,多种经营等设施占地)。水闸工程建筑物覆盖范围以外的管理范围见表1.1。

保护范围是管理范围以外,禁止危害工程安全活动的范围。

一般性观测项目及设施包括水位、流量、沉降、扬压力、水流形态、冲刷及淤积等项目

表 1.1　水闸工程建筑物覆盖范围以外的管理范围　（单位:m）

项目	建筑物等级				
	1	2	3	4	5
上、下游宽度	1 000 ~ 500	500 ~ 300	300 ~ 100	100 ~ 50	100 ~ 50
两侧的宽度	200 ~ 100	100 ~ 50	50 ~ 30	50 ~ 30	50 ~ 30

及设施；专门性观测项目及设施包括水平位移、永久缝、裂缝、结构应力、地基反力、墙后土压力、混凝土碳化和冰凌等项目及设施。交通设施包括对外交通、内部交通（主要是道路）及交通工具等。通信设施包括内、外通信设备（有线、无线），机房及其辅助设施等。生产生活设施包括办公设施、生产及辅助生产设施、闸区管护标志、职工的生活及文化福利设施。生产生活区的附属设施包括供排水、供电及备用电源、供热取暖、绿化美化等设施。

（三）水闸等级划分及洪水标准

1. 等级划分

平原区水闸枢纽工程的等别和规模按《水闸设计规范》（SL 265—2001）确定（见表 1.2），即按水闸的最大过闸流量和保护对象的重要性确定。水闸的级别以水闸建筑物的等别确定。水闸枢纽建筑物级别见表 1.3。山丘区水利水电枢纽工程中水闸的级别，可根据所属枢纽工程的等别及水闸自身的重要性按表 1.3 确定。山丘区水利水电枢纽工程等别按《水利水电工程等级划分及洪水标准》（SL 252—2000）的规定确定。灌排渠系上水闸一般没有泄洪要求，其级别按《灌溉与排水工程设计规范》（GB 50288—99）的规定确定，见表 1.4。位于防洪（挡潮）堤上的水闸的级别，不得低于防洪（挡潮）堤的级别。

表 1.2　平原区水闸枢纽工程的等别和规模

项目	工程等别				
	Ⅰ	Ⅱ	Ⅲ	Ⅳ	Ⅴ
工程规模	大(1)型	大(2)型	中型	小(1)型	小(2)型
最大过闸流量(m^3/s)	≥5 000	5 000 ~ 1 000	1 000 ~ 100	100 ~ 20	<20
保护对象的重要性	特别重要	重要	中等	一般	—

注：按水闸最大过闸流量和保护对象重要性确定水闸等别时，应综合分析确定。

表 1.3　水闸枢纽建筑物级别

工程等别	永久建筑物级别		临时性建筑物级别
	主要建筑物	次要建筑物	
Ⅰ	1	3	4
Ⅱ	2	3	4
Ⅲ	3	4	5
Ⅳ	4	5	5
Ⅴ	5	5	—

表 1.4　灌排渠系建筑物分级指标

项目	工程级别				
	1	2	3	4	5
过水流量(m^3/s)	≥300	300~100	100~20	20~5	≤5

2. 洪水标准

水闸工程的洪水标准以水闸建筑物的级别来确定。水闸工程的设计和校核洪水位、闸顶超高及抗滑稳定安全系数由洪水标准(即设计和校核洪水重现期)确定。

平原区水闸的洪水标准按表 1.5 及发展要求确定。挡潮闸的设计潮水标准见表 1.6。山丘区水利水电枢纽水闸的洪水标准与枢纽中永久建筑物一致,按《水利水电工程等级划分及洪水标准》(SL 252—2000)确定。灌排渠系上水闸的洪水标准见表 1.7。防洪(挡潮)堤上水闸的洪水标准,不得低于防洪(挡潮)堤的洪水标准。

平原区水闸消能防冲设施的洪水标准与水闸一致。山丘区水利水电枢纽水闸消能防冲设施的设计洪水标准见表 1.8。

表 1.5　平原区水闸的洪水标准

项目		水闸级别				
		1	2	3	4	5
洪水重现期(年)	设计	100~50	50~30	30~20	20~10	10
	校核	300~200	200~100	100~50	50~30	30~20

表 1.6　挡潮闸设计潮水标准

项目	挡潮闸级别				
	1	2	3	4	5
设计潮水位重现期(年)	≥100	100~50	50~20	20~10	10

表 1.7　灌排渠系上水闸的洪水标准

项目	灌排渠系上水闸的级别				
	1	2	3	4	5
设计洪水重现期(年)	100~50	50~30	30~20	20~10	10

表 1.8　山丘区水利水电枢纽水闸消能防冲设施的设计洪水标准

项目	水闸级别				
	1	2	3	4	5
设计洪水重现期(年)	100	50	30	20	10

二、水闸工程基本情况

(一)水闸数量多

新中国成立以前,我国的水闸数量很少,规模也不大,且大多用于灌溉引水,用于防洪、分洪的水闸廖廖无几。新中国成立以后，党和政府非常重视水利建设事业，特别是20世纪50～70年代，在兴修水利的高潮中，全国各地建成了大量的水闸。截至2009年5月，全国由各级政府水行政部门管理的小(1)型以上水闸有4.1万多座。其中：过闸流量达到1 000 m^3/s以上的大型水闸1 000多座，过闸流量达到100 m^3/s、小于1 000 m^3/s的中型水闸6 700多座。此外，据不完全统计，还有过闸流量为20～100 m^3/s的小(1)型水闸3.3万多座。

(二)工程结构型式复杂多样

由于挡水或泄水条件、运行要求以及地形地质情况的不同，我国水闸工程结构型式也复杂多样，一般可分为开敞式水闸、胸墙式水闸、涵洞式水闸和双层式水闸等。

开敞式水闸的闸室为开敞式结构，闸门全开时过闸水流为自由水面，过水面积和泄流量随水位抬高而增加，漂浮物可随水流下泄，适用于泄洪闸、分洪闸以及有通航、过木、排冰要求的水闸，应用较广。

胸墙式水闸通过固定孔洞下泄水流，其闸槛高程低、挡水高度大，沿江、沿海地区多采用这种结构型式的水闸。

涵洞式水闸分为有压式和无压式，主要修建在引水流量不大、堤身较高的渠道上。

双层式水闸的闸室分上、下两层，分别装设闸门，面层泄洪和漂浮物，底层冲沙冲淤，多数用于拦河节制闸、进水闸、分水闸以及软弱地基上修建的水闸，如位于江苏省淮安市南郊楚州区的淮安枢纽工程，就是公路立交旱闸。

(三)在国民经济发展中的作用重大

水闸工程属于水利基础设施，是江河湖泊防洪除涝体系的重要组成部分。多年来，在各级主管部门和水闸管理单位的共同努力下，水闸工程在防洪、灌溉、排涝、供水、发电、通航等方面发挥了显著的经济效益和社会效益，今后在国民经济发展中的作用也将越来越重要。例如内蒙古自治区兴建的水闸，防洪保护人口630万人，保护耕地183 hm^2，仅黄河三盛公水利枢纽的年平均防洪效益即超过2 700万元。

江苏省已建成水闸约3 000座，不仅保护着44座大中小城市、津沪和陇海铁路、沪宁和连霍高速公路的防洪安全，还保护耕地581.4万hm^2，其他效益还有排涝面积443.5万hm^2，有效灌溉面积385.5万hm^2，水电站装机容量达1.1万kW，养鱼水面面积0.43万hm^2，初步形成了遇洪能泄、遇涝能排、遇旱能抗、遇潮能挡、遇渍能降的工程体系，确保了江苏省国民经济协调健康发展。

(四)水闸工程安全隐患突出

水闸工程在长期的运行过程中，其安全性及使用功能逐渐减弱，这是一个不可逆转的客观规律。同时，许多水闸建成时间早，建设标准低、老化失修严重，普遍存在各种安全隐患，形成大量病险水闸。

根据全国水闸安全普查等工作的不完全统计，截至2008年5月，全国共有大中型病险水闸2 600多座，占全国大中型水闸总数的33%左右。其中大型病险水闸370多座，占全国大型水闸的35%左右；中型病险水闸2 300多座，占全国中型水闸的34%左右。在这些病险水闸的各类安全隐患中，水闸结构失稳或渗流破坏占32%左右，过水能力不足占37%左右，钢筋混凝土严重损坏占76%左右，闸下游消能防冲设施严重损坏占42%左右，闸门、启闭机和机电设备损坏或老化失修占75%左右，其他如闸位或者枢纽布置不合理，防渗铺盖、翼墙、堤岸护坡损坏，管理房屋失修，防汛道路损坏，缺少备用电源、交通车辆和通信设施等，占50%左右。

第二节 水闸安全管理现状

一、水闸安全管理基本情况

（一）工程基础条件薄弱

据水闸注册登记情况，我国70%以上的水闸建成于20世纪80年代以前，这些水闸普遍存在着工程建设标准低、工程质量差的情况，先天条件不足。在几十年运行期间，由于管理经费缺乏，检查观测、维修养护等管理工作难以到位，造成工程老化、失修严重，安全隐患较多，水闸安全管理的工程基础条件薄弱。

（二）工程管理不规范

部分水闸尤其是小型水闸管理机构不健全，没有专门管理机构和专职管理人员，没有结合本地情况制定或修订防汛值班制度、泄洪设施启闭规程、安全观测制度、维修养护等规章制度；有时安全检查不认真细致，流于形式，不能及时发现和排除安全隐患，水闸违章运用情况和险情事故时有发生。

（三）监管手段缺乏

水闸工程数量多、分布广，管理体制复杂，水闸注册登记和安全鉴定管理等制度实施时间短，水闸运行监管制度尚未健全，上级主管部门缺乏有效的安全监控手段。一些地区的水行政主管部门无法掌握所辖范围内水闸运行管理情况，从而难以实施有效监管和科学决策，工程除险加固、更新改造等措施不能全面落实。

二、水闸安全管理日益重要

近年来虽然加快了除险加固进程，但安全隐患多的现象仍然比较普遍，水闸安全形势依然严峻。

（一）病险水闸是防洪安全的重大隐患

在国家防洪体系中，由于水闸设计防洪标准低或存在各种各样的病险问题，使水闸不能正常安全运行，汛期不能按防洪要求适时拦蓄或排泄洪水，严重影响水闸防洪效益的发挥。病险水闸存在的重大安全隐患，一旦形成险情或发生事故，将对防洪安全造成巨大影响，对社会稳定造成严重威胁。特别是重要堤防上的病险水闸，往往是堤防体系中的最薄弱环节，严重影响堤防整体安全，在汛期时刻威胁着当地人民群众生命财产安全和正常的生活秩序。1996年8月，安徽省长江干堤上的杨墩站水闸发生整体沉陷3.5 m的重大险情，虽经抢护，保住了干堤没有决口，但水闸本身全部报废，造成1.43万hm^2农田和16万人口受灾，直接经济损失达3 000万元以上。1998年大洪水期间，仅长江、松花江、嫩江就有291座涵闸相继出现险情，对堤防安全造成重大威胁。

（二）病险水闸严重影响着水闸兴利效益的发挥

水是国家的战略性基础资源，我国是世界上严重缺水的国家，而且水资源时空分布极不均衡。随着我国社会经济的快速发展,水资源需求增长与水资源短缺这一矛盾日益突出。作为保障国民经济持续发展的重要基础设施之一,水闸在水资源调配过程中的兴利功能显得越来越重要。然而,由于病险问题的存在,水闸应有的兴利效益难以发挥,给农村、城市、工矿企业的生产生活带来不利影响。如福建省厦门市,主要依靠水闸拦河蓄水,作为城市生活供水的水源地,由于水闸设计标准低,经常发生海潮倒灌,影响了供水水质;西北一些水资源匮乏地区,农业灌溉及人畜饮水主要依靠水闸拦蓄冰山融雪等产生的径流,由于病险水闸的存在,使当地群众生存和发展失去可靠保证。

(三)对水闸安全管理的要求越来越高

随着经济社会的快速发展,对水闸安全管理提出了越来越高的要求,除确保水闸及其上下游的防洪安全外,还要满足排涝、挡潮、供水、灌溉、发电、航运等要求。水闸运行安全直接关系国民经济发展、社会秩序稳定和人民生命财产安全,一旦失事,所造成的人员伤亡、对城镇及交通等基础设施的毁坏等损失和影响,远比一般公共设施失事的后果严重得多。因此,水闸安全管理工作日益重要,水闸安全管理工作要求越来越高,各级单位和部门的水闸运行安全监管责任日益重大。

水闸安全隐患严重影响水闸防洪除涝效益和兴利效益的发挥,给日益发展的国民经济带来了不可忽视的制约和威胁。切实加强水闸工程安全管理,尽快实施病险水闸除险加固,既是民生水利的重要体现,也是水利可持续发展的自身需要。

三、水闸安全管理制度的建立和不断完善

新中国成立以来,水闸安全管理方面的法规与技术标准体系不断建立和完善,国家有关部门相继颁布实施了《中华人民共和国河道管理条例》、《河道管理范围内建设项目管理的有关规定》等行政法规和部门规章,制定或修订了《水闸安全鉴定规定》(SL 214—98)、《水闸工程管理设计规范》(SL 170—96)、《水闸技术管理规程》(SL 75—94)、《水闸设计规范》(SL 265—2001)、《水闸施工规范》(SL 27—91)等技术标准。特别是近年来,国家水行政主管部门为进一步加强水闸安全管理,颁布了《水闸注册登记管理办法》、《水闸安全鉴定管理办法》、《水利工程管理考核办法》等管理规章,《水闸工程养护修理规程》等技术标准的组织编写工作基本完成。

2005 年以来,国家水行政主管部门部署开展了水闸注册登记、安全状况普查等一系列水闸安全管理工作。2005 年 6 月,水利部颁布实施《水闸注册登记管理办法》,要求各地按照管理权限,对所属水闸数量、规模、权属、地点、工程主要特性指标、安全类别、管理情况等进行注册登记,作为今后水闸工程管理考核、改建、扩建、除险加固等的主要依据之一。截至 2008 年年底,基本完成全国大中型水闸和大部分小(1)型水闸的注册登记工作。2008 年 6 月,《水闸安全鉴定管理办法》由水利部发布实施,从行政层面上明确了水闸安全鉴定的组织、程序和主要工作内容等,对完善水闸安全管理规章制度,进一步规范安全鉴定工作,起到积极的促进作用。2008 年 6 月,为掌握全国水闸基本情况及安全现状,水利部组织开展全国水闸安全普查,要求各地在抓紧做好水闸注册登记和安全鉴定工作的同时,对本区域内大、中、小(1)型水闸数量和安全类别进行全面调查,及时查明工程安全隐患,针对性地采取降等运用、除险加固等措施,为促进和规范安全鉴定工作,实施全

国病险水闸除险加固奠定了坚实基础。

目前,水闸安全管理方面的主要法律、法规、部门规章和规范性文件包括:

(1)《中华人民共和国水法》;

(2)《中华人民共和国防洪法》);

(3)《中华人民共和国河道管理条例》);

(4)《水闸注册登记管理办法》);

(5)《水闸安全鉴定管理办法》);

(6)《水利工程管理考核办法》);

(7)《水利工程管理单位定岗标准》(试行));

(8)《水利工程维修养护定额标准》(试行));

(9)《河道管理范围内建设项目管理的有关规定》。

水闸安全管理方面的主要技术标准包括:

(1)《防洪标准》(GB 50201—94);

(2)《水利水电工程等级划分及洪水标准》(SL 252—2000);

(3)《水利水电建设工程验收规程》(SL 223—2008);

(4)《水闸安全鉴定规定》(SL 214—98);

(5)《水闸设计规范》(SL 265—2001);

(6)《水利水电工程钢闸门设计规范》(SL 74—95);

(7)《水利水电工程沉沙池设计规范》(SL 269—2001);

(8)《水工建筑物抗冰冻设计规范》(SL 211—2006);

(9)《水闸工程管理设计规范》(SL 170—96);

(10)《水闸技术管理规程》(SL 75—94);

(11)《水闸施工规范》(SL 27—91);

(12)《水利水电工程钢闸门制造安装及验收规范》(DL/T 5018—2004);

(13)《水利水电工程启闭机制造安装及验收规范》(SL 381—2007);

(14)《水工钢闸门和启闭机安全检测技术规程》(DL/T 835—2003);

(15)《水工金属结构防腐蚀规范》(SL 105—2007);

(16)《水工建筑物抗冲磨防空蚀混凝土技术规范》(DL/T 5207—2005);

(17)《水利水电工程金属结构报废标准》(SL 226—98);

(18)《水利水电工程闸门及启闭机、升船机设备管理等级评定标准》(SL 240—1999)。

第三节 水闸安全鉴定及除险加固情况

水闸安全鉴定是水闸工程管理的重要基础工作,病险水闸除险加固是排除水闸安全隐患、实现水闸安全管理的重要手段。不断提高水闸安全鉴定质量,完善水闸安全鉴定工作制度,并在此基础上深入开展病险水闸除险加固工作,对加强水闸工程管理,保障水闸运行安全,促进水闸工程管理制度化、规范化,发挥各级水行政主管部门的水闸工程安全监管职能,具有重要意义。

一、安全鉴定开展情况

《水闸安全鉴定规定》(SL 214—98)要求,水闸投入运用后每隔15~20年,应进行一次全面安全鉴定;单项工程达到折旧年限,应适时进行安全鉴定;对影响水闸安全运行的单项工程,必须及时进行安全鉴定。《水闸安全鉴定管理办法》进一步规定,首次安全鉴定应在竣工验收后5年内进行,以后应每隔10年进行一次全面安全鉴定。因此,目前绝大多数水闸需要展开全面或单项安全鉴定。

据全国水闸安全状况普查资料,截至2008年,全国曾经开展过安全鉴定的大中型水闸约1 500座,只占全国大中型水闸数量的30%左右,开展过安全鉴定的小型水闸比例更低。

二、安全鉴定工作存在的问题

目前各地水闸安全鉴定质量良莠不齐,水闸安全鉴定工作中还存在很多问题,特别是安全鉴定组织管理、安全评价环节缺乏规范性和系统性,影响水闸安全鉴定工作质量。

(一)安全评价技术工作不规范

《水闸安全鉴定规定》(SL 214—98)虽然从技术层面对水闸安全鉴定各项内容进行了规定,但实际操作中仍存在现场安全检测项目设置不合理、复核计算依据不准确、安全类别判断尺度不均、报告编写体例格式不一等情况。

(二)鉴定组织管理不符合规定

《水闸安全鉴定管理办法》出台前,水闸管理单位和主管部门对安全鉴定组织程序、单位职责等行政规定理解不统一,一些水闸安全鉴定工作中存在组织管理的分级原则不一致、鉴定目的和必要性论述不清晰、委托开展安全评价的单位资质不够、承担单位之间职责划分不明确、安全评价成果审查专家组成不科学等问题。

(三)鉴定内容不全面

水闸安全鉴定工作的基础是设计、施工、管理运行三方面的资料,只有准确了解这些情况,鉴定才能有的放矢,真正反映水闸病险,为安全管理和除险加固提供可靠依据。但我国水闸大量建于20世纪50~70年代,很多水闸目前已无当时设计、施工等方面的基本资料,运行、观测、维修养护等资料也不完整,故无法保证安全鉴定内容的全面和系统,也就不能查找工程的所有安全隐患。

(四)鉴定工作深度不足

在安全鉴定实际工作中,由于地质勘察、现场检测、复核计算工作不深入,难以准确地判断工程安全隐患性质、分析病险原因、揭示病险程度,从而影响了水闸安全鉴定结论的正确性,无法给水闸除险加固提供有效的依据,造成资金浪费或加固不彻底,有的水闸甚至要进行二次除险加固。

三、病险水闸除险加固情况

(一)已完成的除险加固工作

1998年后,水利部曾进行过全国病险水闸除险加固工作,但当时资金有限,只在大江大河整治工程中完成了28座骨干水闸的除险加固任务。各流域委、省(市)、自治区也十分重视病险水闸的除险加固工作,尤其近几年来病险水闸加固投资力度进一步加大,特别是东部发达地区病险水闸除险加固工作进一步加快。但有些经济欠发达地区,限于资金问题,至今还未开展病险水闸的除险加固工作。截至2008年年底,全国各流域委及各省(市)、自治区共完成除险加固工作的大中型病险水闸299座(其中大型100座、中型199座),约占全国大中型水闸总数的4%,加固总投资约44亿元。

(二)水闸除险加固的效益

已进行除险加固的水闸基本消除了本身存在的问题,同时部分水闸根据现行规范要求,提高了设计标准,增强了防洪、排涝和供水能力,不少水闸加固完成后已经历多次大洪水的考验,运行安全可靠,对当地经济社会的稳定和发展产生积极影响。

如安徽省王家坝闸为淮河干流蒙洼蓄洪区的进洪闸,兴建于1953年,为Ⅱ等大(2)型工程。王家坝闸由国家防汛抗旱总指挥部统一调度,对有效地削减淮河洪峰,减轻淮河中游防洪压力起到关键作用。王家坝闸运行50余年,由于工程老化、破损严重,存在闸室抗滑稳定、闸基渗流稳定及闸下消能防冲设施等多处严重不安全隐患,且原设计标准偏低。2003年大水后,水利部淮委规计[2003]409号文《关于王家坝闸除险加固工程初步设计的批复》确定对王家坝闸加固改造,批复总投资为2 520万元,总工期为16个月,工程于2003年9月26日正式开工,11月2日整体爆破拆除,2005年4月22日交付使用,2006年5月20日正式通过淮委组织的竣工验收。加固改造后的王家坝闸,已成为淮河上集洪水控制、交通运输、观光旅游于一体的大型水利设施。王家坝闸加固完成后运行安全正常,2007年淮河发生了流域性大水,王家坝闸开闸蓄洪,对2007年防汛抗洪的胜利发挥了巨大作用。

山东省梁山闸作为南水北调的骨干重点工程,除险加固后蓄水量增加220万 m^3,增加灌溉面积6 667 hm^2,年平均增加经济效益1 000万元。

2007年开工建设的北京北运河北关分洪枢纽改建工程,现已完成北关拦河闸的改建工作,北关分洪闸改建主体工程已完工,目前正在加紧后期施工。北关拦河闸及分洪闸位于北运河起点处,两闸共同组成分洪枢纽工程,是北京市东南郊防洪除涝工程的重要建筑物。其主要功能是:除汛期分泄洪峰以减少北运河下游防洪负担外,在灌溉季节蓄水灌溉。当闸上水位20.50 m时,可蓄水1 000万 m^3,配套灌溉面积2 133 hm^2。改建工程建成后,年平均新增防洪效益3 080万元,蓄水灌溉效益1 920万元,国民经济效益可观。同时,工程建成后,对提高通州新城的景观品位,传承千年的运河文化,大力推动通州新城建设,发挥了巨大的社会效益。

内蒙古自治区小(1)型以上的水闸保护人口485万人、耕地59.4万 hm^2、城镇28个。三盛公水利枢纽防洪、防凌效益显著,保护人口149万人、耕地3.8万 hm^2,2008、2009年连续两年凌汛期间分凌、分洪量1亿多 m^3,有效缓解了黄河凌汛压力。

(三)水闸除险加固的管理措施

为了摸清水闸安全状况,2008年6月,水利部组织开展了全国水闸安全状况普查工作,要求各地对所属水闸数量、规模、权属、地点、工程主要特性指标、安全类别、管理情况等进行统计上报,重点查明工程安全隐患,掌握全国水闸病险问题及分布情况,为下一步开展病险水闸除险加固专项规划和实施工作，有针对性地采取降等运用、除险加固等措施，提供了工作依据。

新中国成立以来，针对水闸安全管理方面编制了一系列规范规程，如《水闸安全鉴定规定》、《水利水电工程金属结构报废标准》、《水工钢闸门和启闭机安全检测技术规程》等。按照水利部颁布的《水闸注册登记管理办法》，开展了全国水闸的注册登记工作；组织编制并颁布了《水闸安全鉴定管理办法》，对水闸安全鉴定制度、基本程序及组织、工作内容等各方面都作出了明确规定；针对各地水闸安全鉴定工作中工程现状调查、现场检测、复核计算和安全评价等方面存在的问题，在总结水闸安全鉴定工作经验的基础上，由水利部水利建设与管理总站和黄河水利科学研究院联合编制的《水闸安全鉴定技术指南》于2009年3月出版发行，并在“全国水闸安全鉴定技术培训班”中作为培训教材使用，得到了全国水闸安全鉴定人员的认可，同时也为下阶段全国病险水闸除险加固规划的制定和实施工作提供了重要的技术支撑。

（四）除险加固工作的必要性

2008年6月，水利部组织开展了全国水闸安全状况普查工作，从目前有关单位普查的情况来看，全国小(1)型以上水闸约有2/3存在不同程度的病险情况。病险问题已严重影响到水闸防洪兴利功能的正常发挥，威胁着人民群众的生命财产安全，也影响了粮食生产安全。因此，针对全国病险水闸，开展除险加固势在必行。

党和政府一直十分重视病险水库、水闸除险加固工作。特别是1998年大水后，在全国范围内开展了规模空前的病险水库除险加固工作，但对病险水闸的除险加固工作尚未全面开展。目前，全国仍有大量病险水闸亟待除险加固，因此在今后相当长的时间内，病险水闸除险加固的工作将任重而道远。

第二章　水闸安全鉴定

水闸安全鉴定是水闸除险加固的基础，主要包括工程现状初步调查、工程现场安全检测、工程复核计算等三部分基础工作，加上在三部分工作成果基础上的水闸安全评价，以及经水闸安全鉴定专家组讨论确定并经鉴定、审定部门审定的水闸安全鉴定报告书等，共计五部分工作内容。

水闸安全鉴定的目的是全面反映水闸在施工、运行、管理及由于自然环境等因素形成的缺陷和老化损伤对水闸安全状况造成的影响，并依据相关规范规定从缺陷和老化损伤、水闸安全状况、恢复设计功能的措施等三个方面分别进行评定，并给出水闸安全鉴定类别。从整个病险水闸除险加固工作来看，安全鉴定属于关键的基础工作。在全国病险水闸除险加固专项规划工作中，提供了重要的技术支撑及确定规划项目的依据；对单个病险水闸的除险加固工作来说，安全鉴定成果是开展除险加固初步设计的重要基础和出发点，初步设计工作需针对安全鉴定中反映出来的病险情况开展有针对性的初步设计，消除水闸病险，恢复水闸原有的设计功能。

本章主要介绍水闸安全鉴定的主要工作内容及采用的方法，并对安全鉴定相关成果在除险加固设计中的应用进行初步分析。

第一节　工程现状初步调查分析

工程现状初步调查分析工作是水闸安全鉴定工作的首要程序和重要步骤，由鉴定组织单位进行工程现状调查，鉴定承担单位编写工程现状调查分析报告，目的是对水闸工程现状进行全面检查，确定工程存在的缺陷或损伤并定性分析原因及影响，在此基础上提出需进行水闸工程现场安全检测和水闸工程复核计算的项目及对工程大修或加固的初步建议。

水闸工程现状调查分析的内容主要包括：技术资料收集分析，工程现状全面调查，缺陷或损伤成因的定性分析，工程安全状态初步分析。

一、技术资料收集分析

应主要收集工程建设程序、工程设计、工程施工和监理、工程运行管理四个方面的技术资料，技术资料应真实、准确、完整，满足安全鉴定需要。

对于建设于20世纪50～70年代的资料不完善的水闸，应按规定要求尽量将资料收集齐全，以利于顺利开展安全鉴定。

应按不同类型水闸所包含的各分项工程，对收集到的技术资料进行分类整理分析，以便给水闸安全鉴定工作提出合理的建议和意见。

二、工程现状全面检查

工程现状全面检查应在现有观测与检查成果基础上进行，应根据资料整理分析结果分部位、分部件全面调查分析。调查人员应以水闸运行管理主要人员或具有一定工程经验人员为主。调查方法以目测为主，并借助卷尺、照相器材等简单工具，调查结果应尽可能准确地记录和描述。

工程现状全面调查的重点是水闸的隐蔽工程、薄弱部位和运行中发现缺陷的部位。调查中应采用合理、简便易行的方法对出现的病害进行调查并记录。

（一）土石结构

土石结构主要包括水闸上游连接段的两岸翼墙、护坡、铺盖、防冲槽、护底和下游连接段的护坦、海漫、防冲槽、两岸翼墙、护坡、砌体结构的闸室和涵洞以及其上部回填土、水闸管理范围内的上下游河道堤防等。

土石结构应从土工建筑物和石工建筑物两方面进行调查。调查时应结合平时的运行管理记录，对砌体结构进行全面的查勘，重点检查病害部位，并应详细记录出现的问题和缺陷。

土工建筑物常见的病害主要有：①雨淋沟、塌陷、裂缝、渗漏、滑坡和白蚁、害兽等；②排水系统和导渗、减压设施的损坏、堵塞、失效等；③堤闸连接段渗漏等。石工建筑物常见的病害主要有：①块石护坡塌陷、松动、隆起、底部淘空、垫层散失等；②墩、墙等有无倾斜、滑动、勾缝脱落、裂缝等；③排水设施的堵塞、损坏等。

（二）混凝土结构

混凝土结构主要包括闸室段钢筋混凝土闸墩、岸墙（边墩）、底板、胸墙、工作桥、交通桥、闸门和引水涵洞及上下游连接段的混凝土构件等。

混凝土结构的常见病害主要有混凝土建筑物裂缝、腐蚀、磨损、剥蚀、露筋（网）、钢筋锈蚀和冻融损伤以及伸缩缝止水损坏、漏水、填充物流失等。

（三）闸门

闸门主要有钢闸门、钢丝网水泥闸门、钢筋混凝土闸门及小型木闸门等类型，闸门的检查主要以闸门的钢构件为主，钢筋混凝土部分可参照混凝土结构。

闸门的常见病害主要有：

（1）表面涂层剥落、门体变形、锈蚀、焊缝开裂或螺栓铆钉松动、腐蚀及缺件；

（2）支承行走机构运转不灵活；

（3）止水装置老化、缺失、失效等。

（四）启闭机

水闸工程中常见的启闭机型式主要分为固定卷扬式启闭机、移动式启闭机、螺杆启闭机和液压启闭机四类。

启闭机常见病害主要有：

（1）启闭机械运转异常、制动失灵、腐蚀和有异常声响；

（2）钢丝绳断丝、磨损、锈蚀、接头不牢、变形；

（3）零部件缺损、裂纹、磨损及螺杆弯曲变形；

(4)油路不畅，油量油质不合规定；

(5)保护装置缺损等。

(五)电气设备

电气设备在水闸工程中所占比例较小，主要包括电动机、操作设备、输电线路、自备电源和建筑物的防雷设施及变压器等部分。

电气设备常见病害主要有：

(1)电气设备和操作不完好，设备属淘汰型号，操作、安全保护装置不准确、不可靠，绝缘电阻值不合格，仪表指示不准确，无备用电源；

(2)输电线路老化、不正常，接头不牢固；

(3)建筑物的防雷设施不完备，线路无接地或接地不可靠，不符合防雷的其他规定等。

(六)观测设施

水闸观测设施主要包括测压管、基准高程点、河床变形观测断面桩、伸缩缝及裂缝观测固定观测标点等。

水闸观测设施常见病害主要有：

(1)测压管管口或渗压计输出接口损坏、堵塞，管口高程改变；

(2)基准高程点和起测基点缺失、损坏、不牢固；

(3)河床变形观测断面桩缺失、损坏、不牢固；

(4)边闸墩与岸墙之间、岸墙与翼墙之间建筑物顶部的伸缩缝上无固定观测标点或固定观测点损坏。

三、缺陷或损伤成因的定性分析

对工程存在问题和缺陷的原因进行初步分析，按组成部分逐项进行，一般从设计、施工、质量监督、运行管理、运行条件变化和人为因素等方面查找原因，据此初步分析其对工程安全状况的影响。

(一)土石结构

土石结构产生病害的原因主要有：设计标准偏低或超标准运行、安全富裕量较少、地基抗力及荷载分布不均匀、渗流控制不当、运行环境相对恶劣、不能及时发现病害并维修及运行管理人员不够重视等。

(二)混凝土结构

混凝土结构病害产生的原因主要有：原材料选配不当、违反操作规程、特殊部位施工不当、施工时搅拌不均匀及振捣不密实、混凝土强度等级达不到设计标号、混凝土老化、引河水质侵蚀、高速水流冲刷和磨蚀、地基不均匀沉降、钢筋锈蚀、环境条件和使用情况变化、维修不及时等。

(三)闸门

钢闸门病害产生的原因主要有：安装尺寸、钢材材质、焊缝质量、预埋件埋设和表面防腐涂层质量达不到相关要求，引河水质(特别是海洋季候风和海水侵蚀)腐蚀，水流不良流态，止水装置失效，不能及时维修养护及运行管理人员技术水平低等。

钢筋混凝土闸门病害产生原因参考混凝土结构进行分析。

(四)启闭机

启闭机病害产生的原因主要有:设备制造和安装质量达不到相关要求,钢丝绳断丝、腐蚀,传动部位变形、腐蚀,线路老化,超载运行,油质变质和油量不足,运行管理人员技术水平低和不能及时维修养护等。

(五)电气设备

电气设备病害产生的原因主要有:制造和安装质量达不到相关要求,电机维护不良,型号已淘汰,输电线路老化,操作控制装置不可靠,指示仪表和避雷器未按规定定期校核,自备电源发电机未正常维护检修,变压器超负荷运行,运行管理人员技术水平低和维修养护不及时等。

(六)观测设施

观测设施病害产生的原因主要有布设不合理、不完善,人为破坏,设施维修不及时等。

四、工程安全状况影响初步分析

结合平时运行管理资料,分析现场检查结果;依据相关规程规范,结合工程经验,针对水闸工程各组成部分指出病害出现部位的关键性和损伤程度,分析对工程安全状况的影响,为最终的水闸安全鉴定做好基础性工作。

(一)土石结构

土石结构的塌陷、裂缝、渗漏、滑坡,白蚁、害兽等可能造成局部破坏,如不及时维修则可能影响整个工程的运用;底部淘空和垫层散失属于隐性病害,需要实时观测,在不可预估的情况下可能产生严重后果;渗漏、止水失效等缩短了渗流路径,排水及导渗和减压设施损坏、堵塞或失效增大了扬压力,势必给工程运行带来潜在危害,甚至造成工程整体破坏。

(二)混凝土结构

混凝土结构的裂缝、腐蚀、磨损、剥蚀、露筋及冻融等病害使钢筋保护层厚度减小,加速混凝土碳化和钢筋锈蚀,削弱受力钢筋面积,降低构件承载能力,贯通性裂缝还可能改变水闸的渗流路径,给工程带来不同程度的隐患。

(三)闸门和启闭机

闸门和启闭机的门体变形、锈蚀,支承行走机构运转失灵,启闭机械运转失灵、油路不畅、油量不足、油变质使得闸门行走困难,并伴随严重振动和异常声响,严重时闸门不能升降,影响水闸工程功能的发挥,在洪水和风暴潮突然来临时会造成巨大的经济损失和人员伤亡。

(四)电气设备

电气设备的线路老化,安全保护装置、防雷设施和备用电源不可靠,操作控制系统失效失准,绝缘电阻值不符合规定要求等隐患,首先对管理人员人身安全造成威胁,其次会给水闸运行带来不安全因素,影响水闸工程功能的正常发挥。

(五)观测设施

观测设施的基准高程点和起测基点、河床变形观测断面桩和伸缩缝观测标点的缺失、损坏、失准等，影响水闸工程的变形、位移、沉降观测；测压管或渗压计失效，影响闸底扬压力观测。观测设施的病害会使观测设施失去预警功能，使安全鉴定的复核计算过程中有关变形、渗流稳定等部分内容失去评判标准。

第二节 现场安全检测

水闸现场安全检测是水闸安全鉴定过程中必不可少的环节，同时也是水闸除险加固的重要依据之一。安全鉴定承担单位除应符合水利部相关文件规定外，还应具有省级或省级以上计量认证主管部门的实验室资质认证证书。

水闸在现场安全检测前应熟悉相关技术资料和《工程现状调查分析报告》及水闸安全现状，依据现行相关规程规范，制订合理的现场安全检测方案，并据此开展现场安全检测工作。

本部分主要从现场安全检测的一般规定、现场检测方案编制、检测项目和检测方法等方面对水闸安全鉴定中的现场安全检测工作进行说明。

一、一般规定

依据 SL 214—98《水闸安全鉴定规定》，水闸现场安全检测的一般规定主要包括现场安全检测项目的确定与依据、现场安全检测的规定与要求、检测方法、抽样方案等四个主要方面。

（一）现场安全检测项目的确定与依据

水闸现场安全检测的项目主要有：地基土和填料土的基本工程性质；砌体结构的完整性；防渗、导渗及消能防冲设施的有效性和完整性；混凝土结构的强度、变形和耐久性；闸门、启闭机的安全性；电气设备的安全性；观测设施的有效性；其他有关专项测试等。

水闸现场安全检测项目的确定，应根据工程情况、管理运用中存在的问题和具体条件，结合水闸工程技术资料、《工程现状调查分析报告》和相关规程规范综合研究确定。

水闸现场安全检测的依据主要有：相关的规程规范和标准，如《水闸安全鉴定规定》（SL 214—98）、《水工钢闸门和启闭机安全检测技术规程》（DL/T835—2003）、《回弹法检测混凝土抗压强度技术规程》（JGJ/T 23—2001）、《水利水电工程物探规程》（SL 326—2005）等；工程现状调查分析报告；设计和施工资料；运行管理资料等。

（二）现场安全检测的规定与要求

水闸现场安全检测应符合以下规定：

（1）现有检查观测资料能满足安全鉴定分析要求的，可不再检测；

（2）检测项目应与工程复核计算内容相协调；

（3）检测工作应选在对检测条件有利和对水闸运行干扰较小的时期进行；

（4）检测点应选择在能较好地反映工程实际安全状态的部位上；

（5）现场检测宜采用无破损检测方法。

水闸现场安全检测应符合以下要求：

（1）检测时应确保所使用的仪器设备在检定或校准周期内，并处于正常状态，仪器设备的精度需满足检测项目的要求。

(2)检测的原始记录,需记录在专用记录纸上,数据准确、字迹清晰、信息完整,不得追记、涂改,如有笔误应进行杠改;当采用自动记录时,需符合有关要求,原始记录必须由检测及记录人员签字。

(3)现场取样的试件或试样需予以标识并妥善保存。

(4)当发现检测数据数量不足或检测数据出现异常情况时,需进行补充检测。

(5)现场检测工作结束后,需及时修补因检测造成的结构或构件的局部损伤,修补后的构件需满足原结构构件承载能力的要求。

(三)检测方法

检测方法的选用原则:应根据检测项目、检测目的、水闸结构型式和现场条件选择适宜的检测方法。

水闸现场安全检测可选用下列检测方法:

(1)有相应标准的检测方法;

(2)有关规范、标准规定或建议的检测方法;

(3)参照第(1)条的检测标准,扩大其适用范围的检测方法;

(4)检测单位自行开发或引进的检测方法。

当选用有相应标准的检测方法时,应遵守下列规定:

(1)对于通用的检测项目,应选用国家标准或行业标准;

(2)对于有地区特点的检测项目,可选用地方标准;

(3)对同一种方法,地方标准与国家标准或行业标准不一致时,有地区特点的部分宜按地方标准执行,检测的基本原则和基本操作要求应按国家标准或行业标准执行;

(4)当国家标准、行业标准或地方标准的规定与实际情况确有差异或存在明显不适用问题时,可对相应的规定作出适当的调整或修正,但调整与修正应有充分的依据,调整与修正的内容应在检测方案中予以说明,必要时应向委托方提供调整与修正的检测细则。

当采用有关规范、标准规定或建议的检测方法时,应遵守下列规定:

(1)当检测方法有相应的检测标准时,应按上一条规定执行;

(2)当检测方法没有相应的检测标准时,检测单位应有相应的检测细则,检测细则应对检测用仪器设备、操作要求、数据的处理等作出规定。

当采用扩大相应检测标准适用范围的检测方法时,应遵守下列规定:

(1)所检测项目的目的与相应检测标准相同;

(2)检测对象的性质与相应检测标准检测对象的性质相近;

(3)必须采取有效的措施消除因检测对象性质差异而存在的检测误差;

(4)检测单位应有相应的检测细则,在检测方案中应予以说明,必要时应向委托方提供检测细则。

当采用检测单位自行开发或引进的检测仪器及检测方法时,应遵守下列规定:

(1)该仪器或方法必须通过技术鉴定;

(2)该方法应与已有成熟的方法进行比对,予以验证;

(3)检测单位应有相应的检测细则,检测细则应对检测用仪器设备、操作要求、数据

的处理等作出规定,并给出测试误差或测试结果的不确定度;

(4)在检测方案中应予以说明,必要时应向委托方提供检测细则。

(四)抽样方案

抽样方案应对闸孔和钢闸门两部分分别进行抽样。

对多孔闸,应在普查基础上,选取能较全面反映整个工程实际安全状态的闸孔进行抽样检测。抽样比例应综合闸孔数量、运行情况、检测内容和条件等因素按照 SL 214—98《水闸安全鉴定规定》确定。同时,因边孔受力特点与中孔区别较大,故应至少抽检一个边孔;使用频率较高或外观质量较差的闸孔一般能反映整个工程实际安全状态,宜选为抽检闸孔;水闸外观质量较好且差异不大时,采用随机抽样方法确定抽检闸孔。

对钢闸门和启闭机,抽样方案应参照《水工钢闸门和启闭机安全检测技术规程》(SL 101—94)的有关规定执行。

二、现场安全检测方案编制

现场安全检测方案是现场安全检测的工作大纲和作业指导书;是水闸安全鉴定工作的重要步骤;是水闸管理单位全面了解现场检测的内容和进度安排,准备配合工作的重要资料。

(一)编制原则

水闸现场安全检测应根据检测目的和工程现状调查报告及相关的规程规范,合理地确定检测项目、检测内容和检测方法,选择适宜的检测仪器,编制完善的水闸检测方案。现场安全检测方案应征得水闸安全鉴定组织单位的同意。

(二)编制步骤

水闸安全鉴定承担单位承担水闸安全鉴定任务后,按下列步骤形成水闸现场检测方案:

(1)分析《工程现状调查分析报告》,了解工程现状;

(2)现场查勘,与水闸管理单位充分沟通,详细了解水闸病险,确定检测目的;

(3)研究制订现场检测初步方案;

(4)水闸安全鉴定组织单位组织的水闸安全鉴定专家组审查通过现场安全检测方案后,形成水闸现场安全检测方案。

(三)编制大纲

水闸现场检测方案编制大纲主要包括以下内容。

1. 工程概况

水闸位置、类型、设计规模、建成年代及改扩建情况和运行管理情况等。

2. 检测目的

根据委托方的检测要求确定进行全面安全鉴定或单项安全鉴定。

3. 检测依据

检测所依据的规程规范及有关的技术资料等。

4. 检测项目、选用的检测方法及检测数量

根据检测目的和水闸管理单位提供的《工程现状调查分析报告》及相关规程规范综

合研究确定检测项目，然后选择相应的检测方法并说明构件抽测比例或数量。

5. 检测人员和仪器设备

介绍水闸现场安全检测项目负责人和其他人员基本情况（职称、检测年限、资格证书），检测拟使用的仪器设备及其编号、数量和校验日期。

6. 检测工作进度

列出现场安全检测需要的总时间及其计划进度。

7. 需要水闸管理单位配合的工作

提出水闸管理单位所需的配合工作，如水、电、检测平台及修补工作等。

8. 安全措施

拟定检测工作中的用电安全措施和高空作业措施，对采用射线法进行钢结构探伤检测时，应提出防辐射措施。

9. 环保措施

对现场检测工作中可能造成环境污染的检测方法，提出减小或控制消除污染的措施。

三、检测项目和方法

水闸现场安全检测项目一般包括：地基土和填料土的基本工程性质，砌体结构的完整性，防渗、导渗与消能防冲设施的有效性和完整性，混凝土结构的强度、变形和耐久性，闸门、启闭机的安全性，电气设备的安全性，观测设施的有效性和其他有关专项测试。

（一）地基土和填料土的基本工程性质

检测可采用野外鉴别、标准贯入试验、轻便触探试验等方法按相应规范规程确定。现场试验时，可在水闸地基附近适当距离内进行。

（二）砌体结构的完整性

裂缝检测采用目测法，配以钢尺、深度游标卡尺和塞尺等工具，对裂缝的位置、分布和形态等参数采用绘图或拍照等方法进行记录，必要时粘贴石膏板对裂缝进行监测。

块石风化、塌陷、松动、勾缝脱落检测采用目测法，配以钢尺或皮尺等工具，对缺陷面积进行测量并记录，计算缺陷面积占所测构件面积的百分比。

砌石的尺寸和平整度采用钢尺测量砌石尺寸，靠尺量测平整度，按《堤防工程施工质量评定与验收规程》（试行）（SL 239—1999）第3.9.2条的规定判断是否合格。

对构件或结构的倾斜，可用经纬仪、激光定位仪、三轴定位仪或吊锤的方法检测；对结构损伤、受环境侵蚀情况，应确定侵蚀源、侵蚀程度和侵蚀速度；对冻伤，可采用取芯法和剔除法检测砌石损伤厚度、面积。

砌筑块材和砂浆的强度，可参照《建筑结构检测技术标准》（GB/T 50344—2004）执行。

（三）防渗、导渗及消能防冲设施的有效性和完整性

对伸缩缝止水失效主要观察止水有无损坏、渗水和其他渗出物等情况；水闸止水失效主要观察闸门是否渗水、止水带是否有弹性；判断危害程度。

对结构断裂主要观察裂缝处有无渗水现象及水流浑浊程度，判断有无土体流失。

对基土流失主要观察排水孔、减压井排出水流的浑浊程度，判断有无土体流失。

对冲坑和塌陷主要测量其发生部位、面积及深度，检查有无渗流。

对海漫、消力池主要观察有无淤积、冲刷破坏和裂缝等情况，判断是否发生渗流现象。

（四）混凝土结构的强度、变形及耐久性

1. 外观质量与缺陷

（1）裂缝检测方法主要是检查记录裂缝的形态、分布情况并利用读数显微镜、裂缝宽度测试仪、钢尺等检测裂缝的长度、宽度和间距等，采用超声测缺法量测裂缝的深度，对尚未稳定的裂缝可用千分表、粘贴石膏板等方法监测裂缝发展情况；

（2）层离、剥落或露筋、掉棱或缺角、蜂窝麻面、表面侵蚀、冻融破坏的检测方法主要为目测法，辅以钢尺测量和锤击检查，也可采用红外热成像仪对水闸结构的开裂、剥离、渗漏进行快速扫描；

（3）内部缺陷的检测采用超声法或冲击－回波法、混凝土雷达检测技术等。

混凝土抗压强度主要采用回弹法、超声回弹综合法、钻芯法等方法。

2. 结构变形

（1）构件的挠度可用水准仪或百分表测量，结构的倾斜可用经纬仪、全站仪或吊锤测量；

（2）基础的不均匀沉降，可用水准仪检测。

3. 损伤检测

（1）混凝土结构受到损伤应采用化学分析法或热红外成像法进行检测；

（2）当怀疑混凝土存在碱骨料反应时，可从混凝土中取样，按 JGJ53《普通混凝土用碎石或卵石质量标准及检验方法》检测；

（3）混凝土碳化深度值，凿开采用酚酞酒精溶液找出界面测量；

（4）混凝土中氯离子的含量采用化学测试法按相关规范检测；

（5）钢筋的配置与锈蚀检测主要采用电磁法进行钢筋位置的定位，并采用剔凿法、电化学测定法和综合分析法检测钢筋锈蚀情况。

（五）闸门和启闭机的安全性

闸门和启闭机的安全性，依据《水工钢闸门和启闭机安全检测技术规程》（DL/T 835—2003）的相关规定进行现场检测。

（六）电气设备的安全性

1. 电动机

现场查看铭牌，采用电阻测试仪测量绕组的绝缘电阻和吸收比，可变电阻器、启动电阻器、灭磁电阻器的绝缘电阻等。现场检查定子绕组极性及其连接的正确性，采用电流表测量电动机空载转动检查和空载电流测量。

2. 输电线路

采用查看的方法检测输电线路完好性及接头牢固性、电路老化程度等，采用接地电阻测试仪测量绝缘电阻，采用现场试验方法检测电缆交流耐压性能，采用现场查看法检查电缆线路两端的相位。

3. 防雷接地设施和动力成套配电（控制）柜

主要采用查看的方法检查接线的可靠性和利用接地电阻表、电流表等方法进行参数的测量。

4. 安全保护装置

采用现场试验法检测保护装置是否灵敏、指示是否准确，采用接地电阻测试仪对其绝缘电阻进行检测,控制回路宜采用模拟动作试验。

5. 备用电源

检查是否具有备用电源,查询备用电源的功率进行对比,判断是否与用电设备匹配;采用相应仪器仪表对备用电源的线路电流、电压、电阻、连接、接头牢固性和线路老化等方面进行检测。

(七)观测设施的有效性

1. 基准高程点

采用目测法对基准高程点逐一检查,查看是否损坏。采用水准仪或经纬仪对垂直基准高程点和工作基点进行测量,分别将闭合差限差和两测回观测值之差与对应水准等级和视准线观测限差进行对比,判断精度是否满足要求(观测精度应满足三等以上水准测量规范要求)。

2. 测压管

采用目测法检查测压管管口或渗压计输出接口是否损坏,判断其完好性;采用水准仪或经纬仪对测压管管口高程按三等水准测量要求校测,判断其闭合差限差是否满足规定值(观测精度应满足三等以上水准测量规范要求);结合水闸垂直位移观测对测压管管口高程进行考证;采用注水试验检查测压管的灵敏度。

3. 河床变形观测断面桩

采用目测法检查河床变形观测断面桩是否损坏,判断其完好性。采用水准仪或经纬仪对断面桩的桩顶高程按三等水准要求进行测量,判断其闭合差限差是否满足规定值(观测精度应满足三等以上水准测量规范要求)。

4. 伸缩缝及裂缝观测的固定观测标点

采用目测法检查闸身两端边闸墩与岸墙之间、岸墙与翼墙之间建筑物顶部的伸缩缝上是否具有固定观测标点(若无,要求水闸主管单位设置必要的观测点),观测其是否损坏,判断其完好性。

(八)其他有关专项测试

其他有关专项测试是指特殊工况的水闸,根据安全鉴定需要而进行的非常规性检测,如地基土对混凝土拖板的抗滑试验和管涌试验、闸门震动观测及水闸监控系统等,应具体根据内容分别选用不同的检测标准和检测方法。

第三节 工程复核计算

工程复核计算是水闸安全鉴定过程中的重要环节和步骤,是揭示水闸病险原因和机理的重要手段与方法之一。

工程复核计算应该以水闸工程现状初步调查、现场安全检测、相关设计和施工资料为基础,从防洪能力、过流能力、消能防冲、防渗和结构稳定性、结构强度和变形、抗震能力等方面判别水闸的安全状况,为水闸安全鉴定和除险加固提供重要的依据。

本章主要从工程复核计算的基本资料、计算方法、成果判定分析三方面,简要介绍水闸安全鉴定中工程复核计算的常用方法,供国内水闸安全鉴定工作参考。其中,抗震能力部分的复核计算，一般情况下侧重于同《水工建筑物抗震设计规范》(SL 203—97)进行构造对比，本节不再介绍。

一、一般规定

依据 SL 214—98《水闸安全鉴定规定》，水闸工程复核计算的一般规定主要包括依据规范、基本资料、基本要求等三个方面的主要内容。

(一)依据规范

工程复核计算应主要依据以下规范规定：

(1)《水闸安全鉴定规定》(SL 214—98)；

(2)《水闸设计规范》(SL 265—2001)；

(3)《水闸技术管理规程》(SL 75—94)；

(4)《水利水电工程等级划分及洪水标准》(SL 252—2000)；

(5)《水工建筑物荷载规范》(DL 5077—1997)；

(6)《水工混凝土结构设计规范》(SL/T 191—96)；

(7)《水工建筑物抗震设计规范》(SL 203—97)；

(8)《水利水电工程钢闸门设计规范》(SL 74—95)；

(9)《水工钢闸门和启闭机安全检测技术规程》(DL/T 835—2003)等。

(二)基本资料

水闸复核计算的基本资料主要有设计资料、施工资料和运行管理资料三方面的内容。

1. 设计资料

水闸复核计算应依据的设计资料主要包括：规划资料，如水闸的最新规划数据，设计、改造时对水闸的任务和要求，规划条件，规划设计图等；水文气象资料，如水文分析、水利计算、当地气象资料等；工程地质与水文地质资料，如工程地质勘察报告，地质剖面图、柱状图，地基土的物理力学指标，水文地质各项指标，工程地点地震烈度等；水闸施工图，水闸设计所依据的规程规范、地形、地质、水流、挡水、泄水和运行要求等设计依据、设计计算方法、工程施工图纸等。

2. 施工资料

水闸复核计算应依据的施工资料主要包括：工程施工依据的技术标准、规范规程，施工组织设计；材料的品种和数量、出厂合格证和质量检测报告等，砂石料的来源及质量检测报告；混凝土配合比和试块试验报告，砂浆的配合比与试块试验报告，焊接试验或检验报告等；地基承载力试验报告；地基开挖记录，施工日志，隐蔽工程验收报告，安装工程验收报告，工程分项、分部和单元工程质量评定验收报告；与施工有关的其他技术资料，如施工期间发现的质量问题和处理措施及其效果的详细记录等；施工期间的沉降观测记录。

3. 运行管理资料

主要包括水闸控制运用、检查观测、维修维护等方面的资料。

(三)基本要求

大中型水闸工程复核计算应遵守以下规定，小型水闸可参照执行：

(1)以最新的规划数据(防洪标准、水闸规模等)、检查观测资料和安全检测成果为主要依据，参照《水闸设计规范》（SL 265—2001）及其他有关标准；

（2）复核计算应充分利用现场安全检测成果，对水闸缺陷进行论证分析，如分析裂缝、消力池冲刷、闸室倾斜等现象产生的原因，给出对水闸安全影响程度的判断。

二、复核内容和原则

（一）主要内容

水闸工程复核计算内容包括八个主要方面，即防洪标准、过水能力、消能防冲、抗渗稳定性、整体稳定性、混凝土结构强度和变形、钢闸门结构强度和变形、抗震能力。

（1）防洪标准复核主要依据最新规划数据，复核闸顶高程是否大于设防水位。

（2）过水能力复核主要依据过闸水位差、水闸的过闸流态计算闸孔出流流量 Q，并与水闸设计流量进行对比判别。

（3）消能防冲复核主要依据过闸水位差、过闸流量和泄流方式判别消能防冲设施的尺寸（如消力池长度、宽度和深度等）是否满足消能需要。

（4）抗渗稳定性复核主要依据过闸水位差和渗径长度，结合防渗布置的现状，对渗流破坏形式进行判断，计算闸基出口段渗透坡降并将其与规范允许值进行对比判别。

（5）整体稳定性复核主要依据水闸渗透压力和外部作用，根据水闸结构型式对岸墙和翼墙的基底应力、抗滑稳定和抗倾覆稳定进行判别，对闸室的基底应力、抗滑稳定和抗浮稳定进行判别。

（6）混凝土结构强度和变形复核主要依据现场检测成果（包括材料性能、结构尺寸和破损现象等）以及水闸结构型式，对构件的强度、变形和裂缝分别进行承载能力极限状态与正常使用极限状态的判别。

（7）钢闸门结构强度和变形复核主要依据现场检测成果（包括材料性能、结构尺寸和材料腐蚀程度等）闸门结构型式，对闸门面板、主梁、次梁、吊耳和轨道等构件进行强度与变形的判别。

（8）抗震性能复核主要依据现有地质勘察资料和水闸结构型式，对水闸地基和上部结构在设防烈度情况下的抗震性能进行判别。

（二）基本原则

水闸安全鉴定工作中，工程复核计算的具体内容应根据《水闸安全鉴定规定》（SL 214—98）的相关规定，结合工程现状调查分析和现场安全检测成果综合确定，确定方法和原则如下：

（1）水闸因规划数据的改变而影响安全运行的，应区别不同情况进行闸室、岸墙和翼墙的整体稳定性、抗渗稳定性、水闸过水能力、消能防冲或结构强度等复核计算。

（2）水闸结构因作用荷载提高而影响工程安全的，应复核其结构强度和变形。

（3）闸室或岸墙、翼墙发生异常沉降、倾斜、滑移，应以新测定的地基土和填料土的基本工程性质指标，核算闸室或岸墙、翼墙的整体稳定性。

（4）闸室或岸墙、翼墙的地基出现异常渗流，应进行抗渗稳定性验算。

（5）混凝土结构复核计算。当需要限制裂缝宽度的结构构件出现超过允许值的裂缝时，应复核其结构强度和裂缝宽度；当需要控制变形值的结构构件出现超过允许值的变形时，应进行结构强度和变形验算；当主要结构构件发生锈胀裂缝或表面剥蚀、磨损而导致钢筋保护层破坏和钢筋锈蚀时，应按实际截面进行结构构件强度复核。

(6)闸门复核计算。当钢闸门结构发生严重锈蚀而导致截面削弱时，应进行结构强度、刚度和稳定性验算；当闸门的零部件和埋件等发生严重锈蚀或磨损时，应按实际截面进行强度复核。

(7)水闸上、下游河道发生严重淤积或冲刷而引起上、下游水位发生变化的，应进行水闸过流能力和消能防冲核算。

(8)地震设防区的水闸，原设计未考虑抗震设防或设计设防烈度低于现行标准的，应按《水工建筑物抗震设计规范》(SL 203—97)等有关规定进行复核计算。

三、防洪标准

防洪标准是水闸安全鉴定中的重要环节，早期建成的水闸一般存在着防洪标准偏低的问题，按照《中华人民共和国工程建设标准强制性条文》中水利工程部分的要求，对水闸防洪标准进行复核属于强制性内容。

(一)基本资料

防洪标准复核所依据的基本资料主要包括：

(1)水闸最新规划数据，特别是水闸所处位置的防洪标准或相邻桩位的防洪标准；

(2)水闸改扩建资料，如水闸所处堤防位置进行加高加固的相关资料；

(3)水闸沉降观测资料。

(二)复核计算

一般来说，水闸安全鉴定中，各类有设防要求的水闸均需要进行防洪标准复核，复核的步骤和方法如下。

1. 设防水位

设防水位可通过查询流域或河流规划数据获得，对于没有对应规划数据的水闸，可按照《水利工程水利计算规范》(SL 104—95)和《水利水电工程设计洪水计算规范》(SL 44—93)中规定的计算方法，依据相关资料进行设防水位的推求。

2. 闸顶高程

闸顶高程可满足防洪标准的高度。计算方法如下：

(1)挡水：闸顶高程等于正常蓄水位(或最高挡水位)与相应安全超高值之和；

(2)泄水：闸顶高程等于设计洪水位(或校核洪水位)与相应安全超高之和。

(三)成果判别与分析

应根据水闸不同类型，区分挡水闸和泄水闸，对比分析闸顶高程与对应水位的关系进行判断。

四、过流能力

水闸的过流能力是水闸工程安全程度的重要指标，对于控制、调节和输水水闸应根据规划数据等外部条件的变化有针对性地进行过流能力复核，验算其在不利工况下的实际过流能力是否满足分洪和灌溉等方面的要求。

（一）基本资料

过流能力复核所依据的基本资料主要包括：

(1)水闸设计文件中的设计洪水的计算，确定设计过流能力；

(2)工程运行资料，如运行期的最高水位等；

(3)水闸验收及前次安全鉴定资料；

(4)水闸结构有关资料，如结构尺寸参数等；

(5)最新规划数据，包括流域最新规划数据，如防洪标准、运用期流域内相关水文（位）站历年实测洪水资料及人类活动（如调水调沙）对水文参数的影响资料、引渠高程等。

（二）复核计算

1. 需要复核计算的情况

水闸在水闸规划数据改变和水闸上、下游河道发生严重淤积或冲刷而引起上、下游水位发生变化两种情况下，需要开展过流能力复核计算。

需要注意的是，有些水闸的淤积非常严重，实际过流能力非常弱，可根据运行管理相关资料直接判定过流能力在淤积情况下不满足设计要求，但仍需要对水闸在清淤完成情况下的过流能力进行复核。

2. 方法和步骤

1）开敞式水闸

(1)根据闸门在闸室的位置及闸门运用方式，判定过闸水流是堰流还是孔流状态；

(2)根据防洪标准及水闸设计相关资料，确定过闸水位差及最不利水力条件；

(3)根据堰流状态，结合水闸结构布置，参照《水闸设计规范》(SL 265—2001)附录A.0.1条～A.0.3条所列方法和公式进行计算。

2）涵洞式水闸

分闸室段和涵洞段分别计算：

(1)闸室段计算方法同开敞式水闸；

(2)根据闸室段计算出的下游水位高度，作为涵洞入口处水位高度，判别涵洞的流态；

(3)当涵洞处于半有压流和有压流之间时，应判别涵洞底坡陡、缓，分别计算对应的界限值，并判断涵洞流态（涵洞按流态可分为无压涵洞、半有压涵洞和有压涵洞三种）；

(4)分别按照不同的流态，参照《水闸安全鉴定技术指南》的相关公式计算。

3）注意事项

上述计算中，各参数的取值应与现场安全检测成果对应。如闸室净宽 B 的取值，应以现场安全检测中所测得的数据为准，而不是采用设计资料中的值；在部分数值的取值中，尚需依据综合规划、上下游水位、河槽冲刷等因素确定。

（三）成果判别与分析

计算出来的现有水闸的过流能力大于设计过流能力，则认为满足设计要求；否则，认为不满足设计要求。

五、消能防冲

水闸的消能防冲设施是保证水闸下游河(渠)道不被严重冲刷破坏的重要设施,对水闸安全具有重要的影响。复核计算中应根据水闸运用要求、上下游水位、过闸流量及泄流方式等,核算其在最不利水力条件下是否能够满足消散动能与均匀扩散水流等方面的要求。

(一)基本资料

消能防冲复核所依据的基本资料主要包括:

(1)水闸设计资料,如设计洪水计算部分的上下游水位、地质勘探资料等;

(2)工程运行管理资料,如水闸正常运用方式等;

(3)水闸验收及前次安全鉴定资料;

(4)水闸消能防冲设施设计资料,如消力池尺寸等;

(5)最新规划数据,如防洪标准及对水闸运用的具体要求等;

(6)引渠相关资料,高程、淤积情况等;

(7)现场安全检测成果,重点为消能防冲设施的冲刷磨损情况,以及与河(渠)道连接部位的损坏情况、设置防冲槽的深度等。

(二)复核计算

1. 需要复核计算的情况

需要复核计算的情况有以下两种:

(1)规划数据改变;

(2)消能防冲设施出现病险问题。

2. 方法和步骤

水闸常用消能型式较多,如挑流消能、底流消能和戽流消能等,对应的消能设施也较多,如消力池、消力坎、综合消力池和消力齿、消力墩、消力梁等辅助消能工程。平原软基上建闸一般采用消力池。

以下主要介绍水闸工程中使用较多的挖深式底流消能矩形消力池的复核计算,同时简要介绍海漫长度和河(渠)道冲刷深度的复核方法。

1)消力池

消力池深度、长度按以下步骤复核:

(1)根据上游水深及收缩断面水深、单宽流量等参数,参照《水闸设计规范》(SL 265—2001)(以下简称 SL 265—2001)中附录 B.1.1 条所列方法和公式,试算出满足水闸消能的消力池深度;

(2)根据不同水跃长度,分别参照 SL 265—2001 中附录 B.1.2 条所列方法和公式计算出满足水闸消能的消力池长度。

2)海漫

根据不同土质确定土的抗冲系数,按 SL 265—2001 中附录 B.2.1 条所列公式计算保证下游河渠不被冲刷的最小海漫长度。

3)河床冲刷深度

参照 SL 265—2001 中附录 B.3.1 条和 B.3.2 所列公式,计算出海漫末端河床冲刷深度、上游护底首端河床冲刷深度。

4)跌坎高度

根据现场实测的跌坎坎顶仰角、跌坎反弧半径、跌坎长度等参数,参照 SL 265—2001 中附录 B.4 所列方法和公式,计算出满足消能要求的跌坎的高度范围。

(三)成果判别与分析

1. 消力池

将复核出的消力池深度、长度分别与现场测得的对应尺寸进行对比。如小于现场测得的尺寸,则满足规范要求;否则为不满足。

2. 海漫长度

将复核出的海漫长度与现场测得的海漫长度进行对比。如小于现场测得的尺寸,则满足规范要求;否则为不满足。

3. 河床冲刷深度

将复核出的海漫末端河床冲刷深度和上游护底首端河床冲刷深度分别与现场测得的下游防冲槽和上游防冲槽的深度进行对比。如小于现场测得的尺寸,则满足规范要求;否则为不满足。

4. 跌坎高度

满足 SL 265—2001 中附录 B.4.2 条 ~ B.4.4 条者为满足,反之为不满足。

六、防渗排水

水闸由于裂缝、散浸、沼泽化、流土、管涌等造成的水闸安全和水资源浪费属于渗流排水方面的问题。应根据水闸渗控工程的实际效果、渗流条件的变化(如止水带破坏)等现场检测成果对防渗排水的布置(排水孔、永久缝止水)、渗透压力和抗渗稳定性等方面进行复核。

(一)基本资料

防渗排水复核所依据的基本资料主要包括:

(1)水闸设计资料,如设计洪水计算部分的上下游水位、地质勘探资料、结构尺寸布置等;

(2)工程运行管理资料,如水闸中出现渗漏的部位和发生过的险情等;

(3)水闸验收及前次安全鉴定资料;

(4)最新规划数据,如防洪标准等;

(5)水文观测资料,如运用期流域内相关水文(位)站历年实测洪水资料及人类活动(如调水调沙)对水文参数的影响资料;

(6)现场安全检测成果,重点为止水带的损坏及水闸实际渗径长度的测量,如有闸底板下托空区的成果,则应进行分析,绘出托空区分布情况。

(二)复核计算

1. 需要进行防渗排水复核的情况

需要进行防渗排水复核的情况如下:

(1)因规划数据的改变而影响安全运行的;

（2）闸室或岸墙、翼墙的地基出现异常渗流的。

2. 方法和步骤

1）防渗排水布置

计算水闸渗径长度，包括闸基轮廓线防渗部分水平段和垂直段长度。

2）渗透压力

当水闸地基为岩基，采用全截面等直线分布法，参照 SL 265—2001 中附录 C.1.1 条或 C.1.2 条计算渗透压力；当水闸地基为土基，采用改进阻力系数法，参照 SL 265—2001 中附录 C.2.1 条～C.2.5 条计算渗透压力。

3）抗渗稳定性

水闸抗渗稳定性主要是对出口段渗流坡降值进行判断，可参照 SL 265—2001 中附录 C.2.6 条所列公式计算。

（三）成果判别与分析

1. 防渗排水布置

依据 SL 265—2001 中相关规定，从渗径长度、水平排水和垂直排水等方面对防渗布置及设施进行分析判别。

2. 渗流允许坡降值

水闸地基为土基和砂砾石时，渗流允许坡降值按照 SL 265—2001 中第 6.0.5 条中选取。

3. 判断方法

当渗流允许坡降值小于规范规定时，水闸抗渗稳定性满足规范要求；当渗流允许坡降值大于规范规定时，水闸抗渗稳定性不满足规范要求。

七、结构稳定

水闸闸室或岸墙和翼墙发生异常沉降、倾斜、滑移等病险是结构不稳定造成的，对结构在防洪排涝时的影响非常大。因此，应根据水闸上下游水位、结构布置、外部荷载、地基和填料土、渗流等方面对闸室、岸墙和翼墙结构在正常运行情况及防洪情况下的稳定性进行复核。

（一）基本资料

结构稳定复核所依据的基本资料主要包括：

（1）水闸设计资料，如设计洪水计算部分的上下游水位、地质勘探报告及地基土和填料土设计采用的基本工程性质指标、结构尺寸布置等；

（2）工程运行管理资料，如水闸异常变形的观测资料和发生过的险情等；

（3）水闸验收及前次安全鉴定资料；

（4）最新规划数据，如防洪标准等；

（5）现场安全检测成果，重点为水闸变形的测量，如果针对地基土和填料土进行了取样或现场试验，则应以其基本工程性质试验结果作为计算基本资料。

（二）复核计算

水闸结构稳定复核一般包括闸室地基承载力、抗滑和抗浮，岸墙地基承载力和抗滑复核,翼墙地基承载力、抗滑和抗倾稳定等内容。

水闸结构稳定复核计算采用单一安全系数法,荷载采用标准值。

1. 需要进行复核计算的情况

水闸结构需要进行复核计算的情况如下:

(1)规划数据改变影响结构稳定的;

(2)闸室或岸墙和翼墙发生异常沉降、倾斜、滑移变形的。

2. 方法和步骤

1)荷载计算

作用在水闸上的荷载一般有结构及其上部填料的自重、水重及静水压力、扬压力、土压力、淤沙压力、风压力、浪压力和地震惯性力等,各种荷载计算方法按照《水工建筑物荷载规范》(DL 5077—1997)进行。

需要说明的是,荷载的计算需要与水闸现状调查和现场安全检测成果紧密结合,对运行期内出现的超过原设计荷载的情况要经过论证后选取合适的荷载参数。

2)荷载组合

水闸在设计时的荷载组合思想是:将可能同时作用的各种荷载进行组合。荷载组合可分为基本组合和特殊组合两类,基本组合由基本荷载组成,特殊组合由基本荷载和一种或几种特殊荷载组成,但地震荷载只应与正常蓄水位情况下的相应荷载组合。

水闸安全鉴定中,应依据最新的规划数据,在水闸设计荷载组合的基础上,从充分反映水闸存在的病险问题角度出发,应最少将以下三种情况作为水闸荷载组合的最不利情况,并进行对应的核算:

(1)检修情况,要注意考虑水闸防渗排水的破坏并在计算扬压力时对其有所反映;

(2)设计水位时期,闸上游为设计水位、下游为相应低水位,闸室的荷载除自重、水重和扬压力以外,还要考虑风浪压力;

(3)校核洪水位时期,闸上游为非常挡水位、下游则为相应最低水位,闸室荷载与常蓄水时期种类相同,具体数值不同。

需要说明的是,在原设计未考虑抗震设防或地震设防烈度发生改变时,则需考虑水闸在地震情况下的荷载组合。

上述荷载组合表可参照 SL 265—2001 中表 7.2.11 进行,考虑水闸实际所受到的荷载并对应改变。

3)计算步骤

水闸结构稳定计算方法的具体步骤如下:

(1)根据水闸结构型式,划分合理的计算单元。

闸室:闸室稳定计算的计算单元应根据水闸结构布置特点确定。一般来说,闸室稳定计算宜取两相邻顺水流向永久缝之间的闸段作为计算单元。对于未设顺水流向永久缝的单孔、双孔或多孔水闸,则以未设缝的单孔、双孔或多孔水闸作为一个计算单元;对于顺水流向永久缝进行分段的多孔水闸,一般情况下,由于边孔闸段和中孔闸段的结构边界条件及受力状况有所不同,因此应将边孔闸段和中孔闸段分别作为计算单元。

岸墙、翼墙:对于未设横向永久缝的重力式岸墙、翼墙结构,应取单位长度墙体作为稳定计算单元；对于设有横向永久缝的重力式、扶壁式或空箱式岸墙、翼墙结构，取分段长度墙体作为稳定计算单元。

（2）基底应力的计算。闸室、岸墙和翼墙基底应力应根据结构布置及受力情况，分结构对称和结构不对称两种情况分别进行复核。

（3）稳定性的计算。水闸稳定性计算主要分为抗滑稳定性和抗倾覆稳定性两个主要内容。根据国内水闸的建设情况，还应针对地基和基础的不同情况进行复核。地基和基础一般划分为土基（包括土基上采用钻孔灌注桩、木板桩等型式基础的水闸）、黏性土地基和岩基。

（三）成果判别与分析

（1）岩基上闸室的基地应力、抗滑稳定、抗浮稳定判断分别按照 SL 265—2001 中第 7.3.3条、第 7.3.8 条、第 7.3.16 条进行；

（2）土基上闸室的基底应力、抗滑稳定、抗浮稳定判断分别按照 SL 265—2001 中第 7.3.5条、第 7.3.13 条、第 7.3.16 条进行；

（3）岩基上岸墙、翼墙的稳定性判断按照 SL 265—2001 中第 7.4.3 条进行；

（4）土基上岸墙、翼墙的稳定性判断按照 SL 265—2001 中第 7.4.2 条进行。

八、混凝土结构

水闸钢筋锈蚀、混凝土强度减小、结构体系破坏等病险会改变混凝土结构的强度和引起混凝土结构变形。规划数据的改变、堤防加高加固、运用方式的改变会超出水闸承受的设计荷载值，改变结构产生的内力，打破原有水闸结构效力—抗力的平衡关系。因此，应充分考虑结构本身特性的改变和外部荷载的变化，根据现场检测成果及观测资料等对水闸混凝土结构的强度和变形进行复核。

（一）基本资料

混凝土结构复核所依据的基本资料主要包括：

（1）最新规划数据，包括校核洪水位、设计洪水位，水闸由单向改为双向运用的资料等；

（2）作用荷载变化，包括堤防加高加固后与原来相比的高差，公路交通荷载设计标准的提高等级、增建的管理设施相关图纸和资料（如桥头堡、新增的启闭机房）等；

（3）水闸原施工图、竣工图及改建图；

（4）水闸地质勘探报告及地基土和填料土设计采用的基本工程性质指标；

（5）水闸管理运行中的沉降观测和异常观测资料。

（二）复核计算

1. 需要进行复核的情况

水闸混凝土结构需要进行复核的情况如下：

（1）规划数据改变而影响结构强度和变形的；

（2）结构荷载标准提高而影响工程安全的。

2. 复核方法和步骤

1)荷载计算

荷载标准值计算与结构稳定部分计算方法相同。

2)荷载组合

荷载组合采用分项系数法,所涉及到的九类荷载分项系数取值如下:

(1)自重分项系数。水闸结构和永久设备自重作用分项系数,当作用效应对结构不利时采用1.05,对结构有利时采用0.95。

(2)静水压力。静水压力(包括外水压力)的作用分项系数取1.0。

(3)扬压力。扬压力的作用分项系数,对于浮托力应采用1.0、渗透压力可采用1.2。

(4)浪压力。浪压力的作用分项系数采用1.2。

(5)土压力和淤沙压力。主动土压力和静止土压力的作用分项系数应采用1.2。埋管上垂直土压力、侧向土压力的作用分项系数,当起作用效应对结构不利时采用1.1,有利时采用0.9。

(6)风压力。风荷载的作用分项系数应采用1.3。

(7)冰压力和土的冻胀力。冰压力(包括静冰压力和动冰压力)的作用分项系数应采用1.1,土的冻胀力的作用分项系数应采用1.1。

(8)地震荷载。地震荷载的作用分项系数应采用1.0。

(9)其他荷载。应按照相关荷载规范或设计规范选取。

3)内力计算

内力计算时,依据不同的水闸结构可以划分为不同的计算单元和构件,如闸底板、闸墩、涵洞、工作桥、交通桥、启闭机房等,各构件的计算方法可以按照SL 265—2001《水闸设计规范》及相关规程规范复核计算。本部分着重对闸底板内力计算方法的选用进行说明。

水闸结构内力计算内容包括闸室、机架桥、引水涵洞等部分。引水涵洞计算可采用地基反力为等直线分布假设,按照刚架模型,利用结构力学位移法求解。机架桥属于底部固支的刚架模型,可采用结构力学位移法进行求解。闸室段一般可分为闸底板和闸墩的内力计算两部分内容。其中闸墩可按照底部固支的悬臂梁(也可按照底部固支上部具有水平单向约束)模型进行求解;闸底板内力计算较为复杂,要考虑地基的不同情况分别采用不同的地基反力假设进行对应的计算。

闸底板计算的核心问题是地基反力的确定。地基反力的分布形式和大小确定之后,问题便转化为材料力学中梁的已知荷载分布求内力函数的问题。闸底板内力的计算也根据地基反力假设的不同,分为反力直线分布法、弹性地基梁法和基床系数法三种,对于小型水闸还可使用倒置梁法进行计算,三种方法的选择原则如下:

(1)土基上水闸闸室底板的应力分析可采用反力直线分布法或弹性地基梁法。相对密度小于或等于0.5的砂性地基,可采用直线反力分布法;对黏性土地基或相对密度大于0.5的砂性土地基,应采用弹性地基梁法。

(2)当采用弹性地基梁法分析水闸闸室底板应力时,应考虑可压缩土层厚度与弹性地基梁半长之比值的影响。当比值小于0.25时,可按基床系数法(文克尔假定)计算;当比值大于 2.0 时，可按半无限深的弹性地基梁法计算；当比值为 0.25 ~ 2.0 时，可按有限深的弹性地基梁法计算。

(3)岩基上水闸闸室底板的应力分析可采用基床系数法计算。

(4)小型水闸可采用倒置梁法进行内力计算。

4)弹性地基梁的电算化分析程序

基于文克尔假定，即使用链杆法求解的弹性地基梁，可以采用电算化分析程序进行分析。目前常用做弹性地基梁分析的电算化程序有 Midas Civil/Gen、PKPM、SAP2000、ANSYS 等，其中核心的问题在于弹簧刚度系数 K 的取值，关于 K 的取值，可参考“取水输水建筑物丛书”——《水闸》等相关书籍中关于链杆刚度的计算方法。

5)承载能力

考虑钢筋锈蚀的构件承载能力计算方法参照《水闸安全鉴定规定》(SL 214—98)和《水工混凝土结构设计规范》(SL/T 191—96)，按照钢筋的锈蚀程度减小对应横截面面积后进行计算。

6)裂缝和挠度

考虑钢筋锈蚀的构件裂缝和挠度计算方法参照《水闸安全鉴定规定》(SL 214—98)和《水工混凝土结构设计规范》(SL/T 191—96)，按照钢筋的锈蚀程度减小对应横截面面积后进行计算。

(三)成果判别与分析

混凝土结构的判别与分析主要分为结构的强度、裂缝开展宽度和挠度变形三个方面。

1. 结构的强度

根据《水闸安全鉴定技术指南》相关公式对构件截面应力最大点进行判断，分为拉应力和压应力的判断。

也可按照计算出来的效力进行配筋与水闸截面实配钢筋面积进行对比分析，但由于按照新规范规定最小构造配筋率提高，所配置的钢筋面积一般较大，不容易满足配筋要求，因此常采用根据截面配筋计算其能够承担的最大抗力，然后与效力进行对比，以抗力不小于效力作为是否满足的限值。

2. 裂缝宽度

根据不同使用环境条件下，不同构件的最大允许裂缝宽度，对比现场检测或经复核计算出的裂缝宽度判断：裂缝宽度大于最大允许裂缝宽度要求者为不满足；反之为满足。

3. 结构挠度

一般情况下根据测量成果，依据规范规定的允许最大挠度比对构件挠度检测值进行判断：构件挠度检测值小于允许值为满足；否则为不满足。

九、钢闸门

水工钢闸门是水闸的重要组成部分，直接影响着整个水闸工程的运行效果，而由于规划数据、钢材锈蚀等原因造成钢闸门病险日益增多。因此，应从结构的强度和变形方面对钢闸门开展复核计算。本部分主要介绍应用较广泛的平面钢闸门和弧形钢闸门的复核方法，其他形式闸门可参照相关规范规程计算。

对部分钢闸门存在的振动、启闭困难等病险，还应结合现场检测对其作专项分析和评价。

（一）基本资料

钢闸门复核所依据的基本资料主要包括：

（1）现场检测结果。如腐蚀检测结果、闸门焊缝及内部缺陷的检测结果、材料材性检测结果、应力检测结果、结构振动检测结果等。

（2）运行管理观测结果。如巡视检查结果、外观检测结果等。

（3）设计技术资料。如施工图及竣工图，主要材料出厂牌号证明及质量证明书，设计计算书的有关部分，制造质量合格证，制造安装最终检查，试验记录及有关资料，重大缺陷处理记录，焊缝探伤报告，制造、安装、运行使用说明书（设计单位编制的），制造质量等级证书，安装质量等级证书、竣工资料文件，有关水工建筑物变形观测资料分析报告，操作规程及运行操作、维修保养记录，事故记录，前次安全检测报告及安全鉴定资料，最新水力学原型观测报告等。

（二）复核计算

1. 需要进行复核计算的情况

（1）钢闸门结构发生锈蚀而导致截面削弱严重的；

（2）闸门的零部件和埋件等发生严重锈蚀或磨损的。

2. 方法和步骤

1）荷载计算和组合

（1）荷载。作用在闸门上的荷载，按设计条件和校核条件划分为两类，即设计荷载和校核荷载。

设计荷载包括：闸门自重（包括加重），设计水头下的静水压力、动水压力、波浪压力、地震动水压力，设计水头下的水锤压力，泥沙压力，风压力，启闭力等。

校核荷载包括：闸门自重（包括加重），校核水头下的静水压力、动水压力、波浪压力、地震动水压力，水锤压力，泥沙压力，风压力，冰、漂浮物和推移物的撞击力，温度荷载，启闭力等。

与前述结构稳定计算部分相比，启闭力，动水压力，冰、漂浮物和推移物的撞击力及温度荷载为水工钢闸门需要考虑的荷载，可参考《水利水电工程钢闸门设计规范》（SL 74—95）的计算方法计算。

（2）荷载组合。复核计算分别按照闸门的检修工况、设计洪水位情况和校核洪水位情况，取实际可能发生的最不利的荷载组合情况进行验算，荷载组合参照 SL 265—2001 中表 7.2.11 荷载组合表及前述结构稳定计算部分的荷载组合思想进行组合。

需要注意的是，荷载组合时还应注意当运行期出现超设计条件的特殊工况，应对荷载重新组合；改变设计规定运行条件的闸门，应按改变后的运行条件对荷载重新组合。

3. 设计准则及容许应力

钢闸门设计方法采用的是容许应力法。荷载计算除考虑动力系数外，荷载采用标准值。材料的容许应力，应考虑不同情况分别计算调整，具体可按照《水利水电工程钢闸门设计规范》（SL 74—95）中第 4.1.1 条 ~ 第 4.2.8 条的规定，综合考虑构件材料、尺寸、计算工况、受力状态、部件作用等因素确定。

4. 闸门强度

平面钢闸门强度计算分为面板、主梁、边梁、水平次梁、垂直次梁等构件，其中面板计算按不同支撑情况的弹性板计算内力，其余构件按照结构力学的方法进行计算。

弧形钢闸门强度计算分为主框架、面板、水平次梁、竖直次梁等构件，其中主框架的计算可按刚架模型用结构力学方法求解，其余构件计算方法与平面钢闸门相同。

当钢闸门构件锈蚀后，闸门强度的计算可依据规范，按照构件实际截面的大小进行核算。需要注意的是，钢闸门在腐蚀后构件各点的裂纹、蚀坑形状和深度也有所不同，局部将产生应力集中，故除了要对均匀腐蚀情况下构件最危险点的强度进行验算，还需要对这些特殊点进行校核。

当现场检测结果表明，钢闸门焊缝具有裂缝、夹渣等缺陷时，复核计算可不考虑缺陷部位的强度，应直接提出将焊缝剔除补焊的处理措施。

5. 闸门变形

平面钢闸门变形计算分为主梁、边梁、水平次梁、垂直次梁等构件。主梁和水平次梁最大挠度计算公式可根据材料力学进行推导或参照《水闸安全鉴定技术指南》所列公式计算；边梁最大挠度的计算按简支梁和悬臂梁的情况分别计算，取其最大值；垂直次梁最大挠度按多支点双悬臂梁计算。

弧形钢闸门变形计算分为主横梁、支臂、次梁等构件。其中主横梁最大挠度计算公式可根据材料力学进行推导或参照《水闸安全鉴定技术指南》所列公式计算，次梁最大挠度计算公式见平面钢闸门，支臂挠度很小，一般可忽略不计。

当钢闸门构件锈蚀后，同样由于不同程度的截面削弱，使各构件的刚度减小，计算变形时，仍需采用实际截面的几何参数求解梁体挠度，核算是否满足变形要求。

6. 附属构件强度

钢闸门附属构件一般不存在变形问题，主要是强度复核。

闸门附属构件主要分为轨道、吊耳和吊杆两个主要部分。其中轨道主要为轨道与滚轮的接触应力、平面闸门主轨强度（滚轮作用下轨道包括轨道底板混凝土承压应力、轨道横断面弯曲应力、轨道颈部的局部承压应力、轨道底板弯曲应力，胶木滑道支承轨道包括轨道底板的混凝土承压应力、轨道底板的混凝土弯曲应力），吊耳和吊杆主要为吊耳孔壁应力、吊耳杆薄弱处的应力。上述计算方法参照《水闸安全鉴定技术指南》所列公式计算。

附属钢构件锈蚀后，除应按实际截面进行强度复核外，截面复核点应选择强度最薄弱的环节，如锈蚀最严重的地方。

（三）成果判别与分析

1. 强度

钢闸门强度的判别，应将计算出的结构应力 σ 与对应部位的容许应力 $[\sigma]$ 进行对比分析：若 $\sigma \leqslant [\sigma]$，强度满足现行规范要求；反之，强度不满足现行规范要求。

2. 变形

受弯构件的最大挠度与计算跨度之比，不应超过下列数值：潜孔式工作闸门和事故闸门的主梁为1/750，漏顶式工作闸门和事故闸门的主梁为1/600，检修闸门和拦污栅的主梁为1/500、次梁为1/250。

第四节　水闸安全评价

水闸安全评价应由水闸鉴定组织单位组织相关单位参加水闸安全鉴定会议，成立专家组，对《工程现状调查分析报告》、《现场安全检测报告》、《工程复核计算报告》等安全评价成果进行审查，根据审查意见由水闸安全鉴定承担单位编写形成《水闸安全评价总报告》，并在此基础上完成《水闸安全鉴定报告书》的编写，由县级以上地方人民政府水行政主管部门和流域管理机构按分级管理原则对水闸安全鉴定意见进行审定并印发《水闸安全鉴定报告书》。

本节内容主要从水闸安全评价成果审查、水闸安全鉴定报告书的编写两个方面来阐述水闸安全评价中的相关技术问题。

一、水闸安全评价成果审查

（一）评价准则和标准

1. 评价准则

对水闸安全性、耐久性和适用性的要求即为水闸安全评价准则，具体可从运用指标是否能达到设计标准、结构损伤程度及结构的可修复性三方面判别。

《工程现状调查分析报告》、《现场安全检测报告》以及《工程复核计算报告》的审查，是水闸安全评价的重要环节，直接影响水闸安全类别的评定。

2. 水闸安全类别评定标准

依据《水闸安全鉴定规定》（SL 214—98），水闸安全类别分为四类，评定标准分别为：

（1）一类闸：运用指标能达到设计标准，无影响正常运行的缺陷，按常规维修养护即可保证正常运行。通常称之为正常水闸。

（2）二类闸：运用指标基本达到设计标准，工程存在一定损坏，经大修后，可达到正常运行。该类水闸略低于国家现行标准要求，某些设施存在较大损坏或设备老化问题，需要进行工程大修或设备更新。通常称之为可用水闸。

（3）三类闸：运用指标达不到设计标准，工程存在严重损坏，经除险加固后，才能达到正常运行。该类水闸不符合国家标准要求，存在的问题对工程正常使用影响较大，应当立即采取除险加固措施，才能保证工程的安全运行，通常称之为病闸。对大修工期较长，与新建水闸相比费用相差不多的水闸，管理和主管单位也可考虑拆除重建。

（4）四类闸：运用指标无法达到设计标准，工程存在严重安全问题，需降低标准运用或报废重建。该类水闸严重不符合国家标准要求，已不能正常使用。通常称之为险闸，一般应拆除重建。

3. 三类闸和四类闸的区别

根据笔者的实践经验及全国水闸安全鉴定报告的相关资料，三类闸和四类闸的区分是目前水闸安全鉴定工作中容易混淆的问题之一。从上述安全鉴定类别的判定标准中可以清楚地看出，在运行指标、病险程度、恢复措施三个指标中，三类闸和四类闸的区别非常明显：三类闸侧重于损坏严重、大修解决，四类闸侧重于严重安全问题、降等报废。因此，在实际工作中，要重点把握住是病与险的本质区别，正确评定出水闸的安全类别。

（二）成果审查

水闸安全评价成果重点审查包括：《工程现状调查分析报告》、《现场安全检测报告》和《工程复核计算报告》中资料数据的来源与可靠性，现场安全检测和工程复核计算项目的完整性、方法的规范性、结论的合理性等方面内容。

水闸安全鉴定承担单位可参照表 2.1 填写各项内容供水闸安全鉴定专家组进行审查。

二、水闸安全鉴定报告书编写

水闸安全鉴定报告书的各项分析评价内容，应在工程现状调查分析、现场安全检测以及复核计算三项成果的审查结果基础上逐项填写。

根据上述各项分析评价结果，利用综合评判方法，对水闸安全状况提出相应的鉴定结论，评定水闸安全类别，编写水闸安全鉴定报告书，报送审定部门进行审定，对工程存在的主要问题，提出相应的处理意见。

适用性指标达不到设计标准，如过流或消能防冲能力不足、启闭设备老化、闸门不能正常使用、观测设施无效、胸墙漏水等，建议归类于二类或三类闸，并采取相应的维修或处理措施。

影响水闸安全性的一些关键项，如防洪能力、抗滑能力、抗渗能力、结构强度等，无法达到设计要求的且存在着严重安全问题的，建议归类于四类闸，并采取降级使用或拆除重建。

实际引流能力不满足使用要求，其他方面均满足规范要求的水闸，建议降低引流标准，归类于一类闸或降级使用。

对于因河道或水库运行方式变化，大堤及水库防洪标准提高造成水闸防洪能力不足的水闸，建议归类于四类水闸。

表 2.1　安全评价成果审查内容

<table>
<tr><th colspan="3">评价项目</th><th>主要成果</th><th>主要结论</th><th>审查意见</th><th>备注</th></tr>
<tr><td colspan="2">防洪能力</td><td>复核计算</td><td></td><td></td><td rowspan="8"></td><td></td></tr>
<tr><td rowspan="6">水闸稳定性和抗渗稳定性</td><td rowspan="2">闸室</td><td>现场检测</td><td></td><td></td><td rowspan="7">现场检测成果可主要从外观缺陷、异常变形等方面进行描述，复核计算成果可主要从基底应力，抗滑、抗倾及抗浮稳定等方面不满足规范或设计要求的地方填写。如满足，则如实填写</td></tr>
<tr><td>复核计算</td><td></td><td></td></tr>
<tr><td rowspan="2">岸墙、翼墙</td><td>现场检测</td><td></td><td></td></tr>
<tr><td>复核计算</td><td></td><td></td></tr>
<tr><td rowspan="2">抗渗稳定</td><td>现场检测</td><td></td><td></td></tr>
<tr><td>复核计算</td><td></td><td></td></tr>
<tr><td colspan="2">抗震能力</td><td>复核计算</td><td></td><td></td></tr>
</table>

续表 2.1

评价项目				主要成果	主要结论	审查意见	备注
消能防冲	消力池		现场检测				现场检测成果可主要从外观缺陷等方面进行描述，复核计算成果可主要从长度、深度等方面不满足规范或设计要求的地方填写。如满足，则如实填写
			复核计算				
	海漫		现场检测				
			复核计算				
过流能力			复核计算				
结构安全	闸室	底板	现场检测				现场检测成果可主要从外观缺陷、内部缺陷、强度不足、异常变形等方面进行描述，复核计算成果可主要从结构强度、裂缝开展宽度、变形等方面不满足规范或设计要求的地方填写。对构件完好的分部工程，如开展相关工作且证明不存在安全隐患，可分别如实填写
			复核计算				
		顶板	现场检测				
			复核计算				
		闸墩	现场检测				
			复核计算				
		胸墙	现场检测				
			复核计算				
	涵洞	边墙	现场检测				
			复核计算				
		中墙	现场检测				
			复核计算				
		底板	现场检测				
			复核计算				
		顶板	现场检测				
			复核计算				
	机架桥		现场检测				
			复核计算				
闸门和启闭机	闸门、附属结构		现场检测				现场检测成果主要可从外观缺陷、腐蚀程度等方面进行描述，复核计算成果可从强度、变形等方面不满足规范或设计要求的地方填写。如满足，则如实填写
			复核计算				
	启闭机		现场检测				
电气设备			现场检测				
观测设施			现场检测				
其他有关专项项目							

第五节　病险水闸存在的主要问题、原因及对策

根据 1999 年开展的病险水闸除险加固规划、2005 年开展的水闸注册登记、2008 年的全国水闸安全状况普查及 2009 年的全国病险水闸除险加固专项规划等相关工作所积累的基本资料，经统计分析后，目前全国病险水闸存在的主要问题及其原因如下。

一、主要问题

根据各地提供的 390 座大型和重点中型病险水闸专项报告所反映的问题，以及在一些省（区）、直辖市实地调查的情况看，目前病险水闸存在的主要问题有以下十个方面。

（一）防洪标准低

防洪标准不够，造成超标准泄流、闸前水位壅高甚至洪水漫溢。排涝标准低的水闸，造成涝水滞留时间延长，形成沥涝灾害。

例如天津市新开河耳闸，建闸至今，累计沉降量达 3.23 m。1963 年实际分洪流量为 381 m^3/s，到 1991 年最大泄流量只有 15.1 m^3/s。挡水、分洪、控泄功能几乎全部丧失，从 1996 年起连续多年发生河水倒灌。又如安徽省蒙洼蓄滞洪区王家坝进洪闸，闸前淮河原设计水位 27.94 m，从 1953 年建成至今，共开闸蓄洪 12 次，除两次因堤圈溃决失控外，其余几次均因洪水漫顶开闸，运用条件十分恶劣。1998 年经国家防总批准，闸前设计水位抬高到 29.0 m，比原设计水位提高 1.06 m，现有标准远远达不到要求。再如上海市崇明岛南沿 115.5 km 海塘，已达防御 100 年一遇高潮位、同时遭遇 12 级台风正面袭击的标准，而目前岛上 24 座水闸中，尚有 11 座水闸的外河设计水位没有达到这一标准，影响全岛海塘达标工程的整体效益。

（二）闸室不稳定

例如天津市潮白新河河口的宁车沽防潮闸，因闸底脱空，校核工况正向运用的整体抗滑稳定安全系数仅为 0.39，反向运用的抗滑稳定安全系数只有 0.36。山东省东鱼河徐寨拦河闸，蓄水运行时单桩水平承载能力的安全系数为 0.92，地震工况只有 0.86。甘肃省张掖市黑河草滩庄泄洪冲沙闸，地震工况下的抗滑稳定安全系数只有 0.78。

（三）渗流不稳定

闸基和两侧渗流不稳定，出现塌坑、冒水、滑坡等现象。例如内蒙古自治区白音汉水闸，由于闸上游河道淤积，闸下游河道下切 3 m 深，改变了原来设计条件，造成边墩和岸墙后侧填土渗流不稳定，下游护坡被冲坏。河北省王村分洪闸的上游混凝土防渗板，由于反复冻胀变形，造成多处开裂，止水破坏，渗径长度已不满足设计要求。江苏省铜山县郑集闸，由于渗径长度不够，运行中出现底板下管涌渗水，影响水闸安全。

（四）水闸抗震不能满足要求或受地震破坏没有彻底修复

例如天津市引泃入潮河上的辛撞节制闸，受唐山大地震影响，闸底板裂缝返沙，闸墩错位达 12 cm，涵洞顶板混凝土多处出现纵横裂缝，机架桥根部产生断裂。江苏省连云港市大浦闸，甘肃省张掖市梨园河闸、酥油口闸等，原设计抗震烈度为 6 度，按现行标准应提

高到8度。

（五）闸室结构混凝土老化、损坏严重

闸室大量的混凝土出现裂缝、剥蚀、脱落、碳化、疏松，钢筋锈蚀等问题。如青岛即墨市袁家庄节制闸，最大过闸流量为983 m^3/s，1991年修建，工程经多年运行，闸体砌石已严重风化剥蚀，砌体强度、闸室稳定和抗渗均不满足规范要求；交通桥板剥蚀脱落，钢筋外露锈蚀，结构强度不满足要求；水闸下游消能设施被冲毁，存在严重安全隐患，危及闸室安全。

（六）闸下游消能防冲设施严重损坏

例如江苏省一帆河挡潮闸下游消力池被冲毁，在长达35 m范围内的河底高程由-4.0 m冲深至-8.8 m，造成两岸坍塌并形成大范围回流区。安徽省裕溪闸下游消能防护设施冲刷严重，冲坑最深处超过3 m，影响闸室安全。天津市的西河闸和江苏省南运西闸等有反向引水运用情况，但上游侧均无消能防冲设施，河底冲刷严重。

（七）泥沙淤积问题严重

闸或枢纽范围上、下游河道淤积，泄水能力下降，西北地区水闸和滨海地区挡潮闸的淤积问题最严重。例如甘肃省酒泉市马营河闸枢纽上、下游河床泥沙淤积抬高，主要建筑物被淤埋深达2 m，基本上丧失引水功能。新疆生产建设兵团农一师塔里木拦河枢纽上游河道淤高1 m，下游河道淤高0.4 m，原设计过闸校核流量为2 920 m^3/s，现状只能泄1 870 m^3/s。又如天津市金钟河防潮闸设计底板高程-5.5 m，现状淤泥高程已达2.5～3.5 m，每年必须进行清淤才能提闸泄洪。

（八）机电设备损坏或老化失修

闸门、启闭设施和电气设备损坏，或者老化、年久失修、运转不灵。这类问题也比较普遍。例如河北省秦皇岛市大汤河防潮闸经过20多年运用，钢闸门梁板锈蚀厚度将近一半，玻璃钢防腐层全部脱落，轮轴锈死，启吊时闸门严重变形，多次发生卡阻。安徽省蚌埠节制闸和山东省南四湖出口韩庄节制闸的部分闸门，至今还使用钢丝网水泥薄壳闸门。江苏省金湾节制闸和太平庄挡潮闸等，油压启闭装置是建闸时用土法制造的非标产品，油缸加工粗糙，漏油严重，影响正常使用。

（九）观测设施缺少或损坏失效

大多数水闸观测设施缺少或者损坏失效，不少水闸连沉陷标点、测压管等最基本的观测设施都没有。

（十）其他方面的问题

比如设计上，闸位或者枢纽布置不合理，容易造成河道淤积或堤岸冲刷；防渗铺盖、翼墙、堤岸护坡损坏；管理房屋失修或不够用；防汛道路损坏；缺少备用电源、交通车辆和通信设施，等等。

二、存在病险问题的主要原因

（一）水文资料

建闸时的气象、水文资料少，系列短，经过几十年的运用实践，现在积累了比较丰富的资料和数据。对于同样的洪水重现期，设计洪水的洪峰和洪量可能发生很大的变化，而且一般来说都比原设计数值增大。采用新的水文资料进行复核计算，过闸流量或防洪水位都会有所改变，造成现有水闸的防洪标准不够。

（二）规划改变

随着国民经济和科学技术的发展，水利规划和标准也在不断修订与补充。按最新的流域或者河流的防洪规划安排，许多河道已进行了扩挖和深浚，但水闸没有进行相应改建或扩建，成为“卡脖子”工程。有的水闸由单向挡水，改变为双向挡水，运用条件发生了很大变化。上海、江浙、两广一带的许多海堤向海边外移了，现有挡潮闸的位置以及挡潮标准、设计水位、潮位等都已无法满足功能要求，许多挡潮闸需要重修。

（三）自然因素

自然因素也造成一定程度的破坏，比如区域性地面沉降、超标准洪水的发生、地震、海风及海水浸蚀等。

（四）历史原因

大量的水闸修建于“大跃进”、“文化大革命”、“学大寨”等特殊的历史时代，是大搞群众运动建成的，几乎全是“三边”工程。许多水闸现在连设计文件、图纸、施工及竣工资料都找不到了。很多工程根本没有经过验收就投入了运行。这些水闸的修建无疑对当地的防洪保安、生活供水及国民经济的发展起到了巨大的促进和保障作用。但是，限于当时总的社会经济发展和科学技术水平都不高，一些基本建设材料如水泥、钢材和机电设备质量差，缺乏专业施工队伍，投资少，设计标准低，因陋就简，有的水闸设计采用了一些不成熟的、带有试验性的“新技术”等，致使许多水闸建成初期就存在不少问题，结构物耐久性差，未老先衰，达不到现行国家规定、标准或要求。

（五）忽视工程管理

长期以来，轻视工程维护和管理的思想比较普遍。管理设施陈旧，数量不足，手段落后，难以适应管理工作的需要。很多水闸管理单位人员编制臃肿，人浮于事，缺少或者根本没有合格的技术人员，管理人员的素质较差。有的单位人员调动频繁，弄不清所管工程的设计、运行要求，工程存在哪些问题，应该如何解决等。规章制度不健全，有的单位虽然制定了各种规章制度，但只是挂在墙上，执行起来大打折扣。不少水闸的外观面貌很差，甚至破烂不堪。

（六）缺乏正常维修和更新改造资金

水闸是具有公益性质的水利基础设施，大多由国家投资兴建，管理经费应该由政府财政拨付。但是，目前除各流域机构和省水利厅直管的部分水闸尚有少数事业经费，勉强维持低标准运行外，一些由地方管理的水闸多数管理经费无着落，给正常管理运行造成很大困难。管理单位自身难以维持和发展，更谈不上投资搞维修和对旧设备进行更新改造，工程和设备的安全状况每况愈下，往往使小问题得不到及时处理，逐渐演变成大问题，最终将影响到水闸的安全运用和兴利效益的发挥。

三、除险加固的主要工程措施

病险水闸除险加固，是在现有工程基础上，因地制宜，通过采取综合加固措施，消除病险，确保工程安全和正常使用，恢复和完善水闸应有的防洪减灾与兴利效益。

首先应弄清工程现状，认真查明存在的问题，根据各个工程的不同特点，研究综合性除险加固工程措施。我国地域辽阔，南方地区和北方地区，东部沿海和西部内陆地区，气候条件和自然环境差别很大，经济和文化发展水平也不一样，管理方式也是多种多样，除险加固方法应结合工程的实际情况，不宜照搬照抄。

工程加固方案要体现先进性、科学性和经济性。

工程加固无论从勘测、设计、施工、管理等各方面，都应当重视采用新技术、新方法、新材料、新工艺，努力提高科技含量。

应根据建筑物级别和最新气象及水文资料，复核水闸的水位和过流能力，使水闸达到国家《防洪标准》（GB 50201—94）或本地区防洪标准，并与本流域或本河流的防洪规划相协调。标准不够的水闸，要加高、扩孔或扩建。鉴定为四类的病险水闸可考虑拆除重建或者移址新建。

解决水闸的抗滑稳定问题、闸基和两岸回填土的抗渗透稳定问题以及砂土地基抗地震液化问题，都应重视采取合适的地基处理措施。经过多年运用，各地都有许多成功的经验和实例，比如常规黏土或水泥灌浆、高压旋喷或定喷灌浆、混凝土连续墙等。要在保证工程质量的前题下，优先采用经济、实用的新技术和新的施工方法。

要按最新地震烈度区划图确定水闸的抗震设计烈度，按现行抗震设计规范核算水闸的抗震稳定性和结构强度是否满足要求。不满足要求的水闸应采取加固措施。

混凝土结构的修补技术和表面防碳化处理工艺，既要注重实效，又要注意外表美观。

闸下消力池的防渗和防冲设施修复，可以考虑采用土工膜技术。这方面，浙江省有许多宝贵的实践经验。

闸门采用什么材料、什么结构型式，要因地制宜。

闸门启闭控制设施的更新应采用先进技术，但也要考虑具体情况。有的水闸孔数多，启闭运行频繁，应考虑采用集中自动监控设施；有的水闸数孔少，或者使用机会不多，以现地机旁控制为宜。

对于滨海地区的挡潮闸，应着重研究潮汐运动规律，从水闸运用方式上，解决上、下游河道的淤积问题。现在，各地也有许多进行机械拖淤的好经验。

西部地区许多内陆河流坡陡流急，洪水来势迅猛，推移质含量极大，要研究和改进适合当地情况的枢纽布置方式，总结和推广成功的经验。

要重视设置必要的、基本的观测设施，以便及时、准确地观测水位、流量、沉降、位移、扬压力等，为掌握水闸运行及安全状况提供科学依据。

病险水闸除险加固的同时，应当完善各种必要的管护设施，如水情测报、交通、通信、管理房屋等，对水闸的管理范围要确权划界，为运行管理创造必要的条件。

第三章 水闸除险加固设计

第一节 除险加固缘由

根据水利部《水闸安全鉴定管理办法》第七条之规定，当水闸经安全鉴定为三类闸时，需进行除险加固；安全鉴定为四类闸时，一般予以废除或经除险加固后，降低标准使用。对需要除险加固的水闸，应首先描述工程概况。工程概况主要包括工程的地理位置、社会经济状况、工程等别、建筑物级别、工程规模、工程布置以及工程安全鉴定结果。

如水闸在使用过程中已进行过除险加固，应对以往的除险加固设计、施工情况进行说明；如以往除险加固中的主要设计参数发生改变，应对设计参数改变的原因进行解释说明。

应对有关上级批文、批复、规划、水闸安全鉴定和设计过程进行简要说明，并阐述规划、批文、批复的主要结论。

对《安全鉴定报告》进行概括性的说明，对报告中采用的检测方法、检测内容、复核计算方法及成果进行简要的说明，并准确叙述安全鉴定的结论和建议。

第二节 除险加固设计的依据和原则

一、设计依据

除险加固设计主要依据的文件包括四类：①国家相关法律、法规和技术规范规程；②水闸工程原始资料；③水闸安全鉴定成果；④水闸除险加固规划和批准文件。

（一）法律、法规和技术规范规程

水闸除险加固设计中，主要相关法律包括《中华人民共和国防洪法》、《中华人民共和国水法》、《中华人民共和国水土保持法》和《中华人民共和国环境保护法》等；主要相关的法规和技术规范规程包括与加固设计直接相关的《防洪标准》（GB 50201—94）、《水利水电工程等级划分及洪水标准》（SL 252—2000）、《水闸设计规范》（SL 265—2001）、《水闸施工规范》（SL 27—91）、《水闸技术管埋规程》（SL 75—94）、《水闸工程管理设计规范》（SL 170—96）、《水工建筑物抗震设计规范》（SL 203—97）或可能与之相关的《堤防工程设计规范》（GB 50286—98）、《水工钢筋混凝土结构设计规范》（SL/T 191—96）、《水利水电工程设计防火规范》（SDJ 278—90）等。设计时应根据水闸除险加固中遇到的实际问题，选择合适的设计规范，以明确设计采取措施的依据。

水闸除险加固设计报告编写也应遵从《水利水电工程初步设计报告编制规程》（DL 5021—93）的有关规定。

（二）水闸工程原始资料

根据安全鉴定成果中水闸存在的问题，有针对性地收集原水闸的工程设计资料、施工资料和技术管理资料等。收集的技术资料应真实完整，力求能准确、真实反映工程现状。

设计资料应包括下列主要内容：工程地质勘探资料和水工模型试验；工程建设（包括新建、改建或加固）的设计文件和图纸；历次改、扩建或除险加固的设计文件和图纸；工程地基情况，若采取地基处理的，应详细了解所采取的处理措施；是否设计变更及设计变更原因和变更设计资料的收集。

施工资料应包括下列主要内容：施工技术总结资料、工程质量监督检测或工程建设监理资料、观测设施的考证资料及施工期观测资料、工程竣工图和验收交接文件以及工程改、扩建或除险加固的相关施工资料。要特别重视对水闸施工所采取的施工技术和措施、施工中发生的主要质量问题及处理措施等施工资料的收集。

技术管理资料应包括下列主要内容：技术管理的规章制度，控制运用技术文件及运行记录，历年的定期检查、特别检查和安全鉴定报告、观测资料成果，工程大修和重大工程事故处理措施等技术资料。要特别重视对技术管理制度执行情况，控制运用情况，运行期间遭遇洪水或风暴潮、强烈地震及重大工程事故造成的工程损坏情况及处理措施等技术管理资料的收集。

对于一些建设年代较早的水闸，特别是20世纪70年代建造的一些“边勘测、边设计、边施工”工程，由于保存的资料可能比较少，或者原来的资料由于某些原因散失不全，资料不完整，除采取各种措施尽力收集相关原始资料外，应重点收集历年的定期检查、特别检查和安全鉴定报告等相关技术管理资料，同时还应对工程进行必要的调查、查勘或检测，力求满足水闸除险加固设计的需求。

收集的技术资料应真实完整，力求能准确真实反映工程现状。为了使收集的原始资料准确无误，特别是有关水闸的运行管理资料可能存在一定误差，不能准确反映真实的工程情况，因此在使用这些原始资料时应认真地审查。

（三）水闸安全鉴定成果

水闸安全鉴定成果主要包括现状调查分析、现场安全检测、工程复核计算和安全评价。现状调查分析、现场安全检测、工程复核计算可作为开展除险加固设计的重要参考资料。安全鉴定结果是除险加固设计的主要依据，收集水闸安全鉴定成果，充分了解水闸存在的问题，对除险加固设计十分必要，同时，也可以减轻设计人员收集原始资料的负担。收集水闸安全鉴定成果时，可与安全鉴定人员充分沟通，取得现场安全检测和工程复核计算的原始资料，为采取更合理的处理措施提供依据。

（四）水闸除险加固规划和批准文件

水闸除险加固规划和批准文件是除险加固设计的重要依据。除险加固规划和批准文件，更准确地说明了水闸除险加固设计需要的深度和设计范围，对开展设计具有指导意义。

二、设计原则

进行除险加固设计时，需遵循以下设计原则：

(1)水闸除险加固设计应严格按水闸除险加固规划和批准文件的要求和内容进行设计。

(2)水闸除险加固设计应执行现行国家和水利水电行业有关规范、规程。

(3)除险加固设计时水闸规模、防洪标准等与流域相关的主要参数应遵从水闸所在流域规划的要求。

(4)除险加固设计应依据水闸原设计图、竣工资料及安全鉴定成果进行,并进行现场核对。

(5)水闸除险加固设计应根据水闸安全鉴定结果和拟加固的项目,有针对性地对水闸的防洪标准、过流能力、防渗能力、抗滑稳定性、消能防冲、结构承载能力及抗震等方面进行复核计算。

(6)水闸除险加固设计计算应考虑结构病害影响、原结构材料劣化、新旧材料结合性能及材料差异等因素。

(7)水闸除险加固设计应考虑工程以前各施工阶段构件强度、稳定性及结构变形的影响。

(8)应对需除险加固工程的环境、使用年限有明确的界定。

(9)水闸除险加固时,应有必要的方案比选,以确保加固方案的经济合理,且环境评价可行。

第三节　工程勘察

一、补充勘察的原则

当水闸经安全鉴定为三类闸需进行除险加固时,应收集原设计勘察资料、施工资料、竣工资料以及水闸安全鉴定中的勘察资料,结合水闸安全鉴定中水闸存在问题产生的原因,确定是否有必要对水闸进行勘察。补充工程勘察的原则如下:

(1)水闸除险加固设计工程地质勘察的对象应根据设计要求确定;

(2)原工程勘察资料收集不全或没有,而除险加固设计又必需时,应进行补充工程勘察;

(3)水闸除险加固设计的工程布置范围超出原工程勘察资料勘察范围的,应进行补充勘察;

(4)水闸出现绕渗问题,且超出原勘察范围,应对渗漏地段范围大小进行勘察;

(5)闸基存在不良工程地质问题,原勘察资料又说明不了问题,应进行补充勘察以确定处理方案;

(6)补充勘察应以不扰动原建筑物基础或影响其安全为原则。

二、工程勘察的一般要求

(一)工程勘察范围和要求

根据补充勘察原则确定的勘察对象,按照加固设计要求确定勘察范围。

针对工程勘察过程中遇到的常见问题，有以下几点要求：

(1)水闸除险加固设计工程地质勘察应充分利用已有工程地质勘察资料，深入分析施工和运行期间有关观测资料，针对土要影响水闸安全的地质缺陷和隐患，采用适当的勘察技术和方法布置勘察工作。

(2)当存在渗漏问题时，首先应检查原地质勘察范围，核定闸基渗漏地段是否超出原闸防渗处理范围，以确定是否有必要对水闸地基进行补充勘察。如确需对地基进行补充勘察，应根据水闸安全鉴定和原水闸地质勘察结果以及实际渗漏范围，结合水闸建筑物的布置情况，在原勘察范围内或根据渗漏问题的表现情况扩大勘察范围进行补充勘察。利用天然铺盖防渗的地方，勘察范围要延伸到天然铺盖层外围。对原地质勘察深度进行判别，以确定其是否探清隔水层或相对隔水层的深度以及分布。当存在侧渗渗流问题时，应对建筑物两侧进行勘察。

(3)当存在不良地质问题时，应核定原地质勘察资料，并根据建筑物存在的地质问题，确定是否有必要重新进行地质勘察。如确需对地质情况进行补充勘察，应根据原地质勘察结果，对原勘察断面进行补充勘察，并根据出现的地质问题，判断需勘察的深度。

(4)缺乏地质勘察资料，或资料不全时，应在建筑物的上、下游渠道和两侧进行补充勘察，必要时可在砌石段采取土样或作钻孔柱状剖面图。

(5)水闸除险加固设计工程地质勘察应由具备相应勘察资质的单位完成。

(二)工程勘察内容

水闸除险加固工程设计地质勘察应在安全鉴定的基础上，对水闸工程的险情和隐患及其他有关地质问题进行详细勘察；结合设计单位的设计要求，分析地质病害和隐患产生的原因，并评价其危险程度；提供水闸除险加固设计所需要的地质资料，并对加固处理措施提出建议。

对于土质地基，需进行的物理力学试验项目见表3.1。当在除险加固时遇到特殊地质问题时，还可以做专门试验项目，如地基土的压缩模量、剪切模量、侧压力系数、侧膨胀系数、变形模量、固结系数、地基土对混凝土的抗滑强度、十字板剪切强度、动力强度系数以及砂砾石地基的管涌试验等。

对于填土，应有由击实试验求得的最大干重度和最优含水量。此外，还应有试样的天然含水量、天然重度以及最大干重度条件下的抗剪强度指标；必要时还应有压缩系数、渗透系数等指标。

表3.1　土的物理力学性质试验项目

土的类别	黏性土	砂性土
标准贯入击数	★	★
静力触探	★	★
土粒容重	★	★
重度	★	★
孔隙比	★	★
饱和度	★	★
相对密度	—	★
界限含水量	★	—
颗粒分析	★	★
渗透系数	★	★
压缩系数	★	○
无侧限抗击强度	○	—
抗剪强度	★	★

注：★表示必须试验的项目，○表示可视具体情况而定的试验项目。

三、工程勘察的手段和方法

(一)工程测量

除险加固设计中,如需对闸址进行测量,应根据除险加固的具体内容施测,测量比例尺一般为1:200~1:2 000;如果对局部部位有更详细的要求,测量比例尺可适当加大。

(二)勘探

在收集有原水闸地质勘察资料情况下,一般不需要重新进行工程地质测绘工作。如需进行补充地质勘察,主要是在原资料基础之上,对原资料进行复核和加密勘察工作。

1. 渗漏问题地质勘察

水闸除险加固设计中遇到渗漏问题时,地质勘探应在垂直和平行可能渗漏的方向上布置勘探剖面,剖面位置及数量视渗漏层(带)、产状渗漏地段宽度并考虑不同地貌地质单元的代表性而定。

勘探剖面上应布置物探、槽坑探和土钻孔,地质条件复杂地段可布置岩心钻探,其数量和孔距视地质情况而定。孔深应达到相对隔水层或当地河流枯水位以下10~15 m。

2. 边坡稳定问题地质勘察

当水闸除险加固设计中遇到边坡稳定问题时,应沿平行和垂直于边坡可能失稳方向布置勘探剖面。采用物探和槽坑探方法探测不稳定岩(土)体的范围和主要界面位置。为查明控制性结构面性质和大的蠕动变形、滑动变形或其他变形边坡深部情况,可布置钻孔,其深度应深入到正常岩(土)体内,必要时可进行钻孔压(注)水试验。

3. 水闸蓄水引起的浸没问题地质勘察

在出现浸没问题的区域布置一定的勘探工作。勘探宜采用物探、槽坑探和土钻相结合的方法。剖面数量和勘探点密度根据地貌、地质结构的具体情况确定。在浸没区靠近水闸设计蓄水位边线附近,布置土钻孔或探坑,控制深度应达到相对隔水层,坑孔中应进行注(抽)水试验和地下水位观测。

4. 水闸地基问题地质勘察

当水闸除险加固设计遇到地基问题时,地质勘察勘探剖面应根据具体地质情况确定,一般可沿闸轴线布置,辅助剖面根据建筑物的位置和需要而定。钻孔间距不应超过20 m,孔深应深入相对隔水层5~10 m。当闸基相对隔水层埋藏较深时,孔深应不小于闸底宽,两岸钻孔孔深应达河水位以下或枯季地下水位以下。辅助勘探剖面上的钻孔或专门地质问题钻孔的布置和孔深根据实际情况确定。

5. 可溶岩基闸址区勘察

主勘探剖面一般沿闸轴线或防渗线布置,上、下游和其他建筑物区可布置辅助勘探剖面。在宽敞河谷和覆盖型可溶岩闸址区,应尽可能利用物探方法进行探查。主勘探剖面钻孔间距为30~50 m,控制性钻孔孔深在岸坡部位至少应到河床底基岩面以下10 m,河床部位钻孔应尽量深入到相对隔水层或当地强喀斯特发育带下限。

为查明喀斯特水流特点和溶蚀规律,揭露隐伏喀斯特洞穴,必要时对存在问题和洞隙可进行平硐追索开挖。

6. 土基闸址区勘察

可沿闸轴线或防渗线布置主勘探剖面，必要时可布置辅助勘探剖面。所有勘探剖面上应尽量进行物探探查并应有坑孔控制。闸址主勘探剖面上坑孔间距不大于20 m，辅助勘探剖面上的坑孔应尽量布置在建筑物附近。

由于需除险加固的水闸枢纽工程均为已建工程，因此布置钻孔时也须尽量考虑已建工程的实际情况，合理布置钻孔位置。

四、工程勘察报告

工程勘察报告由正文、附图、附件组成。要求提供纸质文件和电子文件。原始资料应进行整编。报告编制及归档，应符合《中小型水利水电工程地质勘察规范》(SL 55—2005)的规定。

报告中应包含以下几方面内容：

(1)绪言。包括工程位置和设计主要指标、主要建筑物布置方案，水闸安全鉴定勘察的主要结论，本阶段勘察工作概况及勘察过程、内容和完成工作量。

(2)闸址工程地质条件。分问题依次论述所勘察部位的地质条件及主要工程地质问题，并提出包括工程地质评价、主要勘察结论及处理措施的具体建议。

(3)天然建筑材料。

(4)结论和建议。

第四节　工程任务和规模

对于新建的水闸工程，其工程任务和规模是由所在河流的流域规划所确定的。而需除险加固的水闸工程，其任务和规模原则上不会发生变化，但也会因为除险加固措施的实施而发生改变。

一、除险加固内容

根据《水闸安全鉴定规定》(SL 214—98)，水闸的安全类别可分为：

(1)一类闸，运用指标能达到设计标准，无影响正常运行的缺陷，按常规维修养护即可保证正常运行；

(2)二类闸，运用指标基本达到设计标准，工程存在一定损坏，经大修后可达到正常运行；

(3)三类闸，运用指标达不到设计标准，工程存在严重损坏，经除险加固后才能达到正常运行；

(4)四类闸，运用指标无法达到设计标准，工程存在严重安全问题，需降低标准运用或报废重建。

因此，需要除险加固的水闸经安全鉴定为三类闸和四类闸。四类闸有可能经除险加固后需降低标准使用。

除有特殊原因外，除险加固应按安全鉴定的结果，对其存在的问题进行处理。

除险加固内容包括水闸等级及洪水标准的核定、总体布置、水力设计、防渗排水设计、结构设计、地基处理设计、观测设计等。上述内容可根据安全鉴定结果和水管单位意见有所删减。

除险加固设计中，也应对除险加固后水闸仍存在的问题以及今后的运行管理提出详细的要求。

二、等级划分及洪水标准

水闸除险加固设计时，首先应复核建筑物等别及建筑物级别。

目前需要除险加固设计的水闸，多修建于20世纪90年代之前。在不同时间，国家有不同的相关规范来确定工程的等级。在新的《水利水电工程等级划分及洪水标准》(SL 252—2000)和《水闸设计规范》(SL 265—2001)实施之前，水闸设计中水闸等级的划分主要是按照《水利水电工程枢纽工程等级划分及设计标准》(山区、丘陵部分)(SDJ 12—78)、《水利水电工程枢纽工程等级划分及设计标准》(平原、滨海部分)(SDJ 217—87)等有关规定进行确定的，其划分依据主要是根据工程规模、效益及在国民经济中的重要性等三个方面来确定的。但上述等级划分标准主要适用于山区水库枢纽工程。由于平原区水闸大多拦河修建，除了日常调节水位、控制流量或防止潮水倒灌外，同时在汛期还排泄洪(涝)水，泄洪(涝)流量往往较大，后者是决定平原区水闸枢纽工程规模和安全性的主要控制条件。因此，在新颁布的水闸规范中，水闸枢纽工程的等级划分办法有所改变，对平原区水闸，将水闸最大过闸流量作为水闸工程等级的分等指标，同时综合考虑防护对象的重要性。

水闸除险加固，应以满足水闸正常使用功能和自身防洪安全为原则。在除险加固设计时，应以最新修订的规划数据为依据，按新的规范要求对工程等别进行复核和重新确定。

目前，复核水闸建筑物等别与建筑物级别时，主要以《水闸设计规范》(SL 265—2001)为依据。

山区、丘陵区水利水电枢纽工程等别应按国家现行的《水利水电工程等级划分及洪水标准》(SL 252—2000)的规定确定。

灌溉渠系上的水闸，其级别可按现行的《灌溉与排水工程设计规范》(GB 50288—99)的规定确定。

位于防洪(挡潮)堤上的水闸，其级别不得低于防洪(挡潮)堤的级别。也就是说，防洪(挡潮)堤上的水闸，其级别只能高于或等于防洪(挡潮)堤的级别。例如，河南省人民胜利渠穿黄河大堤的水闸，设计流量100 m^3/s，加大流量130 m^3/s，按其过闸流量只相当于中型水闸，但其修建在黄河大堤上，具有同黄河大堤同等的重要性。因黄河大堤为Ⅰ级堤防，故该闸建筑物级别也为Ⅰ级，与黄河大堤的设计级别相同。

对经过除险加固后，工程的运用无法达到原设计标准的水闸，要结合实际情况，充分论证，重新确定工程的等别和建筑物级别。

平原区水闸的洪水标准、挡潮闸的设计潮水标准、兼有排涝任务的挡潮闸的设计排涝标准和灌排渠系上水闸的洪水标准均可按《水闸设计规范》(SL 265—2001)确定。

山区、丘陵区水利水电枢纽中的水闸，其洪水标准应与所属枢纽中永久建筑物的洪水标准一致。山区、丘陵区水利水电枢纽中永久建筑物的洪水标准应按国家现行的《水利水电工程等级划分及洪水标准》(SL 252—2000)的规定确定。

三、水闸特征水位

根据水闸的功能不同，设计水位包括设计洪水位、正常蓄水位、设计引水位等。直接跨河修建或在河流堤防上修建的水闸，其设计水位随流量发生变化。有时，即使在同流量情况下，由于河道冲淤等影响，水位也会有所变化。

下面以黄河下游红旗闸的除险加固为例，来说明水闸除险加固时特征水位的变化。

黄河是一条典型的水沙不平衡的河流。根据资料统计，在小浪底水库修建前，黄河下游花园口断面水位每年抬高 0.08 m。1996 年 8 月，花园口站 7 860 m^3/s 流量的水位比 1958 年的 22 300 m^3/s 大洪水时的水位高 0.91 m。由于泥沙淤积的原因，黄河同流量水位逐年抬高。

黄河下游红旗闸修建于 1958 年，原设计防洪水位 79.48 m(黄海高程，下同)。由于黄河河床淤积，洪水位逐年升高，使得水闸的稳定性和挡水高度均不能满足防洪要求，1977 ~ 1979 年对红旗闸进行了除险加固改造。除险加固设计时，以花园口站流量为 22 000 m^3/s 洪水作为防御标准，设计防洪水位为 83.77 m，设计引水位为 76.50 m，其设计洪水位较 1958 年高出 4.29 m。

2002 年对红旗闸进行安全鉴定，鉴定结果为四类闸，原闸废除，并异地重建新闸。重建新闸的防洪标准同 1979 年。重建后红旗闸设计防洪水位为 84.71 m，校核防洪水位为 85.71 m，设计引水位为 77.68 m。设计洪水位和设计引水位分别高出 1979 年值 0.94 m 和 1.18 m。

因此，水闸除险加固设计时，应对水闸的特征水位进行必要的复核，以保证水闸的防洪安全。

四、设计规模

水闸除险加固时，应根据确定后的水闸等别和设计洪水标准，结合水闸实际运用情况、流域防洪规划及其他要求，充分考虑水文系列的延长，复核水闸原规模，并确认这些指标是否发生变化。

近 50 年来，我国水文站网不断完善，结构日趋合理，并收集到了大量连续、完整的长系列、高精度的水文资料，为各大江河流域干、支流水资源开发、水环境保护和防汛调度等提供了宝贵的水文资料。需要除险加固的水闸多建于 20 世纪 90 年代之前，相对来说，其分析各频率设计洪水采用的水文系列相对较短。随着水文系列的延长，加之控制性工程的不断建设以及流域、灌区规划的变化，这些水闸的引水规模和来流条件均发生了变化。

水闸的规模通常是在流域规划、地区水利规划或某些专业水利规划基础上确定的。我国早期编制的水利规划往往受条件限制，对某些规划数据确定得不够确切，从而影响到水闸的安全运用。随着国民经济和科学技术的发展，水利规划每隔一定时期就要进行修订和补充，因此除险加固时，应按新的流域规划数据对其引水规模进行复核，以确保水闸能发挥设计效益。

例如，黄河下游红旗闸就是因灌区规模发生变化，在除险加固设计时，对其引水规模给予重新核定。

原红旗闸为某引黄灌区的渠首闸，始建于 1958 年，为三孔开敞式钢筋混凝土闸。每孔净宽 10 m，孔高 5.0 m，闸底高程 70.68 m，闸顶高程 80.88 m，设计引水流量 280 m^3/s，加大引水流量 350 m^3/s。

黄河河床淤积抬高，使得红旗闸防洪标准降低，于 1977～1979 年对其进行改建，将中孔闸底板高程抬高至 72.3 m，边孔底板高程抬高至 73.8 m，闸墩、胸墙均加高、加固。根据灌区规划设计引水流量调整为 210 m^3/s。

2002 年对红旗闸进行安全鉴定，鉴定结果为四类闸。对红旗闸予以废除，异地另建新闸。原红旗闸在实际运用中，由于灌区不配套，实际灌溉面积仅为 1.082 万 hm^2，经常只有一孔过水，过水流量一般仅为 20 m^3/s。重建时，按其灌区发展规划，设计灌溉面积 16.35 万 hm^2，其中正常灌区 3.82 万 hm^2，补水灌区 13.13 万 hm^2。该闸设计引水流量又调整为 70 m^3/s，加大引水流量 90 m^3/s。

第五节　工程布置及主要建筑物加固设计

一、工程布置

对于安全鉴定中需要除险加固的三类闸，除险加固设计原则上一般不改变原闸的工程总体布置和主要建筑物形式；需要延长渗径和消能防冲段的水闸，应按原闸轴线进行布置，并符合《水闸设计规范》(SL 265—2001)的相关规定。

对于安全鉴定为四类闸的，一般须废除重建。重建有原址重建和异地重建两种。水闸的总体布置由闸址的选择、上游连接段、闸室段、下游连接段等部分组成。重建水闸的闸址选择和布置应根据《水闸设计规范》(SL 265—2001)要求或参考已建同类工程进行；如需降低标准使用，在除险加固设计时，其布置原则同三类闸。

二、水力设计

水闸除险加固的水力计算内容一般包括过流能力验算、消能防冲设计计算和拟定闸门控制运行方式。

因除险加固措施的实施，影响到水闸的孔口尺寸和消能防冲设施长度时，必须进行过流能力验算。

水闸的水力计算根据闸室的结构型式不同而有所不同，一般可分为开敞式水闸和涵洞式水闸。以下分别介绍开敞式水闸和涵洞式水闸的水力计算方法。

(一)开敞式水闸

1. 过流能力验算

重建水闸的过流能力与闸址处的水文、地质、地形、施工以及管理运用等条件有关。具体设计内容主要是确定闸孔型式和尺寸。闸孔型式是指底板型式(堰型)、闸门型式以及门顶胸墙的型式(采用胸墙时)。闸孔的尺寸指底板顶面高程(即堰顶高程)、墩墙顶部和胸墙底面高程、闸孔总净宽及闸孔的孔数等。

对于需除险加固的水闸,且加固措施影响到孔口时,应首先确定具孔口加固构件型式,然后进行过流能力验算。

1)堰型选择

对于重建的水闸,首先应选定底板型式,进而确定堰顶高程,再根据上、下游水位及过闸流量确定闸孔总净宽和孔数。

水闸常用的堰型有宽顶堰和实用堰两类。宽顶堰的流量系数虽然较小,但构造简单、施工方便,所以在灌排系统内的水闸,一般采用平底板宽顶堰的底板结构型式。在软弱地基上且上部荷载较大时,可采用宽顶堰箱式平底板结构型式。

当需要限制单宽流量而闸底板高程不能抬高,或因地基表层松软需要降低闸底板高程,或在多泥沙河流上有拦沙要求时,可采用实用堰底板。当前常用实用堰有 WES 剖面堰、梯形堰、驼峰堰三种。WES 堰剖面设计未考虑行近流速的影响,其设计可参考有关水力计算手册;梯形堰施工方便,可用当地料石砌筑,为改善水流条件,堰角常修成圆形;驼峰堰是一种复合圆弧组成的驼峰剖面堰,它比较适合于软土地基,整体稳定性好。

对于除险加固的水闸,若因需改变闸底板高程而加厚闸底板或在闸底板上设拦沙坎时,应综合考虑,以选择合适的堰型。

2)过闸水位差的确定

对于重建的水闸,因水闸的过闸水位差对水闸的工程造价和上游的淹没范围等影响极大,故过闸水位差应慎重选择。如果采用较大的过闸水位差,固然可缩减闸孔尺寸,降低水闸工程造价,但抬高了水闸上游水位,不仅要加高上游挡水高程,而且有可能增加上游淹没损失。因此,确定过闸水位差时,应认真处理好节省水闸工程造价和减少上游挡水工程量及淹没损失等方面的关系。

对于除险加固的水闸,若闸上、下游渠道(河床)没发生较大变化,且设计水位亦没有发生改变,可按上下游实际水位差进行验算。

3)过流能力计算

重建水闸过流能力应根据闸坎型式和布置、上下游水位衔接要求、泄流状态等因素计算确定。

水闸过流能力验算应根据《水闸设计规范》(SL 265—2001)进行。

水闸的过闸水流流态一般可分为两种:一种是泄流时水流不受任何阻挡,呈堰流状态;另一种是泄流时水流受到闸门或胸墙的阻挡,呈孔流状态。在水闸的整个运用过程中,这两种流态均有可能出现,且在一定的边界条件下又是可以相互转化的。

水闸最常用的闸坎型式是宽顶堰。当过闸水流的流量不受下游水位影响时,呈自由堰流状态;反之,呈淹没出流状态。

(1)水闸过闸流态的判别。闸孔出流与堰流这两种水流现象,主要从过闸水面是否受闸门(或胸墙)的影响来区分。一般来说,当闸底坎为平底堰时,$h_e/H \leqslant 0.65$(h_e 为闸门开度,H 为闸前水深)时为闸孔出流;$h_e/H > 0.65$ 时为堰流。当闸底坎为曲线型堰时,$h_e/H \leqslant 0.75$ 时为闸孔出流;$h_e/H > 0.75$ 时为堰流。

(2)宽顶堰自由过流能力计算。平底宽顶堰堰流情况下，闸孔过流能力按式(3－1)计算：

$$Q=\varepsilon\ mB_0\sqrt{2g}H_0^{3/2} \tag{3-1}$$

单孔闸

$$\varepsilon=1-0.171\left(1-\frac{b_0}{b_s}\right)\sqrt[4]{\frac{b_0}{b_s}} \tag{3-2}$$

多孔闸，闸墩头部为圆弧形时

$$\varepsilon=\frac{\varepsilon_z(n-1)+\varepsilon_b}{n} \tag{3-3}$$

其中

$$\varepsilon_z=1-0.171\left(1-\frac{b_0}{b_0+d_z}\right)\sqrt[4]{\frac{b_0}{b_0+d_z}} \tag{3-4}$$

$$\varepsilon_b=1-0.171\left(1-\frac{b_0}{b_0+\dfrac{d_z}{2}+b_b}\right)\sqrt[4]{\frac{b_0}{b_0+\dfrac{d_z}{2}+b_b}} \tag{3-5}$$

以上各式中：B_0 为闸孔总净宽，m；H_0 为计入行近流速水头的堰上水深，m；m 为堰流流量系数，无坎高的平底宽顶堰，取0.385；g 为重力加速度，取9.81 m/s^2；ε 为堰流侧收缩系数；b_0 为闸孔净宽，m；b_s 为上游河道一半水深处的宽度，m；n 为闸孔数；ε_z 为中间闸孔侧收缩系数；d_z 为中墩厚度，m；ε_b 为边闸侧收缩系数；b_b 为边闸墩顺水流向边缘线至上游河道水边线之间的距离，m。

对有坎宽顶堰，闸孔过水能力计算同平底堰，流量系数 m 按下列公式计算：

进口边缘为直角：

当 $0\leqslant P/H\leqslant3.0$ 时（P 为坝高），$m=0.32+0.01\dfrac{3-P/H}{0.46+0.75P/H}$；

当 $P/H>3.0$ 时，$m=0.32$。

进口边缘为圆弧：

当 $0\leqslant P/H\leqslant3.0$ 时，$m=0.36+0.01\dfrac{3-P/H}{1.2+1.5P/H}$；

当 $P/H>3.0$ 时，$m=0.36$。

(3)宽顶堰淹没出流过流能力的计算。在平原地区水闸中，水流过闸落差较小。相应下游水位较高时，过闸水流的流量将受下游水位的影响，成为淹没出流。淹没出流过流能力按式(3－6)计算：

$$Q=\sigma\varepsilon\ mB_0\sqrt{2g}H_0^{3/2} \tag{3-6}$$

其中

$$\sigma=2.31\frac{h_s}{H_0}\left(1-\frac{h_s}{H_0}\right)^{0.4} \tag{3-7}$$

式中：σ 为堰流淹没出流系数；h_s 为由堰顶算起的下游水深；其他符号含义同前。

但当淹没度较高（$h_s/H_0\geqslant0.9$）时，式(3－6)的计算误差比较大，在这种情况下，可采用式(3－8)进行计算：

$$Q=\mu_0 h_s B_0\sqrt{2g(H_0-h_s)} \tag{3-8}$$

其中

$$\mu_0=0.877+\left(\frac{h_s}{H_0}-0.65\right)^2 \tag{3-9}$$

式中：μ_0 为淹没堰流的综合流量系数。

（4）实用堰的泄流能力计算。实用堰的过流能力按下式计算：

自由式出流

$$Q=\varepsilon\, mB_0\sqrt{2g}H_0^{3/2} \tag{3-10}$$

淹没式出流

$$Q=\sigma_s\varepsilon\, mB_0\sqrt{2g}H_0^{3/2} \tag{3-11}$$

其中

$$\varepsilon=1-0.2\,\frac{\xi_{边}+(n-1)\xi_{中}}{n}\times\frac{H_0}{b} \tag{3-12}$$

式中：σ_s 为实用堰的淹没系数；$\xi_{边}$ 为边墩形状影响系数，直角形取1.0，圆弧形、折线形取0.7，流线形取0.4；$\xi_{中}$ 为闸墩形状影响系数，矩形取0.80~1.00，楔形、半圆形取0.45~0.69，流线形取0.25~0.53；b 为单孔净宽，m。

当 $H_0/b>1$ 时，仍取 $H_0/b=1$。

流量系数随堰型的不同而有所差异。梯形低堰的流量系数为0.34~0.42，其下游坡度越陡流量系数越大；驼峰堰的流量系数一般在0.42左右，较大的可达0.46。

（5）闸孔出流的过流能力计算。有胸墙的水闸或开敞式水闸闸门部分开启时，过闸水流表面受到上部胸墙或闸门的影响，此时，过闸水流为孔流状态。其过流能力按《水闸设计规范》（SL 265—2001）公式计算：

$$Q_0=\sigma'\mu h_e B_0\sqrt{2gH_0} \tag{3-13}$$

$$\mu=\varphi\varepsilon'\sqrt{1-\frac{\varepsilon' h_e}{H}} \tag{3-14}$$

$$\varepsilon'=\frac{1}{1+\sqrt{\lambda\left[1-\left(\frac{h_e}{H}\right)^2\right]}} \tag{3-15}$$

$$\lambda=\frac{0.4}{2.718^{16\frac{r}{h_e}}} \tag{3-16}$$

式中：h_e 为孔口高度，m；μ 为孔流流量系数；φ 为孔流流速系数，可采用0.95~1.0；ε' 为孔流垂直收缩系数；λ 为计算系数，其计算公式运用范围为 $0<\frac{r}{h_e}<0.25$；r 为胸墙底圆弧半径，m；σ' 为孔流淹没系数，可查表3.2获得，表中 h_c'' 为跃后水深，m。

表3.2　闸孔孔流淹没系数 σ' 值

$\frac{h_s-h_c''}{H-h_c''}$	≤0	0.1	0.2	0.3	0.4	0.5	0.6	0.7
σ'	1.00	0.86	0.78	0.71	0.66	0.59	0.52	0.45
$\frac{h_s-h_c''}{H-h_c''}$	0.8	0.9	0.92	0.94	0.96	0.98	0.99	0.995
σ'	0.36	0.23	0.19	0.16	0.12	0.07	0.04	0.02

需除险加固水闸的过流能力计算，应根据除险加固后的底坎、闸墩墩头型式、上下游水位、水闸孔数和闸孔净宽，利用以上公式进行计算。

如黄河下游引黄涵闸红旗闸，该闸始建于1958年，为三孔开敞式水闸。孔口宽10 m，高5 m，设弧形钢闸门，2×15 t双吊点卷扬式启闭机。设计流量280 m^3/s，加大流量350 m^3/s。1977~1979年进行除险加固，除险加固时，边孔底板抬高3.12 m，中孔底板抬高1.62 m，闸底坎均为梯形堰，孔口宽度不变为10 m，加固闸门，抬高弧形门支铰。经过流能力验算，除险加固后，设计引水流量为210 m^3/s。

2. 消能防冲设计

1）消能设计

水闸的基本消能方式是底流式消能，但山区灌溉渠系上的泄水闸、退水闸等，如果水力条件和地形、地质条件都能具备，也可采用面流式消能和挑流式消能。

底流式消能可用于各类地基上中、低水头的各类泄水建筑物，在水闸工程中应用非常普遍。由于水闸上、下游翼墙的平面扩散对增加水闸总宽度的影响不大，因此底流式消能设施，通常为消力池，其设计通常按二元问题求解。这在工程设计中是偏于安全的。

对于重建水闸，消力池的设计主要是计算确定消力池的深度、长度和消力池底板厚度。

消力池的池深和长度可依据《水闸设计规范》（SL 265—2001）确定。

（1）消力池深度的确定。消力池的池深 d 可根据下列公式计算：

$$d=\sigma_0 h''_c-h'_s-\Delta Z \tag{3-17}$$

$$h''_c=\frac{h_c}{2}\left(\sqrt{1+\frac{8\alpha q^2}{gh_c^3}}-1\right)\left(\frac{b_1}{b_2}\right)^{0.25} \tag{3-18}$$

$$h_c^3-T_0h_c^2+\frac{\alpha q^2}{2g\varphi^2}=0 \tag{3-19}$$

$$\Delta Z=\frac{\alpha q^2}{2g\varphi^2 h'^2_s}-\frac{\alpha q^2}{2gh''^2_c} \tag{3-20}$$

式中：d 为消力池深度，m；σ_0 为水跃淹没系数，可取1.05~1.10；h''_c为跃后水深，m；h_c 为收缩水深，m；α 为水流动能校正系数，可取1.0~1.05；q 为过闸单宽流量，$m^3/(s\cdot m)$；b_1 为消力池首端宽度，m；b_2 为消力池末端宽度，m；T_0 为由消力池底板顶面算起的总势能，m；ΔZ 为出池落差，m；h'_s为出池河床水深，m；φ 为流速系数，取0.95。

（2）消力池池长计算。工程设计应保证水跃发生在消力池内，故消力池的长度与水跃长度有关。消力池采用挖深式时，池内形成的强迫水跃比自由水跃短，也比较稳定。消力池的长度包括消力池斜坡段的水平投影长度和平底段长度两部分：

$$L_{sj}=L_s+\beta L_j \tag{3-21}$$

其中

$$L_j=6.9(h''_c-h_c) \tag{3-22}$$

式中：L_{sj}为消力池长度，m；L_s 为消力池斜坡段水平投影长度，与斜坡段的坡度有关，为防止在斜坡段产生负压，要求消力池斜坡段的坡度不得陡于1:4；β 为水跃长度校正系数，可采用0.7~0.8；L_j 为自由水跃长度，m。

需加固水闸可根据相关公式对工程实际需要消力池深度和长度进行复核。对于消力池深度不足或消力坎过高的情况，可对消力池进行拆除重建。对于消力池长度不足的情况，可按原断面尺寸对消力池进行加长。

2）海漫长度计算

流出消力池的水流，紊动的现象仍很剧烈，对河床仍有较强的冲刷能力。所以，对护坦以下的河床，除抗冲能力很强的岩基外，一般均设置海漫护底，以免引起严重冲刷。

重建工程海漫长度计算，应根据《水闸设计规范》（SL 265—2001）进行。即

$$L_p = K_s \sqrt{q_s \sqrt{\Delta H'}} \tag{3-23}$$

式中：L_p 为海漫长度，m；q_s 为消力池末端单宽流量，$m^3/(s \cdot m)$；K_s 为海漫长度计算系数，可由表3.3查得；$\Delta H'$为闸孔泄水时的上、下游水位差，m。

表3.3　海漫长度计算系数 K_s 值

河床土层	粉砂、细砂	中砂、粗砂、粉质壤土	粉质黏土	坚硬黏土
K_s	14～13	12～11	10～9	8～7

计算海漫长度时，应根据可能出现的最不利的水位、流量组合情况进行计算。在不确定时，应试算各种水位流量组合下的 q_s 和 $\Delta H'$，获取 L_p 的最大值。

式（3-23）的适用范围是 $\sqrt{q_s \sqrt{\Delta H'}} = 1 \sim 9$，且消能扩散良好的情况；否则，不能采用这一公式进行计算。就水闸工程而言，泄水时的上下游水位差和单宽流量都不大，一般均能满足上述要求。

对于现有工程海漫冲毁的情况，可根据工程实际上下游水位和过水流量对海漫长度进行复核，按复核长度对海漫进行拆除改造。

在海漫和防冲槽的修复过程中，应注意解决好以下问题：

（1）海漫应具有足够的抗冲能力；具有一定的柔性，以适应地基变形；应有足够的透水性，以排除地基的渗透水流；表面应比较粗糙，以利于消除余能。

（2）海漫材料应根据流速大小进行选择：堆石海漫一般只能抵抗2.5 m/s的流速；干砌块石海漫适用流速范围为2.5～4 m/s；浆砌块石抗冲流速为3～6 m/s。

（3）海漫下应设垫层，浆砌石海漫应设排水孔，排水孔下设反滤层，避免发生渗透变形。

（4）海漫宜做成等于或缓于1∶10的斜坡，以降低海漫末端的高程，增加水深，有利于防冲。

（5）防冲槽底部高程应低于最大冲深，最大冲深根据河床土质允许的最大流速计算确定。

（二）涵洞式水闸

对于涵洞式水闸的水力设计，可参考中国水利水电出版社出版的“取水输水建筑物丛书”的《涵洞》一书，具体方法如下。

1. 过流能力设计

涵洞式水闸的过流能力主要是看涵洞的过流能力。计算涵洞的过流能力首先要确定涵洞的水流流态。

1)流态的判别

涵洞的流态分为无压流、半有压流和压力流。可根据进口水深 H、出口水深 h 和洞高 D 的关系进行判别,判别标准如下:

(1)当 $H/D \leqslant 1.2, h<D$ 时,为无压流;

(2)当 $1.2<H/D \leqslant 1.5, h<D$ 时,为半有压流;

(3)当 $1.5<H/D$ 时,为有压流。

2)无压流涵洞流量计算

对于无压流涵洞,流态还与洞身长度有关,即短洞与长洞的流态不相同。平底无压流短洞与长洞的判别标准为:$L \leqslant (64-163\ m)H$ 时为短洞,反之为长洞。其中:L 为洞身长度, m;H 为进口水深, m; m 为流量系数。

短洞的流量按照《灌溉与排水工程设计规范》(GB 50288—99)中的公式计算:

$$Q = mB\sqrt{2g}H_0^{3/2} \tag{3-24}$$

式中:Q 为流量, m^3/s; m 为流量系数,一般取 0.32 ~ 0.36;B 为洞宽, m;g 为重力加速度;H_0 为包括行进流速水头在内的进口水深, m。

长洞的流量计算公式:

$$Q = \sigma mB\sqrt{2g}H_0^{3/2} \tag{3-25}$$

式中:σ 为淹没系数,可通过查表 3.4 获得。

表 3.4 淹没系数 σ 值

h_s/H_0	≤0.72	0.75	0.78	0.80	0.82	0.84	0.86	0.88	0.90	0.91
σ	1.00	0.99	0.98	0.97	0.95	0.93	0.90	0.87	0.83	0.80
h_s/H_0	0.92	0.93	0.94	0.95	0.96	0.97	0.98	0.99	0.995	0.998
σ	0.77	0.74	0.70	0.66	0.61	0.55	0.47	0.36	0.28	0.19

3)半有压流涵洞流量计算

参照中国水利水电出版社出版的“取水输水建筑物丛书”的《涵洞》一书,半有压流涵洞流量计算公式为

$$Q = m_1 A\sqrt{2g(H_0 + iL - \beta_1 D)} \tag{3-26}$$

式中: m_1 为流量系数;A 为洞身断面面积, m^2;β_1 为修正系数;i 为洞底坡降。m_1 与 β_1 可通过表 3.5 查得。

表 3.5 流量系数 m_1 及修正系数 β_1 值

进口型式	m_1	β_1
圆锥形护坡	0.625	0.735
八字墙、扭曲面翼墙	0.670	0.740
走廊式翼墙	0.576	0.715

4)压力流涵洞流量计算

压力流分为非淹没压力流和淹没压力流,判别方法是:下游水位低于洞顶时为非淹没压力流,反之为淹没压力流。

(1)非淹没压力流:

$$Q = m_2 A \sqrt{2g(H_0 + iL - \beta_2 D)} \tag{3-27}$$

其中

$$m_2 = \frac{1}{\sqrt{1 + \sum \xi + \frac{2gL}{C^2 R}}} \tag{3-28}$$

$$R = A/\chi \tag{3-29}$$

$$C = \frac{1}{n} R^{1/6} \tag{3-30}$$

$$\sum \xi = \xi_1 + \xi_2 + \xi_3 + \xi_5 + \xi_6 \tag{3-31}$$

式中:m_2 为流量系数;β_2 为修正系数,一般可取 0.85;R 为水力半径,m;χ 为湿周,m;C 为谢才系数,$m^{0.5}/s$;n 为糙率,混凝土洞一般取 0.014;$\sum \xi$ 为除出口损失系数以外的局部水头损失系数总和;ξ_1 为进口损失系数;ξ_2 为拦污栅损失系数;ξ_3 为闸门槽损失系数;ξ_5 为进口渐变段损失系数;ξ_6 为出口渐变段损失系数。

(2)淹没压力流:

$$Q = m_3 A \sqrt{2g(H_0 + iL - h)} \tag{3-32}$$

其中

$$m_3 = \frac{1}{\sqrt{\sum \xi + \frac{2gL}{C^2 R}}} \tag{3-33}$$

$$\sum \xi = \xi_1 + \xi_2 + \xi_3 + \xi_4 + \xi_5 + \xi_6 \tag{3-34}$$

式中:m_3 为流量系数;h 为出口水深,m;ξ_4 为出口损失系数,一般取 1。

2. 消能防冲设计

消力池的深度及长度计算公式与开敞式水闸计算公式相同,只是计算时,上游总能头计算方法不同。涵洞上游总能头 T_0,除无压流短洞按涵洞进口前断面的能量计算外,其余各种流态的涵洞均按出口端断面的能量计算。涵洞水闸各流态上游总能头 T_0 确定的原则如下:

(1)无压流短洞的上游总能头的计算同开敞式水闸的相同,按涵洞进口前断面的水位及流速计算。

(2)无压流长洞的上游总能头按涵洞出口端断面的能量计算,当出口水深 h 大于临界水深 h_k 时,出口端断面的水深为 h;当出口水深 h 小于临界水深 h_k 时,出口端断面的水深为 h_k。

(3)半压力流涵洞的上游总能头按涵洞出口端断面计算,出口端断面的水深为 $\beta_1 D$。

(4)非淹没压力流涵洞的上游总能头按涵洞出口端断面的能量计算,出口端断面的水深为 0.85D。

(5)淹没压力流涵洞的上游总能头按涵洞进口断面计算的总能头减去洞身进口局部

水头损失及沿程水头损失计算。

各种流态涵洞的上游总能头 T_0 分别按下列公式计算：

（1）无压流短洞：

$$T_0 = H + \frac{\alpha v_1^2}{2g} + iL + P \tag{3-35}$$

（2）无压流长洞：

$$T_0 = h + \frac{\alpha v^2}{2g} + P \quad (h > h_k \text{ 时}) \tag{3-36}$$

$$T_0 = h_k + \frac{\alpha v^2}{2g} + P \quad (h < h_k \text{ 时}) \tag{3-37}$$

（3）半压力流涵洞：

$$T_0 = \beta_1 D + \frac{\alpha v^2}{2g} + P \tag{3-38}$$

（4）非淹没压力流涵洞：

$$T_0 = 0.85D + \frac{\alpha v^2}{2g} + P \tag{3-39}$$

（5）淹没压力流涵洞：

$$T_0 = H + \frac{\alpha v_1^2}{2g} - (\xi_1 + \xi_2 + \xi_3 + \xi_5)\frac{\alpha v^2}{2g} - \frac{\alpha v^2 L}{C^2 R} + iL + P \tag{3-40}$$

式中：P 为出口洞底至消力池底的跌差，m；v_1 为上游行近流速，m/s；v 为与出口端断面水深相应的出口端断面流速，m/s；α 为水流动能校正系数，可采用 1.0～1.05。

三、防渗排水设计

水闸的防渗排水设计主要是根据闸基地质情况及上、下游水位条件等进行设计计算，其内容包括：

（1）进行水闸的地下轮廓布置，设计防渗、排水设施的型式、布置、构造和尺寸。

（2）渗流压力计算，供闸室稳定验算时使用。

（3）渗流坡降计算，验算地基抗渗稳定性。

（4）滤层设计。

（5）防渗帷幕及排水孔设计。

（6）永久缝止水设计。

对于除险加固的水闸，应根据水闸存在的问题，按水闸实际的防渗、排水设施型式、布置、构造和尺寸进行防渗排水设计验算。由于不同水闸存在问题不同，因此在除险加固设计时，也应根据设计新采取的措施，对改建后的排水设施进行复核计算。必须注意的是，水闸除险加固主要是防渗长度不足时，也必须对渗流压力进行计算。因为新增的防渗设施可能会改变渗流压力分布，从而可能影响到闸室稳定。

（一）地下轮廓设计

水闸的地下轮廓是指水闸闸底与地基土的接触部分，由不透水部分和透水部分组成。在水闸的纵剖视图上，闸室底板、上游防渗铺盖以及下游护坦的不透水部分与地基接触的一条折线,属于不透水部分。地下轮廓的设计,主要就是为了选择其不透水部分的形状和尺寸,同时包括确定下游排水设施的起始位置和长度。

1. 地下轮廓的设计步骤

(1)根据水闸的上下游水位差大小和地基土质条件选择地下轮廓的形状和尺寸,初步拟定其不透水部分的长度(即防渗长度)时,一般可采用渗径系数法。

(2)选用适当的方法对初步拟定的布置方案进行渗流计算,求出闸底所受的渗透压力以及渗透坡降,特别是渗流出口处的坡降(出逸坡降)。

(3)验算闸基及地基的抗渗稳定性。

(4)根据稳定和经济合理的要求,对初拟的地下轮廓进行修改。在修改地下轮廓线的形状和尺寸时,应结合总体布置和闸室的结构布置与设计进行综合考虑。

2. 闸基防渗长度的计算

在工程规划和可行性研究阶段,以及除险加固时,对闸基防渗长度可采用渗径系数法。该法认为,当地基土质条件确定后,必要的防渗长度 L 与闸的上下游水位差 ΔH 成正比关系,比例常数即为允许渗径系数 C。

$$L = C\Delta H \tag{3-41}$$

式中:L 为闸基防渗长度,即闸基轮廓防渗部分水平段和垂直段长度的总和, m;ΔH 为上下游水位差, m;C 为允许渗径系数值,采用表3.6中数值,当闸基设板桩时,可采用表3.6中所列规定值的小值。

表3.6 允许渗径系数 C 值

排水条件	粉砂	细砂	中砂	粗砂	中砾、细砾	粗砾类卵石	轻粉质砂壤土	轻砂壤土	壤土	黏土
有滤层	13~9	9~7	7~5	5~4	4~3	3~2.5	11~7	9~5	5~3	3~2
无滤层									7~4	4~3

表(3.6)中除了壤土和黏土外,其余各类地基只列出有滤层的允许渗径系数值,这是因为在这些地基上,地基渗流出口处比较容易产生渗透变形。因此,在渗流进入排水处时均需设置滤层。

3. 地下轮廓的布置

地下轮廓的布置方案与地基土质条件密切相关。

1)黏性土地基

黏土或壤土地基一般都采用平展式地下轮廓,不宜设置板桩。

当闸室稳定要求降低闸下渗透压力时,一般采用在闸前设置铺盖的办法,尽管从防渗长度的角度看,并不需要设置它。

排水滤层一般都布置在闸室下游护坦的下面,护坦上设排水孔。

2)砂类土地基

这类土最容易发生渗透变形,影响水闸的安全。因此,设计时应保证地下轮廓具有足够的防渗长度。布置地下轮廓时,应首先考虑采用防渗铺盖或防渗墙。当铺盖防渗效果不理想或不经济时，应采用铺盖与板桩防渗墙相结合的布置形式。如果地基由相对均匀的砂类土组成，不透水层埋藏很深，则主板桩应布置成“悬挂式”。在细砂地基中，有时还需要在铺盖的上游端增设铺盖板桩，以减小渗透压力，从而增加建筑物的稳定性。极细砂和粉砂土地基水闸底板下的板桩，宜布置成封闭的形式，即在底板下四周布设板桩，以固定基土和防止粉、细砂地震时产生液化。

无论是双排板桩式或三排板桩式的地下轮廓，相邻两道板桩墙的间距应大于两道板桩长度之和的0.7倍，以免渗流跃过板桩，使水平段的有效长度减小。

对于所有的砂类土地基，在防渗段后面的渗流出口处，都应设置排水滤层。排水滤层的铺设长度，应保证其末端的地基土不致因无滤层保护而产生渗流变形。

上述防渗排水布置形式都是针对承受单向水头的水闸而言的。至于承受双向水头的水闸，如建在海边或感潮河段的挡潮闸、平原地区的排水闸等，应以水位差较大的一向为主，合理地选择双向防渗排水布置形式。

3）多层土地基

当闸基黏性土覆盖层较薄，下卧层含有承压水的砂土层，或者在黏性土地基中，距离闸底不深处存在含有承压水的夹砂薄层时，首先应验算黏性土覆盖层的抗渗、抗浮稳定性。稳定性不足时，可在闸室下游设置深入透水砂层的排水降压井。设置排水井时，绝对不能布置在闸底和防渗段范围内，以避免与闸基防渗和两岸侧向防渗的要求相抵触。

对于承受较大水头差的水闸，排水孔不宜设在消力池前部。因为消力池前部为急流区，有可能产生局部真空，增大排水孔逸出的渗流坡降，超过滤层所能承受的能力，致使地基土被局部淘空，使消力池结构遭受破坏。

（二）渗流计算

渗流计算的目的是计算水闸闸基地下轮廓线各点的渗压水头、渗流坡降、渗透流速等。土基上渗流计算的方法有埋论计算法、近似计算法和电模拟试验法等。理论计算法只有在边界条件比较简单的情况下才能求解，而对防渗布置比较复杂的边界条件，理论计算法很难获得精确的解答。电模拟试验法是比较精确的求解方法，但需要一定的时间和经费，不是所有工程都有条件采用的。近似计算法很多，有直线比例法（又称渗径系数法，即勃莱系数法和莱因系数法）、直线展开法、加权直线法、柯斯拉独立变数法、巴甫洛夫斯基分段法、丘加也夫阻力系数法、改进阻力系数法、流网法等。直线比例法计算精度较差（特别是对于渗流进、出口段），不宜采用；直线展开法或加权直线法只适用于地基条件不复杂、且闸基防渗布置比较简单的中、小型水闸工程；柯斯拉独立变数法和巴甫洛夫斯基分段法计算精度虽然较高，但计算很麻烦；丘加也夫阻力系数法计算相对比较方便，计算精度也较高，早期国内采用较多；改进阻力系数法是由我国南京水利科学研究院研究人员在研究阻力系数法的基础上进行改进以后提出来的，此法既扩大了计算范围，又提高了计算精度，是目前广泛采用的一种较精确的计算方法；流网法也是一般水利人员采用较多的一种方法，只要按规定的原则编制流网，一般也能得到较好的计算精度。鉴于电子计算机的使用日益普遍，复杂的计算问题均可由计算机完成，因此对复杂土层地基上重要的水闸，应采用数值计算法求解。

改进阻力系数法是在独立函数法、分段法和阻力系数法等方法的基础上综合发展起来的一种精度较高的近似计算方法。

用改进阻力系数法计算渗流问题,必须明确边界条件。作为渗流场的边界条件之一,应首先解决不透水层的埋深与渗流场有效深度之间的关系;然后根据地下轮廓不透水部分的几何形状,将渗流场划分为几个分段。应用已知的流体力学精确解,求出分段的阻力系数;最后算出各分段的渗透水头。从下游渗流出口处沿闸底向上游,逐段累加其水头损失,即可绘出渗压水头分布图,或渗流坡降线,或者从上游渗流出口处沿闸底向下游逐段递减,也可绘出渗压水头分布图。其计算步骤如下。

1. 确定地基有效深度

土基上水闸的地基有效深度按照扬压力分布曲线、渗流量、出逸坡降值等不再变化时的原则确定,其有效深度为:

当 $L_0/S_0 \geqslant 5$ 时
$$T_e = 0.5L_0 \tag{3-42}$$

当 $L_0/S_0 < 5$ 时
$$T_e = \frac{5L_0}{1.6\frac{L_0}{S_0}+2} \tag{3-43}$$

式中:T_e 为土基上水闸的地基有效深度, m;L_0 为地下轮廓线的水平投影长度, m;S_0 为地下轮廓线的垂直投影长度, m。

2. 地基分段和阻力系数计算

采用改进阻力法计算时,先将地下轮廓线分段,通过计算各段的阻力系数,以求得各分段的渗透要素。在分段前,先将实际的地下轮廓适当的简化,使之成为垂直和水平的两个主要部分。简化时,出口处的齿墙或短板桩的入土深度应予保留,以便得到实有的出口坡降。用通过已经简化了的地下轮廓不透水部分各角点和板桩尖端的等势线,将地基分段。一般可归纳为三种基本分段形式,即进、出口垂直段,内部垂直段,内部水平段。各基本分段的阻力系数按下列公式计算:

(1)进、出口垂直段阻力系数:

$$\xi_0 = 1.5\left(\frac{S}{T}\right)^{3/2} + 0.441 \tag{3-44}$$

式中:ξ_0 为进、出口垂直段的阻力系数;S 为板桩或齿墙的入土深度, m;T 为地基透水层深度, m,若 $T_e > T$ 按 T 值计算,若 $T_e < T$ 按 T_e 值计算。

(2)内部垂直段阻力系数:

$$\xi_y = \frac{2}{\pi}\ln\cot\left[\frac{\pi}{4}\left(1-\frac{S}{T}\right)\right] \tag{3-45}$$

(3)内部水平段阻力系数:

$$\xi_x = \frac{L_x - 0.7(S_1+S_2)}{T} \tag{3-46}$$

式中:L_x 为内部水平段长度, m;S_1、S_2 分别为进、出口板桩或齿墙的入土深度, m。

当底板有倾斜段时,阻力系数为 ξ_s,参照中国水利水电出版社出版的“取水输水建筑物丛书”的《水闸》一书,计算公式如下:

$$\xi_s = \frac{L_x - \frac{0.7}{2}(T_1+T_2)\left(\frac{S_1}{T_1}+\frac{S_2}{T_2}\right)}{T_2-T_1}\ln\frac{T_2}{T_1} \tag{3-47}$$

式中：T_1、T_2 分别为倾斜段两端的地基深度，m；S_1、S_2 分别为 T_1、T_2 相应端处板桩或齿墙的入土深度，m。

计算时如果 ξ_x 和 ξ_s 小于0，按等于0处理，因此水平段两端的板桩间距不宜布置得很小，否则沿桩间水平段水头损失为零，对削减水头来说是得不偿失的。

（4）各分段水头损失。在求出各分段的阻力系数后，各分段的水头损失按下列公式计算：

$$h_i = \frac{\xi_i}{\sum_{i=1}^{n} \xi_i} \Delta H \tag{3-48}$$

式中：h_i 为各分段水头损失，m；ξ_i 为各分段的阻力系数；n 为总分段数；ΔH 为水闸的上下游水位差，m。

（5）进、出口水头损失的修正。当进、出口板桩较短时，进、出口处的渗流坡降线将呈急变曲线的形式。为精确计，应进行修正。修正公式为

$$h_0' = \beta' h_0 \tag{3-49}$$

$$h_0 = \sum_{i=1}^{n} h_i \tag{3-50}$$

$$\beta' = 1.21 - \frac{1}{\left[12\left(\frac{T'}{T}\right)^2 + 2\right]\left(\frac{S'}{T} + 0.059\right)} \tag{3-51}$$

式中：h_0'为进、出口段修正后的水头损失值，m；h_0 为进、出口段水头损失值，m；β'为阻力修正系数，当 $\beta' \geqslant 1$ 时，取1.0；S'为底板埋深和板桩入土深度之和，m；T'为板桩另一侧地基透水层深度，m。

若 $\beta' \geqslant 1$，说明不需要修正，若 $\beta' < 1$，则应进行修正，修正后水头损失减小值为

$$\Delta h = (1 - \beta') h_0 \tag{3-52}$$

（三）地基土的抗渗稳定性分析

验算闸基抗渗稳定性，主要是为了防止地下渗流冲蚀地基土并造成渗流变形，因而闸基地下轮廓线必须具有足够的防渗长度，以减小闸基底板下的渗流坡降值。莱因认为垂直防渗板桩的防渗效果是水平防渗效果的三倍，即 $L = L_x/3 + L_y$，其中 L 为防渗长度，L_x 为水平段长度，L_y 为垂直段长度。莱因对各类土质地基提出的防渗长度与水头的安全比值及允许渗流坡降见表3.7。

表3.7　允许渗流坡降值

地基类别	防渗长度与水头的安全比值 L/H	允许渗流坡降 $[J] = H/L$
粉砂	8.5	0.12
细砂	7.0	0.14
中砂	6.0	0.17
粗砂	5.0	0.20

续表 3.7

地基类别	防渗长度与水头的安全比值 L/H	允许渗流坡降 $[J]=H/L$
细砾	4.0	0.25
中砾	3.5	0.29
粗砾类卵石	3.2	0.33
漂石掺有砾(卵)石	2.5	0.40
软黏土	3.0	0.33
中等坚实黏土	2.0	0.50
坚实黏土	1.8	0.56
极坚实黏土	1.6	0.63

表中允许渗流坡降值未考虑渗流出口处滤层作用。当渗流出口处设有滤层,且考虑滤层作用时,表中所列允许渗流坡降值可加大45%。

防止渗透变形的途径,一是设法降低渗流坡降,特别是出逸坡降,应正确地布置地下轮廓线,在渗流出口处打短板桩,或设置较深的齿墙;二是在护坦或海漫的下面、渗流出口处布置滤层,增加地基的抗渗稳定性。

(四)防渗排水设施

无论是土质地基还是岩石地基,水闸地下轮廓线布置均应遵照防渗与导渗(即排水)相结合的原则。即在水闸上游侧布置防渗设施,如防渗铺盖、垂直防渗体或截水槽等,用来延长渗径,减少底板渗透压力,降低闸基平均渗透坡降,并保证其不超过规定的允许值;在水闸的下游侧布置排水设施,如设排水孔(或排水井)和滤层等,使渗透水流能尽快地安全排走,防止渗流出口处发生渗透变形,并减小底板渗透压力,增加闸室的抗滑稳定性。

对于渗流稳定不满足要求的水闸,应认真辨析安全鉴定结论。对于渗流没有造成基底托空变形或闸基变形还可以满足规范规定的水闸,宜尽量采取加固防渗体系;对于渗流造成基底托空变形或闸基变形已不满足规范规定的水闸,经除险加固处理可以满足使用要求的宜首先采取地基加固或纠偏处理,如无法加固或纠偏应拆除重建。

1. 铺盖

铺盖是一种水平防渗措施,设在紧靠闸室的上游河底上,其主要作用是延长渗径,以降低渗透压力和渗流坡降,同时具有上游防冲作用。

防渗铺盖有柔性铺盖和刚性铺盖两类:柔性铺盖由黏土、壤土和沥青、黏土混合土等筑成;刚性铺盖的材料是混凝土或钢筋混凝土,钢筋混凝土铺盖还可以协助闸室抵抗滑动。

铺盖长度应根据防渗效果良好和节约工程造价的原则确定。如果混凝土和钢筋混凝土铺盖兼作阻滑板作用,还应满足抗滑稳定要求。铺盖的长度一般为上下游最大水位差的3~5倍。

1)黏土及壤土铺盖

黏土及壤土铺盖通常采用渗透系数 $K=10^{-5}\sim10^{-7}$ cm/s 的黏性土筑成。同时还要求这种黏性土料的渗透系数比地基土渗透系数小 100 倍以上,以保证其具有足够的防渗能力。

黏性土铺盖的厚度,应根据铺盖土料的允许水力坡降值按以下公式确定:

$$\delta \geqslant \Delta H/[J] \quad (3-53)$$

式中:δ 为黏性土铺盖的厚度;ΔH 为计算铺盖断面处顶底面的水头差;$[J]$ 为黏性土的允许水力坡降值,一般采用 4 ~6。

黏土或壤土铺盖最小厚度不宜小于 0.6 m,由上游向下游逐渐增厚。

铺盖与闸底板之间铺设油毛毡(或沥青麻袋等)止水。油毛毡或沥青麻袋的一端用木板或钢板及预埋螺栓夹紧在混凝土底板的斜面上,另一端则部分水平、部分弯曲地铺设在黏土层中。

铺盖上面应设 0.3 ~0.5 m 厚干砌块石、浆砌块石或混凝土保护层。在保护层与铺盖间设置一、二层厚为 0.2 ~0.4 m 由砂、砾石铺筑的垫层。铺盖底面的地面应整平,以免发生不均匀沉降,致使铺盖产生裂缝。地基土如为大颗粒的砂砾石、卵石时,应在铺盖底面按渗流自上而下的方向的滤层要求铺设其过滤层,以免铺盖底部黏土剥落。

2)混凝土及钢筋混凝土铺盖

混凝土及钢筋混凝土铺盖的厚度,一般根据构造要求确定。为了保证铺盖防渗效果和方便施工,混凝土和钢筋混凝土铺盖最小厚度不宜小于 0.4 m。一般做成等厚度型式。为了减小地基不均匀沉降和温度变化的影响,混凝土或钢筋混凝土铺盖通常设有顺水流向的永久缝。当地基土质较好时,永久缝的缝距不宜超过 15 ~20 m;土质中等时,不宜超过 10 ~15 m;土质较差时,不宜超过 8 ~12 m。铺盖在紧接底板和翼墙部分,一般都加厚做成齿墙。铺盖间及铺盖与翼墙和底板间的所有缝内均需设止水。

钢筋混凝土铺盖兼作阻滑板时,铺盖间的受力钢筋按轴向受拉构件计算,并不得小于《水工混凝土结构设计规范》(SL/T 191—96)的规定要求。铺盖与底板之间应设铰接钢筋连接。

水闸除险加固设计中,应根据水闸安全鉴定的结论等相关文件,针对铺盖长度不够、冲坑、裂缝、止水破坏等出险的现象,采取拆除重建、修复、加固等除险加固措施修复铺盖,保证防渗体系的完好。

对于柔性铺盖如果出现破坏而导致渗流稳定不满足要求,一般需要拆除重建,新建可以采用黏土铺盖、复合土工膜铺盖和钢筋混凝土铺盖等进行抗渗处理。对于因刚性铺盖出现的破坏而导致渗流稳定不满足要求,应针对铺盖出现的具体问题采取合理的修复措施:如果是由于混凝土或者钢筋混凝土出现裂缝而导致渗流则采用混凝土裂缝修补的方法进行加固处理;如果是由于其他原因导致混凝土或钢筋混凝土的强度、抗渗等级等性能不满足要求,则应对现有的水平铺盖进行拆除重建、补强加固或作防渗处理。

例如黄河下游赵口引黄涵闸,设计引水流量 210 m^3/s,设计灌区面积 14.67 万 hm^2。该闸上游为 9.7 m 长的混凝土铺盖,安全鉴定时清淤检查,发现铺盖混凝土密实性较差,沉陷缝内填充的沥青已老化变质,在距闸底板前沿几米处,铺盖出现孔洞且冒水严重,已起不到防渗作用。

鉴于该闸抗震、防渗等不满足现行规范要求,2009 年,赵口引黄涵闸经安全鉴定为三类闸,对于该闸防渗铺盖除险加固设计考虑两个方案。

一是拆除重建方案,即把现有铺盖完全拆除。新建上游铺盖采用C20钢筋混凝土结构,厚度30 cm,顺水流方向长20 m,垂直水流方向与闸室宽度相同。上游铺盖在垂直水流方向设伸缩缝一道,缝宽2.0 cm,缝内设三层止水。铺盖两侧翼墙采用圆弧形扶臂式钢筋混凝土挡土墙。

二是后接涵洞方案,即现有铺盖保留,按现涵洞断面在涵洞出口处向下游接长20 m涵洞,重建下游消能防冲段和海漫段。

两种方案均能满足规范要求,但方案一相应投资较小,施工相应简单,优于方案二。

2. 垂直防渗体

垂直防渗体一般常用的有板桩、高压喷射灌浆帷幕、地下连续墙等。

在水闸抗滑稳定不满足要求时,垂直防渗体的设计宜与抗滑设计措施结合应用。在采用水平封闭的垂直防渗体时,对于软弱地基还可以起到防止地基液化的作用,宜与地基处理措施结合应用。

1)板桩

板桩是水闸工程中使用最为广泛的一种垂直防渗体结构。根据所用材料不同,将板桩分为木板桩、钢筋混凝土板桩和钢板桩三种。木板桩目前已很少采用。钢板桩因其打拔方便,可重复使用,一般在临时防护时应用较多。一般工程中绝大部分均采用钢筋混凝土板桩。

如果板桩由于破坏无法满足闸基的抗渗要求时,在条件允许的情况下可以对板桩进行修复加固处理,但是板桩在施工过程中需要运输、起吊等工序,施工成本较高,作业环境要求苛刻,因此一旦板桩出现破坏而导致闸基的抗渗能力不满足要求时可以采取其他的防渗措施进行抗渗处理:一是在下游加做排水设施(反滤层)或在上游适当做防渗铺盖,采取反滤层拆除重做法和水平铺盖的复合土工膜修复法;二是对闸基采用泥浆或水泥砂浆灌浆处理,提高闸基的抗渗能力。

无论采用哪种方法进行加固处理,都应考虑新旧防渗体系之间的关系和相互影响。

2)高压喷射灌浆帷幕

所谓高压喷射灌浆就是利用钻机把带有喷嘴的注浆管钻至土层预定深度以后,利用高压使浆液或水从喷嘴中喷射出来形成喷射流,来冲击破坏土层,高压浆液凝固后便在土层中形成固结体。固结体的形状和高压喷射流的作用方向、移动轨迹及持续喷射时间有关。当喷射流作360°旋转(旋喷)时,固结体呈圆形;喷射流束固定一个方向喷射(即定喷)时,固结体为条形;当喷射流作顺、逆时针方向小于180°往复喷射(摆喷)时,固结体呈扇形。用于作垂直防渗体的高压喷射体,大都采用定喷或摆喷结构,也有采用旋喷结构的。

高压喷射灌浆防渗帷幕布孔应根据防渗体要求、施工设备、喷射方式综合确定,必要时应通过现场试验确定。

3)地下连续墙

地下连续墙是一种不用模板在地下建造连续墙的方法。其工作原理是:在地面上采用专门的挖槽机械,沿着拟定的垂直防渗体轴线,挖出一条狭长的深槽,在槽内吊放入预先制作好的钢筋笼,然后用导管法往槽内灌注水下混凝土替换槽内泥浆,筑成一个单元槽段,依此逐段施工,并以适当的接头方式将各单元槽段连接起来,形成一道连续的地下混凝土墙体。根据筑墙材料不同(作用不同),地下连续墙有钢筋混凝土墙、素混凝土墙、黏土墙、自凝泥浆墙及混合材料墙等。作为水闸垂直防渗用的地下连续墙,目前主要以素混凝土结构为主。

3. 齿墙

底板的上、下游端一般都设有齿墙,它既能起防渗作用,又对抗滑有帮助。齿墙深度一般为0.5~2.0 m。底宽在节省混凝土工程量的原则下,应照顾到施工开挖的要求;当设有垂直防渗体,其顶部需嵌入到齿墙内时,底宽应满足齿墙布置的要求。

建筑在砂土地基上的闸底板,其上、下游齿墙的外侧,应尽可能地回填黏性土,并薄层填实,以增强其抗渗性能。

4. 排水设施

本着“上堵下排”的布置原则,闸上游布置防渗设施后,闸下游就要布置排水,以降低底板底面上的渗透压力。

排水有平铺式和竖井式。平铺式排水是水闸工程中常用的一种形式,一般都布置在设有排水孔的护坦下面和海漫首端。

对于地基持力层或覆盖层的渗透系数远小于下卧层的情况,特别是下面的透水层有承压水时,排水体宜采用排水井,引出承压水,达到降压的目的。

当水闸的排水设施破坏或底板底面上的渗透压力过大而影响闸室稳定时,除险加固设计中应修复重建或增设排水系统。

5. 止水设施

为了适应地基不均匀沉降和伸缩变形,水下各构件间和构件本身均留有接缝。凡不允许透水的缝中均必须设置止水设备。缝有垂直缝和水平缝之分,止水也有垂直止水和水平止水之分。

止水设施失效或损坏的水闸,除险加固设计时应提出修复或更换措施。

1)垂直止水

垂直止水设备一般都设在靠近上游挡水面处(见图3.1)。垂直止水应防止两个相邻结构之间因发生相对垂直位移而被撕裂,以致失去防漏作用。

2)水平止水

地下轮廓线不透水部分的范围内,水平止水多采用如图3.2所示的布置形式,缝的下面铺设2~3层油毛毡或沥青麻片。

(五)侧向渗流计算和防渗措施

水闸建成挡水后,除闸基渗流外,渗水还从上游高水位经闸的两侧填土层流向下游,这就是测向绕渗。侧向绕渗对岸、翼墙施加侧向水平压力,影响其稳定性,在渗流出口处,以及填土与岸、翼墙接触面上可能产生渗透变形。作为三向渗流,它还会影响闸和地基的安全。

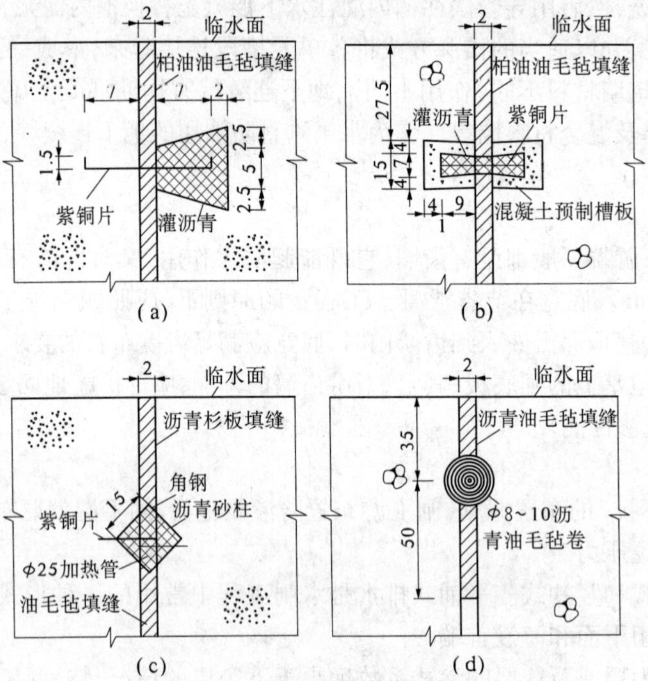

图3.1　垂直止水图　(单位:cm)

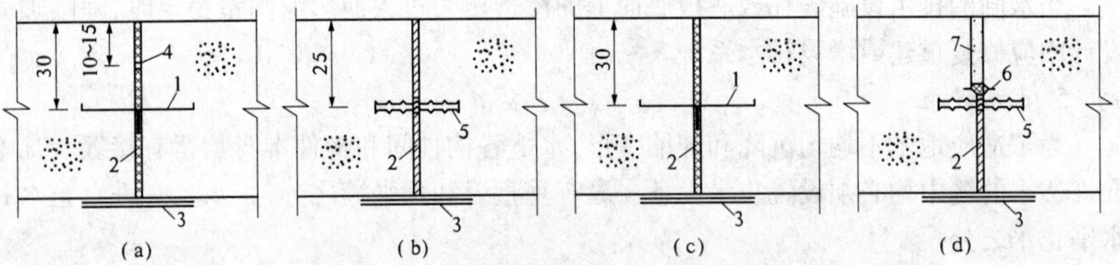

图3.2　水平缝及止水　(单位:cm)

1—金属止水片;2—接缝填充料(沥青杉板或油毛毡止水片);3—沥青麻片或油毛毡;

4—沥青麻绳;5—塑料止水片;6—白铁皮;7—沥青混凝土

岸墙、翼墙墙后的渗透压力,主要与墙前水位变化情况和墙后土层的渗透性能以及地下水补给的影响有关。当岸墙、翼墙墙后填土层的渗透系数小于或等于地基土的渗透系数时,墙后的侧向渗流属于有压渗流,其侧向渗透压力可近似地采用相对应部位的水闸闸底正向渗透压力值;当岸墙、翼墙墙后填土渗透系数大于地基土的渗透系数时,墙后的侧向绕流属于无压渗流,可按闸底有压渗流的计算方法进行计算。

侧向防渗措施同样是采取增加渗径长度防渗和排渗减压的方法。增加侧向渗径的途径,除考虑水闸的上、下游翼墙的作用以外,还可在边墙或岸墙后面设置一道或两道防渗刺墙,也可以在墙后填土内增设刚性的混凝土、浆砌石等刺墙,或塑性的黏土刺墙。岸墙与增设的刺墙之间的接缝中应设置止水。

两岸防渗布置,必须与闸基防渗相配合,协调一致。

为排除渗流和减小其不利影响,可在下游翼墙上设置排水孔,渗流进入孔口处铺设滤层,防止墙后填土被渗流带走。

对于发生侧向绕流的水闸,应首先了解建筑物两侧的地质情况和渗漏的部位,才可采取相应的措施进行处理。其处理的方法,一般有冲抓套井回填黏土法、钻孔灌浆和加深加长刺墙等。

(六)防渗排水设施的除险加固

渗漏的途径一方面是通过闸室本身构造和闸基向下游渗漏,另一方面是通过闸室与两岸连接处的绕流渗漏。在水闸的抗渗修复处理中,采用的原则是防渗和导渗相结合,即在闸基的上游侧设置或构筑渗透系数较低的相对隔水屏障,在闸基的下游侧设置透水性良好的导渗排渗设施。

针对不同的渗漏部位可采用不同的加固方法进行加固处理,一般包括水平铺盖的修复、下游排水的修复、闸基的修复、板桩破坏的修复等。

如果水闸出现的渗流是由于下游排水设施的不畅而造成的,应采取措施对水闸的反滤层进行修复处理。由于反滤层具有泌出渗水和保护土体颗粒不被流失的作用,因此反滤材料一般用砂砾石或者土工织物修筑。例如水闸下游护坦底部的排水设施(反滤层)由于运行时间过长而堵塞,对闸室的安全不利,可采用拆除护坦重建排水设施的方法处理。

反滤层的设计及施工应参考《水闸设计规范》(SL 265—2001)和《水闸施工规范》(SL 27—91)。

四、闸室结构布置及稳定性分析

(一)闸室结构布置

水闸闸室布置应根据水闸挡水、泄水条件和运行要求,结合考虑地形、地质等因素,做到结构安全可靠,布置紧凑合理、施工方便、运用灵活、经济美观。

闸室结构布置包括底板、闸墩、胸墙、闸门、工作桥和交通桥等分部结构的型式和尺寸的初步拟定。

应该注意的是,闸室结构布置(包括防渗排水设施的布置)是先根据功能等要求初步拟定,经过闸室稳定计算后才能最终确定,各个分部结构的型式和尺寸也需经过结构设计后才能选定。

1. 底板

底板是闸室的基础,是既承受水闸上部结构的重量及荷载,又将其向地基传递的结构,同时兼有防渗、防冲、防止地基受渗透水流作用可能产生的渗透变形,并保护地基免受水流的冲刷。因此,闸室底板必须具有足够的整体性、坚固性、抗渗性和耐久性。闸室底板通常都是采用钢筋混凝土结构。

1)底板的结构型式

根据地基、泄流条件,水闸底板的结构型式可选用平底板、低堰底板或折线型底板。每一种结构型式都有其特点和使用条件,要根据地基、泄流等条件选用。

2)底板分缝

为了防止和减少由于地基不均匀沉降、温度变化和混凝土干缩引起的裂缝,对于多孔闸的闸室底板,必须沿垂直水流方向进行分段,即设置若干道顺水流向的永久缝;闸室顺水流向永久缝的位置可设在闸墩上,也可以设在底板上。

整体式底板的闸墩与底板是固结在一起的,永久缝一般设在闸墩中间。这种分缝方式适应于软弱地基或地震区的水闸。设在闸墩中间的永久缝一般采用铅直贯通缝。

分离式闸底板的闸墩与底板是用缝分开的,此时,闸室上部结构重量及荷载直接由闸墩传给地基。分离式底板的永久缝也可设在闸室底板的中间或两侧。

闸室顺水流向的永久缝设在闸室底板的中间或两侧时,优点是工程量较小,但缺点是底板接缝多,闸室结构的整体性较差,给止水防渗和浇筑分块带来不利和麻烦。因此,此种分缝只能用于坚实地基上或采用桩基础时。

永久缝的宽度一般为2~3 cm,缝内以柏油油毡填实。

复杂地基上的水闸分缝应根据具体地质情况,综合分析合理确定分缝形式。地质条件变化较大的地方,一般宜采用整体式底板,将缝设在闸墩中间。对地基条件突变的地方,闸孔应以缝墩隔开。同时还需验算地基的沉降变形。当不能满足规范要求时,应采取地基加固的处理方法。

3)底板结构尺寸

闸底板顺水流方向的长度通常与闸墩长度相同,一般按以下两条途径拟定:一是底部长度满足闸墩、胸墙、闸门和交通桥等上部结构布置的需要;二是可以参照已建工程,根据地基条件参照表3.8所列数值初步选定。

表3.8 闸室底板顺水流向长度与上下游最大水位差的比值

地基条件	闸室底板顺水流向长度/上下游最大水位差
碎石土和砾(卵)石	1.5~2.5
砂土和砂壤土	2.0~3.5
粉质壤土和壤土	2.0~4.0
黏土	2.5~4.5

底板顺水流向长度最后取决于闸室的基底压力和稳定要求,而闸门在底板上的位置与这些要求有很大关系。

通过稳定分析,可适当调整闸室的中心位置或将闸室底板顺水流向长度向闸墩上游端或下游端略加长,伸出闸墩的悬臂长度一般不宜超过闸室底板厚度的1倍。

闸室底板通常是等厚度的,也可以采用变厚度,后者在地基较坚实的情况下,有利于改善底板的受力条件。例如,可以加大闸墩墩基部位的厚度,减小跨中部位的厚度。对于大、中型水闸,闸室平底板厚度可取闸孔净宽的1/6~1/8,其值为1.0~2.0 m。最小厚度不宜小于0.7 m。渠系内小型水闸不宜小于0.5 m。

底板材料一般采用钢筋混凝土。混凝土强度等级一般不低于C20。

2. 闸墩

闸墩用以分隔闸孔、支承闸门及上部桥梁，并将由闸门传来的水压力和上部结构的重量和荷载传给底板。闸墩的长度应满足布置工作桥、公路桥、检修桥等的需要。一般情况下，墩长与底板长相等，或稍短于底板，但闸墩上、下游端都保持铅直面。

采用的闸门型式不同，闸墩的长度也有所不同。弧形闸门的支臂较长，为门高的1.1～1.5倍。支铰位置布置在2/3～1.0门高处。弧形闸门启闭时，呈圆弧形的旋转面，故需要较长的闸墩。平面闸门需要的闸墩较短，但工作桥部位的闸墩较高。

工作闸门门槽应设在闸墩水流较平顺的部位。门槽宽深比取1.6～1.8。为了满足闸门安装与维修的需要，同时也方便启闭机的布置和运行，检修门槽与工作门槽之间的净距离一般不宜小于1.5 m。

平底板结构的分段缝设在闸墩中间时，这种闸墩叫缝墩。缝间的闸段自成一体，地基发生不均匀沉降时，闸孔不致变形，闸门能够顺利启闭，无碍于水闸的正常运行。

闸墩上游部分顶部高程应不小于上游最高洪水位加波浪高度和安全超高。防洪堤上的水闸墩顶高程应与防洪堤顶高程相同。胸墙顶和岸墙顶的高程亦相同。下游部分的闸顶高程可适当降低，但应保证位于下游的交通桥桥面能与闸侧道路衔接。为了降低墩顶高程，也可将交通桥搁置在墩顶的钢筋混凝土排架上。

平面闸门闸墩在架设工作桥部位的高度，应适应闸门开启及检修的需要。堰顶以上至工作桥梁底之间的净高h可由下式求出：

$$h = h_1 + h_2 + e \tag{3-54}$$

式中：h_1为相应于最大过闸流量的堰顶水深，m；h_2为闸门高度，m；e为富裕高度，可取0.5～1.0 m，采用螺杆式启闭机时，e值应结合螺杆吊座端的无丝长度考虑。

闸室设有胸墙时，h值仍可按公式（3－54）计算，但应改为胸墙底缘在堰顶以上的高度。

支承工作桥的闸墩（又叫排架）可以做成混凝土实体型，或采用钢筋混凝土框架结构。

闸墩的外形轮廓设计应能满足过闸水流平顺、侧向收缩小、过闸能力大的要求。闸墩上游墩头一般做成半圆形，以减小水流的进口损失，下游墩头宜做成流线形，以利于水流的扩散。

闸墩的厚度通常根据结构要求和施工方法来确定。门槽颈部厚度一般不宜小于0.5 m，最小不得小于0.4 m。

3. 胸墙

当闸门挡水水位高于泄水水位时可采用胸墙结构。闸室设置胸墙可以减小闸门高度，从而减轻闸门重量和启闭机吨位，并降低工作桥的高度。

胸墙顶应与闸顶齐平；胸墙底高程应根据孔口泄流要求确定，一般以不影响取水和泄水为原则。当闸孔泄流为淹没式宽顶堰堰流时，胸墙底缘高程为

$$\nabla Z_B = \text{堰顶高程} + \text{堰顶下游水深} + \delta \tag{3-55}$$

式中：δ为安全超高，$\delta \geqslant 0.2$ m。

胸墙一般均采用钢筋混凝土材料，当闸孔孔径小于或等于6 m时，采用板式结构，直

接支承在闸墩上；当闸孔孔径大于6 m时，则采用板梁式结构，顶梁和底梁水平支承在闸墩上，板支承在顶梁和底梁上。当胸墙挡水高度较大时，也可以采用三根梁。

胸墙的厚度应根据受力条件和边界支承情况计算确定。

为了使水流平顺地通过闸孔，减小局部阻力，增加闸孔泄流能力，胸墙上游面底部应做成流线形。

4. 闸门

闸门结构的选型布置应根据其受力情况，控制运用要求，制作、安装、维修等条件，结合闸室结构布置合理选定。水闸工程中常用的闸门类型有平板直升门、弧形门、下卧式弧形门、升卧式平面门、双扉门、叠梁门等。

对于有排冰、过木要求的水闸，闸孔孔径一般较大，且水位以上的净空要求较高，因此宜采用平面闸门或下卧式弧形闸门。多泥沙河流上的水闸，考虑到泥沙的淤积可能给闸门启闭带来困难，因此不宜采用下卧式弧形闸门。

有通航要求或地震区有抗震要求的闸门，为了降低启闭机排架的高度，宜采用升卧式平面闸门或双扉式平面闸门。

露顶式闸门顶部应在可能出现的最高挡水位以上有0.3~0.5 m的超高。

5. 上部桥梁

闸室上部桥梁有工作桥、公路桥和检修便桥。其结构型式可根据闸孔孔径、闸门启闭机型式及容量、设计标准等分别选用板式、梁板式或板拱式，其与闸墩的连接型式应与底板分缝位置及胸墙支承型式统一考虑。有条件时，可采用预制构件，现场吊装。

公路桥和检修便桥的梁(板)底高程均应高出最高洪水位0.5 m以上，若有流冰，应高出流冰以上0.2 m。工作桥梁底高程必须在水闸下泄最大流量时，应能满足使闸门脱离水面。

(二)荷载及其组合

1. 荷载计算

作用于闸室上的荷载主要有结构自重、水重、水平水压力、扬压力、土压力、泥沙压力、风压力、浪压力、地震荷载等。

在地震区需计入地震荷载时，可按现行的《水工建筑物抗震设计规范》(SL 203—97)计算地震荷载。

2. 荷载组合

水闸在施工、运行及检修过程中，各种荷载的大小及分布情况是随机变化的。因此，应根据水闸不同的工作条件和荷载机遇情况进行组合。荷载组合的原则是：考虑各种荷载出现的几率，将实际上可能同时出现的各种荷载进行最不利的组合，并将水位作为组合条件。荷载组合分为基本组合和特殊组合两类。在基本荷载组合中又分为完建情况、正常蓄水位情况、设计洪水位情况和冰冻情况四种。在特殊荷载组合中又分为施工情况、检修情况、校核洪水位情况和地震情况四种。各种计算情况下荷载组合详见表3.9。

由于地震与设计洪水位或校核洪水位同时遭遇的几率极小，因此在计入地震荷载时，只与正常蓄水位情况下的相应荷载组合。

表 3.9 荷载组合

荷载组合	计算情况	荷载												说明
		自重	水重	静水压力	扬压力	土压力	泥沙压力	风压力	浪压力	冰压力	土的冻胀力	地震荷载	其他	
基本组合	完建情况	√	—	—	—	√	—	—	—	—	—	—	√	必要时,可考虑地下水产生的扬压力
	正常蓄水位情况	√	√	√	√	√	√	√	√	—	—	—	√	按正常蓄水位组合计算水重、静水压力、扬压力及浪压力
	设计洪水位情况	√	√	√	√	√	√	√	√	—	—	—	—	按设计洪水位组合计算水重、静水压力、扬压力及浪压力
	冰冻情况	√	√	√	√	√	√	√	—	√	√	—	√	按正常蓄水位组合计算水重、静水压力、扬压力及冰压力
特殊组合	施工情况	√	—	—	—	√	—	—	—	—	—	—	√	应考虑施工过程中各个阶段的临时荷载
	检修情况	√	—	√	√	√	√	√	√	—	—	—	√	按正常蓄水位组合(必要时可按设计洪水位组合或冬季低水位条件)计算静水压力、扬压力及浪压力
	校核洪水位情况	√	√	√	√	√	√	√	√	—	—	—	—	按校核洪水位组合计算水重、静水压力、扬压力及浪压力
	地震情况	√	√	√	√	√	√	√	√	—	—	√	—	按正常蓄水位组合计算水重、静水压力、扬压力及浪压力

(三)闸室稳定验算

闸室稳定性分析是水闸设计中的一项重要工作,拆除重建或异地重建的水闸可以按照《水闸设计规范》(SL 265—2001)要求设计;对于需进行闸室稳定除险加固的水闸,应根据引起闸室不稳定性的原因,采取相应加固措施,改变闸室的稳定性。

闸室稳定计算宜取相邻顺水流向永久缝之间的闸段作为计算单元。如各计算单元不一致时，应分别计算。

1. 闸室基底应力验算和闸室抗滑稳定验算

1）闸室基底应力验算

当结构布置和受力情况对称时：

$$P_{\substack{\max \\ \min}} = \frac{\sum G}{A} \pm \frac{\sum m}{W} \tag{3-56}$$

式中：$P_{\substack{\max \\ \min}}$为闸室基底应力的最大值或最小值，kPa；$\sum G$ 为作用在闸室上的全部竖向荷载（包括闸室基础底面上的扬压力在内），kN；A 为底板底面面积，m^2；$\sum m$ 为作用在闸室上的全部竖向和水平向荷载对于基础底面垂直水流向的形心轴的力矩之和，kN · m；W 为闸室基底面对于该底面垂直水流方向的形心轴的截面矩，m^3。

对于结构布置和受力不对称的闸墩，如对于多孔水闸的边闸应力孔或左右不对称的单闸孔，应按下列双向偏心受压公式计算闸底应力：

$$P_{\substack{\max \\ \min}} = \frac{\sum G}{A} \pm \frac{\sum m_x}{W_x} \pm \frac{\sum m_y}{W_y} \tag{3-57}$$

式中：$\sum m_x$、$\sum m_y$ 分别为作用在闸室上的全部竖向和水平向荷载对于基础底面形心轴 x、y 的力矩，kN · m；W_x、W_y 为闸室基底面对于该底面形心轴 x、y 的截面矩，m^3。

2）闸室抗滑稳定验算

对土基上的水闸沿闸室基底面的抗滑稳定安全系数为

$$K_c = \frac{f\sum G}{\sum H} \tag{3-58}$$

或

$$K_c = \frac{\tan\varphi_0 \sum G + C_0 A}{\sum H} \tag{3-59}$$

式中：K_c 为沿闸室底面的抗滑稳定安全系数；f 为闸室基底面与地基之间的摩擦系数；$\sum H$ 为作用在闸室上的全部水平向荷载，kN；φ_0 为闸基基础底面与土质地基之间的摩擦角，(°)；C_0 为闸室基底面与土质地基的黏聚力，kPa。

岩基上的水闸与土基上的水闸一样，岩基上的水闸抗滑稳定计算也是采用“单一安全系数计算公式”。其抗滑稳定安全系数按式（3-58）计算或按下列公式计算：

$$K_c = \frac{f'\sum G + C'A}{\sum H} \tag{3-60}$$

式中：f'为闸室基底面与岩石地基之间的抗剪断摩擦系数；C'为闸室基底面与岩石地基间的抗剪断黏聚力，kPa。

3）增加抗滑稳定的措施

当闸室沿基底面的抗滑稳定安全系数计算值小于允许值时，可在原有结构布置的基础上，结合工程的具体情况，采取下列一种或几种抗滑措施：

调整上部结构的布置，将闸门位置向低水头一侧移动，或将水闸底板向高水位一侧延长，以增加水的重力。但闸门过于向后移动，将严重影响闸门槽的强度，设计时应予注意。

适当增加闸室结构尺寸，以增加上部结构重力。

适当增加齿墙深度。但是增加齿墙深度是有一定限度的。因为从结构和工程实施上考虑，闸室底板齿墙深度过深，其阻滑能力的提高并非与齿墙深度的增加成正比，而且在某些情况下齿墙挖得过深，在施工上也有一定的难度。工程常采用底板齿墙前深后浅的做法。

增加铺盖长度或帷幕灌浆深度或在不影响防渗安全的条件下将排水设施向水闸底板靠近，以降低作用在底板上的渗透压力。需要注意的是，增加铺盖长度也是有一定限度的。因为从渗流的观点考虑，铺盖长度过长，其防渗效果的增加并非与铺盖长度的增加成正比，因而单位长度的防渗效果反而会有所降低。

将闸底板与上游钢筋混凝土铺盖进行可靠的连接，利用钢筋混凝土铺盖作阻滑板，此时抗滑稳定安全系数为

$$K_c = K_{c1} + K_{c2} = \frac{\tan\varphi_0 \sum G + C_0 A_1}{\sum H} + \frac{K[\tan\varphi_0 (W_n - W_u)] + C_0 A_2}{\sum H} \tag{3-61}$$

式中：K_{c1}、K_{c2}分别为闸室部分和铺盖部分的抗滑稳定安全系数；A_1、A_2 分别为闸室底板和铺盖与地基土之间的接触面积，m^2；W_n 为铺盖重力和铺盖上的水重力之和，kN；W_u 为作用在铺盖底面上的扬压力，kN；K 为考虑阻滑板阻滑效果的折减系数，一般为 0.8。

利用钢筋混凝土铺盖作阻滑板时，只能作为补充闸室抗滑稳定的安全措施。一旦闸室底板与阻滑板之间的止水设备遭受破坏，必须保证底板不致沿其底面滑移。因此，闸室自身的抗滑稳定安全系数不应小于 1.0。由于阻滑板应起到防渗与阻滑的双重作用，所以除了能提高闸室的抗滑稳定件外，还要求阻滑板本身能满足抗裂要求，以防止阻滑板开裂后给闸基防渗带来的不利影响。

2. 抗倾覆验算

岩基上翼墙的抗倾覆稳定安全系数，应按下式计算：

$$K_0 = \frac{\sum m_V}{\sum m_H} \tag{3-62}$$

式中：K_0 为翼墙抗倾覆稳定安全系数；$\sum m_V$ 为对翼墙前趾的抗倾覆力矩，kN · m；$\sum m_H$ 为对翼墙前趾的倾覆力矩，kN · m。

不论水闸级别，在基本荷载组合条件下，岩基上翼墙的抗倾覆稳定安全系数不应小于 1.50；在特殊荷载组合条件下，岩基上翼墙的抗倾覆稳定安全系数不应小于 1.30。

一般情况下，对于初步建成竣工，尚未放水运用的水闸，应进行抗倾覆验算。对于除险加固设计的水闸，闸室布置重新调整的，其完建期也应进行抗倾覆验算。

五、结构设计

运行使用多年的水闸，其构件都不同程度存在变形、老化和侵蚀等结构缺陷，缺陷种类也非常繁多，原因复杂。因此，除险加固设计时应根据安全鉴定结果和相关参数，对结

构强度、变形等进行验算，针对不同病害采取相应加固设计措施。

（一）结构设计原则及有关规定

1. 水闸混凝土结构强度要求

根据全国水工混凝土建筑物耐久性调查资料，对有耐久性要求的水工钢筋混凝土结构，其强度等级最低不宜低于C20，沿海地区的水工钢筋混凝土强度等级不宜低于C30。江苏省水利部门对大量涵闸进行耐久性调查后，建议水下部位底层结构混凝土强度等级采用C15，表层结构混凝土强度等级采用C20，水位变动区结构及水上梁、柱结构采用C25，公路桥面结构采用C30。

《水工混凝土结构设计规范》（SL/T 191—96）规定的混凝土强度等级不宜低于表3.10所列数值。

表3.10 混凝土最低强度等级

环境条件类别	素混凝土	钢筋混凝土		预应力混凝土	
		Ⅰ级钢筋	Ⅱ、Ⅲ级钢筋	热轧钢筋，冷轧带肋钢筋	高强钢丝，热处理钢筋
一	C10	C15	C20	C30	C40
二	C15	C15	C20	C30	C40
三	C15	C20	C25	C35	C40
四	C20	C25	C30	C35	C40

注：①桥面及处于露天的梁、柱结构，混凝土强度等级不宜低于C25；②有抗冲耐磨要求的部位，应进行专门研究确定，且混凝土强度等级不应低于C25。

《水闸设计规范》（SL 265—2001）规定：处于二类环境条件下的混凝土强度等级不宜低于C15，处于三类环境条件下的混凝土强度等级不宜低于C20，处于四类环境条件下的以及有抗冲耐磨要求的混凝土强度等级不宜低于C25。

在多泥沙河流上的水闸，其过流及消能结构部位常受到较严重的泥沙磨损，从而增加了维修管理工作的难度，因此这些结构部位对抗冲耐磨有着更高的要求。四川省近几年修建的水闸和其他溢流建筑物，其过流及消能结构部位均采用了HF混凝土（一种高强粉煤灰混凝土），经试验验证，这种HF混凝土如果配制得当，不仅可以提高混凝土的强度及抗冲耐磨能力，而且还可以改善其施工性能。

针对水闸结构混凝土强度不足，可以采取加大截面或置换混凝土的方法处理，但加大截面的方法会改变结构尺寸，当对闸洞或涵洞加固时，会影响到水闸的过流能力和泄洪能力，而置换混凝土的方法又不能大面积使用，故加固设计中应综合考虑。对于有抗冲蚀、磨蚀要求的水闸，可以利用表面涂层封闭技术解决。如果其结构承载能力可以满足使用要求，仅混凝土强度无法满足耐久性要求的标准，则可不采取加固措施，而应加密安全鉴定的频率，加强对水闸病害的监测。

2. 水闸混凝土结构限裂要求

水闸结构工程中对承受水压的轴心受拉构件、小偏心受拉构件以及发生裂缝后会引起严重渗漏的其他构件,应进行抗裂计算。各构件抗裂验算需按照《水工混凝土结构设计规范》(SL/T 191—96)进行。

需进行裂缝宽度验算的构件,按荷载效应的短期组合和长期组合两种情况进行验算,其最大裂缝宽度计算值不应超过《水工混凝土结构设计规范》(SL/T 191—96)所规定的允许值。

《水闸设计规范》(SL 265—2001)规定:处于二类环境条件下的混凝土最大裂缝宽度计算值不应超过 0.20 mm,处于三类环境条件下的混凝土最大裂缝宽度计算值不应超过 0.15 mm,处于四类环境条件下的混凝土最大裂缝宽度计算值不应超过 0.10 mm。这一规定略高于《水工混凝土结构设计规范》(SL/T 191—96)规定,其主要原因是考虑到水闸结构比较单薄,又长期承受荷载,尤其是水下结构又有防渗和耐腐蚀的要求。

3. 水闸混凝土结构抗渗性要求

应满足《水工混凝土结构设计规范》(SL/T 191—96)要求混凝土抗渗等级的规定。

当水闸混凝土抗渗不满足要求时,可以利用表面涂层封闭技术解决。

4. 水闸混凝土结构抗冻性要求

对于有抗冻要求的混凝土结构,其抗冻等级应根据气候分区、年冻融循环次数、表面局部小气候条件、水分饱和程度、结构构件的重要性及其检修条件等情况确定。

《水闸设计规范》(SL 265—2001)规定,温和地区和长期处于水下的混凝土抗冻等级不应低于 F50;寒冷地区年冻融循环次数小于 100 次的混凝土抗冻等级不应低于 F100,年冻融循环次数等于或大于 100 次的混凝土抗冻等级不应低于 F150;严寒地区年冻融循环次数小于 100 次的混凝土抗冻等级和等于或大于 100 次的混凝土抗冻等级应分别不低于 F200 和 F300。

关于气候分区划分标准,现行《水工混凝土结构设计规范》(SL/T 191—96)规定:最冷月平均最低气温低于 -10℃的地区为严寒地区;最冷月平均最低气温为 -10 ~ -3℃的地区为寒冷地区;最冷月平均最低气温高于 -3℃的地区为温和地区。

关于年冻融循环次数的统计,现行《水工建筑物抗冻设计规范》(SL 211—98)规定:按一年内气温从 +3℃以上降至 -3℃以下,然后再升到 +3℃以上的交替次数和按一年内日平均气温低于 -3℃期间设计预定水位的涨落次数两种方法统计结果,取其中的较大值。

当水闸混凝土表面遭到冻融破坏时,可以对破坏深度范围内采取表层置换混凝土加固法。

5. 水闸混凝土结构强度复核计算

病险水闸在进行混凝土结构强度复核计算时,应考虑其破损、变形,加固措施中新旧材料结合及差异的影响。

(二)闸底板设计

闸底板是整个闸室结构的基础,是全面支承在地基上的一块受力条件复杂的弹性基础板。闸室底板与闸墩固结在一起,坐落在基础上,是一个空间结构,计算较为复杂。

《水闸设计规范》(SL 265—2001)中指出:土基上水闸闸室底板的应力分析可采用反力直线分布法或弹性地基梁法。相对密度小于或等于0.50的砂土地基,可采用反力直线分布法;黏性土地基或相对密度大于0.50的砂土地基,可采用弹性地基梁法。

此外,还有所谓"倒置梁法",即假定地基反力为(均布)荷载,底板当做梁,闸墩当支点,按倒置的连续梁计算内力。这种计算方法忽略了各闸墩处变位不等的重要因素,误差较大,因而不宜在大、中型水闸设计中采用。

1. 反力直线分布法

反力直线分布法,又称荷载组合法或截面法,虽然假定地基反力在垂直水流方向分布均匀,但不把闸墩当做底板的支座,而认为闸墩是作用在底板上的荷载,按截面法计算其内力。

计算时,首先算出底板底面在顺水流方向的地基反力,然后在闸门槽的上、下游垂直水流方向各取单位宽板条进行计算。反力直线分布法的缺点是未考虑底板与地基变形相一致的条件,并且没有计入边荷载对底板内力的影响;其优点是计算简单,适合于小型水闸设计,对于相对密度 $D_r \leqslant 0.5$ 的砂性地基,受荷后变形容易调整,故近似地可以认为地基反力是均匀分布的,对于大、中型水闸可作为校核用。

用反力直线分布法计算底板的基本步骤如下:

1)选定计算情况

一般选取三种工况:①施工期;②完建期;③运用期。

2)计算闸基的地基反力

地基反力与基底压力数值相等、方向相反。

3)计算不平衡剪力

由于底板上的作用荷载与地基反力的分布不相同,当"截板成梁"即取单位宽度为脱离体时,单宽板条上荷载不能平衡,从而产生不平衡剪力。由脱离体两侧闸墩和底板截面上的剪力差来平衡,剪应力之和的差值即为不平衡剪力。

不平衡剪力采用作图法或数值积分法求得。在一般情况下,闸底板分配的不平衡剪力为10%~15%,闸墩分配的不平衡剪力为85%~90%。计算时,一般以闸门门槛作为上、下游分界,这是因为闸门槛前后的底板上水重相差较大的缘故。

4)确定作用于板条上的荷载

沿门槛上、下游截取的单宽板条上的作用荷载有地基反力、扬压力、底板重力、水重等,分为均布荷载 q、集中荷载 P 及弯矩 M 等。

单宽板条上的均布荷载 q 为

$$q = q_{地} + q_{扬} - q_{底} - q_{水} + \frac{\Delta Q_{底}}{2l} \tag{3-63}$$

集中荷载 P 为

$$P = P_{墩、墙} + \Delta Q_{墩} \tag{3-64}$$

式中:$q_{地}$、$q_{扬}$、$q_{底}$、$q_{水}$ 分别为单宽板条上的地基反力、扬压力、底板自身重力及水重;$P_{墩、墙}$ 为墩、墙重力和上部结构传给墩、墙的重力;$\Delta Q_{底}$、$\Delta Q_{墩}$ 分别为底板和闸墩的剪力差。

在计算运用期荷载时,墩、墙部位的集中荷载应扣除在计算均布荷载时多算的水重;

或计算墩墙部位的重力时，水下部分按浮容重计算。

5）计算内力

在板条上各作用荷载确定后，对每一计算截面可按静力平衡方程 $\sum m = 0$ 求解截面的内力。一般情况下，板条上选取几个控制断面，如墩或墙脚处、1/4 和 1/2 跨度处等。在计算内力时，应根据各作用荷载的性质，分别选用不同性质荷载（永久荷载、可变荷载）的分项系数值。

2. 弹性地基梁法

当采用弹性地基梁法分析水闸闸室底板应力时，应考虑可压缩土层厚度与弹性地基梁半长之比值的影响。

具体计算方法和步骤前三步与反力直线分布法相同，即：

1）选定计算情况

2）计算闸基的地基反力

3）计算板条上的不平衡剪力分配值

4）确定板条上的计算荷载

作用在板条上的荷载有两种：一种为均布荷载，包括底板自重、水重、扬压力及分配给底板的不平衡剪力；另一种为闸墩传给底板的集中荷载。

（1）板条上荷载的确定。在计算底板重力时，因为闸室底板绝大多数是挖埋式，底板自重小于基坑开挖前的原压荷载，由底板自重引起的地基沉降是基坑开挖回弹后的再压缩，属于弹性压缩的性质，不像排水固结那样需要较长的时间，弹性变形可在很短的时间内完成，所以不论是黏性土地基，还是砂性土地基，都可以不考虑底板自重对其应力的影响。但当不计底板自重致使作用在基底面上的均布荷载为负值时，则仍应计及底板自重的影响。计及的百分数以使作用在基底面上的均匀荷载值等于零为限度确定。

（2）边荷载的确定。边荷载是指计算闸段的底板两侧的闸室或边坡（岸墙）以及墩、墙后回填土作用于地基上的荷载。由于边荷载对计算底板的地基变形有影响，因此对弹性地基梁的内力亦有影响。

《水闸设计规范》（SL 265—2001）规定：当采用弹性地基梁法时，可按表 3.11 的规定计及边荷载计算百分数。

表 3.11　边荷载计算百分数

地基类别	边荷载使计算闸段底板内力减小	边荷载使计算闸段底板内力增加
砂性土	50%	100%
黏性土	0	100%

注：①对于黏性土地基上的老闸加固，边荷载的影响可按本表规定适当减小；②计算采用的边荷载作用范围可根据基坑开挖及墙后土料回填的实际情况研究确定，通常可采用弹性地基梁长度的 1 倍或可压缩层厚度的 1.2 倍。

5）计算地基梁的内力

弹性地基梁的计算方法很多，目前最常用的是链杆法和郭氏查表法。

例如黄河北岸渠村引黄闸，底板设计即采用弹性地基梁法计算。

黄河北岸渠村引黄闸，为一联 5 孔钢筋混凝土箱型涵洞式水闸，设计引水流量 100 m^3/s。每孔净宽 3.9 m，孔口高度为 3.0 m，中、边墩厚度均为 1.0 m。闸室垂直水流方向宽度 25.5 m，顺水流方向长度 10 m。底板的结构采用弹性地基梁法进行计算。

(1)基本资料。

设计引水位 60.75 m，最高运用水位 63.74 m，底板高程 57.40 m，闸墩顶高程 64.40 m。计算单元闸底板垂直水流方向宽度 $B=25.5$ m，顺水流方向长度 $L=10$ m，底板厚度 $\sigma=1.5$ m。混凝土 $\gamma=25$ kN/ m^3，闸门重 80 kN，起闭机重 7.4 kN/台。

由地质报告，此处地基土的压缩模量 $E_0=24\times10^3$ kN/ m^2。底板采用 C20 混凝土时，其弹性模量 $E_h=2.55\times10^7$ kN/ m^2。

(2)计算单元和计算荷载。

选取工作闸门门槽中心两侧各 1.0 m 宽度的底板作为计算截条 A 和 B。

计算荷载考虑截条自重 q_1，中、边墩自重和墩上所受荷载重量分别为 N_1、N_2，水重 q_2 和中、边墩下净容水体重 ω_1、ω_2，渗透压力 q_3，浮托力 q_4，地基反力 p'，底板两侧土压力作为边荷载考虑。

计算工况考虑三种情况，即：

a. 完建期，上下游无水，只有闸室及各结构的自重以及闸上的恒荷载和活荷载；

b. 在设计引水位 60.75 m 情况下，闸室各自结构的自重以及闸上荷载、闸室水重、水压力、渗透压力和浮托力；

c. 在最高运用水位 63.74 m 情况下，荷载项目与设计引水位情况下相同，但因水位发生变化，与水位相关的各项荷载的数值相应改变。

底板荷载计算简图见图 3.3。

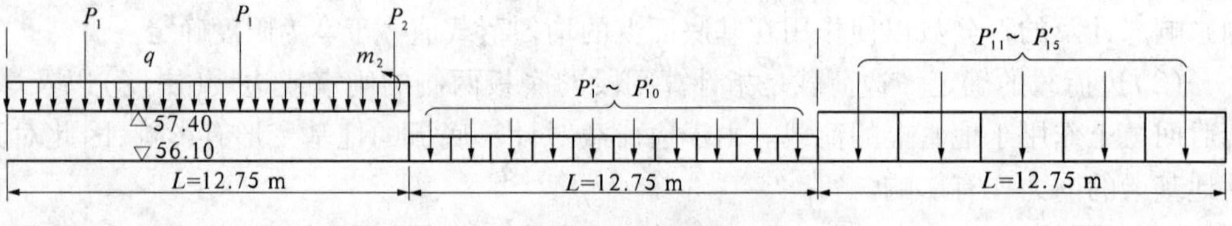

图 3.3　底板荷载计算简图

采用郭氏查表法计算地基梁的弯矩，截条 A 在完建期无水时为最不利工况，弯矩值最大，弯矩图见图 3.4。因为该闸为对称结构，所以弯距图只是一半闸底板图形。

(三)闸墩设计

闸墩的主要荷载是结构自重(包括上部结构的重量)和水推力，在顺水流和垂直水流两个方向受力。

闸墩在垂直水流方向的外力作用下，可以当做一个固支于底板上的悬臂梁或框架(视上部结构与闸墩的连接情况而定)，取单位宽度用材料力学方法进行应力计算。但在顺水流方向的外力作用下的闸墩应力分析是一个比较复杂的计算问题，要用弹性理论的方法才能作比较准确的应力计算。由于水闸的挡水水头低，闸墩的应力比较低(与材料的允许应力比较而言)，因此通常仍把它当做固支于底板上的悬臂梁，用材料力学方法进行近似的计算。

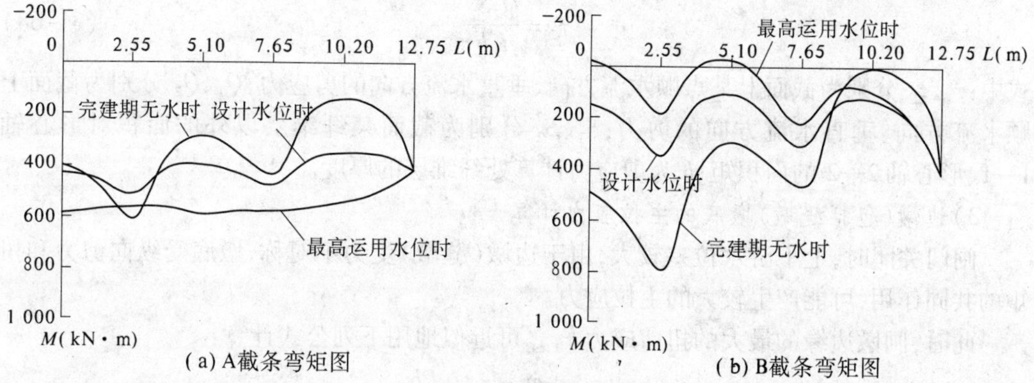

图 3.4 截条弯距图

闸墩的结构计算,一般考虑以下几种计算工况:

(1)正常或非常挡水时期闸门全关的情况;

(2)当一孔检修,而邻孔关闭或正常开门泄流,或正常、非常挡水时期个别闸门部分开启;

(3)正常挡水时期闸门全关并遭遇强烈地震的情况,此时主要核算垂直水流方向的应力分布。

上述第(1)和第(2)种情况可以作为基本荷载组合,第(3)种情况作为特殊荷载组合。

1. 平面闸门闸墩的应力计算

1)闸墩底面的正应力计算

将闸墩作为固结于闸底板的悬臂梁,按材料力学偏心受压构件计算其接触正应力。

闸墩底面纵向(顺水流向)正应力按下式计算:

$$\sigma_{\min}^{\max} = \frac{\sum G}{A} \pm \frac{\sum m_1}{I_1}\frac{L}{2} \tag{3-65}$$

式中:$\sum G$ 为作用于闸墩上的竖向力总和(包括闸墩自重);A 为闸墩底面面积;$\sum m_1$ 为作用于闸墩上的各个作用荷载对墩底截面形心轴 1—1 的力矩总和;I_1 为墩底截面对其形心轴 1—1 的惯性矩;L 为闸墩顺水流方向的长度。

墩底横向正应力仍按材料力学偏心受压公式进行计算,即:

$$\sigma_{\min}^{\max} = \frac{\sum G}{A} \pm \frac{\sum m_2}{I_2}\frac{L}{2} \tag{3-66}$$

式中:$\sum m_2$ 为横向水压力对墩底截面形心轴 2—2 的力矩总和;I_2 为墩底截面对其形心轴 2—2 的惯性矩。

算出的正应力不能超过材料的容许应力。

2)墩底水平截面上的剪应力计算

与正应力计算一样,墩底水平截面因有两个方向的水平力作用,故有两个方向的剪应力,亦可采用材料力学计算公式:

$$\tau_1 = \frac{Q_1 S_1}{I_1 b} \tag{3-67}$$

$$\tau_2 = \frac{Q_2 S_2}{I_2 b} \tag{3-68}$$

式中：τ_1、τ_2 分别为截面上某点顺水流方向、垂直水流方向的剪应力；Q_1、Q_2 分别为截面上顺水流方向、垂直水流方向的剪力；S_1、S_2 分别为截面某纤维层以外的面积对形心轴1—1、形心轴2—2的面积矩；b 为剪应力计算处纤维层的厚度。

3）边墩（包括缝墩）墩底的主拉应力计算

闸门关闭时，上下游水位差较大，由于边墩（缝墩）受力不对称，墩底受纵向剪力和扭矩的共同作用，可能产生较大的主拉应力。

此时，闸墩边缘的最大的扭剪应力 $\tau_{3\max}$ 可近似地用下列公式计算：

$$\tau_{3\max} = \frac{m_n}{0.4B^2L} = \frac{Pb_1}{0.4B^2L} \tag{3-69}$$

式中：m_n 为水平力对形心轴的扭矩；P 为半扇闸门传来的水压力；L 为截面顺水流向长度；b_1 为 P 至边墩（缝墩）形心轴的距离；B 为闸墩宽度。

此时，纵向剪应力的近似值为

$$\tau = \frac{3}{2}\frac{P}{BL} \tag{3-70}$$

根据材料力学方法，主拉应力为

$$\sigma_{ZL} = \frac{\sigma}{2} + \frac{1}{2}\sqrt{\sigma^2 + 4(\tau_3 + \tau)^2} \tag{3-71}$$

式中：σ 为边墩的正应力，$\sigma = \sum G/(BL)$；τ_3 为闸墩边缘的扭剪应力。

4）门槽应力的验算

门槽颈部因受闸门传来的水压力而可能受拉，应进行验算，以确定配筋量。计算时在门槽处截取脱离体（取上游段闸墩或下游段闸墩均可），将闸墩及其上部结构的重力、水压力以及墩底水平截面上的纵向正应力和剪应力作为外荷载施加于脱离体，根据静力平衡条件，求出作用于门槽截面中心的正交力和力矩，然后按材料力学偏心受压公式算出门槽应力：

$$\sigma_{\min}^{\max} = \frac{T_0}{A} \pm \frac{m_0}{I}\frac{h}{2} \tag{3-72}$$

式中：T_0 为作用于脱离体上水平作用力的总和；A 为门槽截面面积，$A = b'h$，b' 为门槽颈部厚度；m_0 为全部荷载对门槽截面中心的力矩和；I 为门槽截面对中心轴的惯性矩，$I = b'h^3/12$；h 为门槽高度。

根据门槽应力计算结果，一般情况下门槽上部为压应力，下部为拉应力。若拉应力没有超过混凝土的容许拉应力，可按构造配筋；否则，按钢筋混凝土轴心受拉构件进行结构配筋。

2. 弧形闸门闸墩的应力计算

弧形闸门上作用的水压力，通过凸出于闸墩边缘的牛腿集中传递于闸墩，远离牛腿的应力仍可以近似地采用平面闸门闸墩的计算方法进行计算，但牛腿附近的应力集中现象必须采用弹性理论进行分析。

（四）涵洞设计

涵洞按洞身结构布置型式主要分为箱涵、盖板涵洞、拱涵及圆管涵。

1. 箱涵

箱涵为矩形断面现浇整体式钢筋混凝土结构，其优点为结构承载能力高。流量及洞径较大或内水压力较大的涵洞多采用箱涵。

箱涵的结构设计主要为内力计算及钢筋混凝土结构计算。内力计算包括各控制截面的弯矩、轴力及剪力的计算。常用的计算方法有查表法、弯矩分配法及迭代法等。

2. 盖板涵洞

盖板涵洞的盖板一般为预制钢筋混凝土结构，侧墙及底板根据洞径及荷载大小，可分别采用浆砌石、素混凝土或钢筋混凝土结构。

盖板涵洞因其结构为顶部盖板与侧墙分离的型式，故盖板跨中弯矩要比同跨径箱涵的弯矩大得多；同时因为盖板多为预制安装，结构不宜过厚，所以盖板涵洞多用于洞顶填土不太厚的小跨径涵洞。同样也由于盖板为与侧墙分离的预制板，有时底部也采用底板与侧墙分离的结构布置型式，洞身接缝很多，防渗条件差，因此盖板涵洞仅适用于无压涵洞。

3. 拱涵

拱涵多为浆砌石结构，也有采用预制素混凝土及钢筋混凝土拱圈的。

拱圈的内力计算一般采用查表法。拱涵的拱座（侧墙）及底板一般均采用浆砌石结构。根据孔径规模及地基条件，拱座（侧墙）与底板可采用整体式连接或分离式连接的布置型式，结构计算方法与侧墙及底板均为浆砌石的盖板涵洞的计算方法基本相同。拱涵一般多为单孔，流量较大时也采用双孔或三孔的布置型式。

4. 圆管涵

圆管涵为管壁较薄的钢筋混凝土管，主要用于小流量的排水涵洞，多为预制产品。预制混凝土管圆管涵的优点是受力条件好，承载能力大，设计施工简单，一般不需要进行结构设计，可直接根据涵洞的设计荷载条件，参照预制混凝土管定型产品的性能指标，选用相应规格的涵管。

（五）上部结构的构造及计算

1. 胸墙的构造及计算

胸墙的主要作用是挡水，借以减小闸门的高度和重量以及启闭机吨位。此外，胸墙与闸墩相连，可以增加闸室垂直水流向的刚度，在地震区对提高抗震能力有好处。

对于跨度较小的（5 ~ 6 m 以内）水闸，胸墙一般都做成板式结构，以闸墩为支点。对于跨度较大的水闸，特别是当胸墙的挡水水头小于跨度时，多采用板梁式结构，借以减小胸墙的自重，一般在胸墙的顶部和底部设置横梁，支承于闸墩，板则支承于顶、底梁以及闸墩上。

胸墙与闸墩的连接可以采用简支的型式，也可以采用固支的型式。

胸墙的荷载主要是水压力和自重。在水压力作用下可根据边界支承条件分别按单向板或双向板查表计算；在自重作用下，简支式胸墙按简支梁计算，固支式胸墙与闸墩、底板联合构成一个框架，应把胸墙当做框架的一个杆件进行内力计算。

2. 工作桥及排架

1) 工作桥

工作桥是为启闭闸门而设置的，有主闸门工作桥和检修门工作桥两种。主闸门工作桥的高程必须在特大洪水时，能使闸门离开水面，以不阻碍泄洪为原则。具体高程取决于闸门及启闭机的类型，例如，弧形闸门和升卧式平板门的工作桥高程较低，直升式平面门的工作桥高程较高。采用门式行动吊车启闭直升门时，工作桥面较低，闸门全开时，容许门顶高出桥面，但必须以闸门不晃动为原则（如双滚轮平板门全开时，两个滚轮都应位于工作桥面以下的门槽内）。若采用固定式启闭机，工作桥面高程应保证闸门能在工作桥以下移出门槽，以利于检修和更换。检修闸门通常采用叠梁式，用活动吊车或起重葫芦吊装，其工作桥面高程通常与闸墩顶齐平。

工作桥一般均采用板梁式结构，由主梁、次梁、面板等部分组成。有两种不同布置：一种是分离式布置，另一种是整体式布置。

工作桥所受的荷载主要是自重和启闭力。自重包括桥身重量和启闭机的重量。桥身重量可根据结构尺寸计算确定，启闭机的重量可以从产品目录中查得。

2) 排架

当主闸门工作桥高程与闸墩顶高程差不多时，常把工作桥部位的闸墩抬高，借以支承工作桥。如果工作桥高程与墩顶高程相差较大，则宜用排架支承工作桥，借以减小工程量，节约材料。

排架承受的垂直荷载有结构自重以及上部工作桥主梁传来的荷载。水平荷载则有风压力以及工作桥变温引起的支座摩阻力。在地震区还必须考虑地震惯性力的作用，它可以在任何方向产生。近年来，水闸的地震灾害调查表明，工作桥排架产生裂缝甚至倒塌是水闸震害的主要表现之一，应按照特殊的荷载组合进行内力计算及配筋。

排架的内力计算分纵向和横向两个方向进行。纵向（顺水流方向）按固定在闸墩上的刚架计算，横向（垂直水流方向）则按承受轴向力和水平力的悬臂梁计算。此时，左右两边工作桥主梁传来的作用力应考虑最不利的组合，分别取用最大（闸门刚开启时）和最小（闸门关闭时）的数值。

而我国早期建设的水闸，在进行设计时由于没有规范约束，抗震设防标准一般较低或没有抗震设防。根据黄河下游引黄涵闸安全鉴定资料，多数涵闸排架在地震工况下配筋不满足要求，在这种情况下，一般可采用粘钢加固等方法来满足抗震要求。

（六）岸墙和翼墙的结构设计

水闸的岸墙和翼墙通常称为两岸连接建筑物，它们除了具有防渗、防冲、导流的作用外，其主要作用是挡土，保护河岸免受过闸水流的冲刷，是水闸的重要组成部分。

岸、翼墙的主要外部荷载是水平荷载，它依靠自身的重量维持稳定，对地基承载力的要求常常高于闸室。在软基上建闸，其地基处理和基础型式的选择是设计中着重考虑的问题，由于岸墙与闸室的沉降不均匀，导致伸缩缝张开，止水片损坏，甚至引起闸室结构的裂缝，必须在设计中高度重视。

岸、翼墙的结构型式最常见的有重力式、衡重式、悬臂式、空箱式等。

作用于挡土墙上的土压力计算方法详见《水闸设计规范》（SL 265—2001）。

重力式挡土墙墙身常用浆砌块石或混凝土建造。墙顶宽度按构造要求确定。墙背的坡比及底板宽度一般由稳定条件确定。结构计算主要用材料力学方法验算墙身与底板交界处及断面突变处的墙身应力。

悬臂式、扶壁式、空箱式挡土墙均采用钢筋混凝土梁板结构,底板宽度应根据挡土高度经稳定分析确定。各构件的厚度及配筋数量均受应力控制,应根据各构件的荷载和支承条件用结构力学的方法进行内力分析和配筋设计。

其他型式的挡土墙亦可根据其作用荷载以及各构件支承情况按结构力学方法进行结构内力分析和配筋设计。

作用在岸、翼墙上的荷载主要有:岸、翼墙重力及其上固定设施的重力、墙前及墙后水压力、墙底扬压力、土重、墙前及墙后土压力等,在上述荷载作用下,岸、翼墙稳定破坏的形式有以下几种:①滑动破坏;②浅层地基的剪切破坏;③深层地基的剪切破坏;④下沉破坏等。还可能由于墙前地基受到表面水流的冲刷或墙基遭受渗流的侵蚀而失去稳定,一般在墙前设有护底结构。

六、地基处理及设计

(一)地基整体稳定验算

1. 地基的允许承载力

岩石和砾石地基允许承载力可参见《水闸设计规范》(SL 265—2001)中的规定值。

土质地基的允许承载力,在竖向对称荷载作用下,可按限制塑性区开展深度的方法计算土质地基的允许承载力;在竖向荷载和水平荷载共同作用下,可按 C_k 法验算土质地基的整体稳定,也可按汉森公式计算土质地基的允许承载力。

水闸土质地基竖向均布荷载作用下的允许承载力值按下列公式计算:

$$[R]=N_B\gamma_B B+N_D\gamma_D D+N_C C \tag{3-73}$$

其中

$$N_B=\frac{\pi}{4\left(\cot\varphi-\frac{\pi}{2}+\varphi\right)} \tag{3-74}$$

或

$$N_B=\frac{\pi}{3\left(\cot\varphi-\frac{\pi}{2}+\varphi\right)} \tag{3-75}$$

$$N_D=\frac{\pi}{\cot\varphi-\frac{\pi}{2}+\varphi}+1 \tag{3-76}$$

$$N_C=\frac{\pi}{\cot\phi\left(\cot\varphi-\frac{\pi}{2}+\varphi\right)} \tag{3-77}$$

式中:$[R]$为按限制塑性区开展深度计算的土层地基允许承载力,kPa;γ_B 为基底面以下土的容重,kN/ m^3,地下水位以下取浮容重;γ_D 为基底面以上土的容重,kN/ m^3,地下水位以下取浮容重;B 为基地面宽度, m;D 为基底埋置深度, m;C 为地基土的黏聚力,kPa;N_B、N_D、N_C 均为承载力系数;φ 为地基土的内摩擦角,(°)。

当地基承受竖向非对称均布荷载时，如果取基底压力的大值进行计算，则所得允许承载力偏于安全。如果地基还承受水平向荷载时，上述公式不适用。

2. C_k 法验算土质地基的整体稳定

在竖向荷载和水平向荷载共同作用时，可以用 C_k 法验算地基的整体稳定性。公式如下：

$$C_k = \frac{\sqrt{\left(\frac{\sigma_y - \sigma_x}{2}\right)^2 + \tau_{xy}^2} - \frac{\sigma_y - \sigma_x}{2}\sin\varphi}{\cos\varphi} \tag{3-78}$$

式中：C_k 为满足极限平衡条件时所需的地基土最小黏聚力，kPa；σ_x、σ_y、τ_{xy} 分别为计算点处的地基竖向应力、水平向应力和剪应力，kPa。

当计算的 C_k 值小于计算点的黏聚力 C 值时，表示该点处于稳定状态；当 C_k 值等于或大于 C 值时，表示该点处于塑性变形状态。经多点计算后，可绘出塑性变形区的范围。大型水闸土质地基的容许塑性变形区开展深度可取 $B/4$，中、小型水闸可取 $B/3$，B 为闸室基础底面宽度，m。

在用上述公式验算土层地基的稳定性时，应将作用在闸室基础底面及其两侧的荷载简化为竖向均布、竖向三角形、水平向均布和竖向半无限均布等情况，分别计算地基应力 σ_x、σ_y、τ_{xy}，然后进行叠加，最后计算 C_k 值。

1）竖向均布荷载作用下的地基应力

水闸闸基在竖向均布荷载作用下，基底以下任意一点的应力可用下列公式计算求得：

$$\sigma_x = k_x P_v \tag{3-79}$$

$$\sigma_y = k_y P_v \tag{3-80}$$

$$\tau_{xy} = k_{xy} P_v \tag{3-81}$$

$$k_x = \frac{1}{\pi}\left[\arctan\frac{x}{y} - \arctan\frac{x-B}{y} - \frac{xy}{x^2+y^2} + \frac{(x-B)y}{(x-B)^2+y^2}\right] \tag{3-82}$$

$$k_y = \frac{1}{\pi}\left[\arctan\frac{x}{y} - \arctan\frac{x-B}{y} + \frac{xy}{x^2+y^2} - \frac{(x-B)y}{(x-B)^2+y^2}\right] \tag{3-83}$$

$$k_{xy} = -\frac{1}{\pi}\left[\frac{y^2}{x^2+y^2} - \frac{y^2}{(x-B)^2+y^2}\right] \tag{3-84}$$

式中：k_x、k_y、k_{xy} 分别为地基水平向应力系数、竖向应力系数和剪应力系数；P_v 为竖向均布荷载，kPa；x、y 为计算点距坐标轴的距离，m。

2）竖向三角形荷载作用下的地基应力

竖向三角形荷载作用下的地基应力可用下列公式计算求得：

$$\sigma_x = k_x P_s \tag{3-85}$$

$$\sigma_y = k_y P_s \tag{3-86}$$

$$\tau_{xy} = k_{xy} P_s \tag{3-87}$$

$$k_x = \frac{1}{\pi B}\left\{(x-B)\arctan\frac{x-B}{y} - (x-B)\arctan\frac{x}{y} + y\ln[(x-B)^2+y^2] + y\ln(x^2+y^2) - \frac{Bxy}{x^2+y^2}\right\} \tag{3-88}$$

$$k_y = \frac{1}{\pi B}\left[(x-B)\arctan\frac{x-B}{y} - (x-B)\arctan\frac{x}{y} + \frac{Bxy}{x^2+y^2}\right] \tag{3-89}$$

$$k_{xy} = \frac{1}{\pi B}\left(y\arctan\frac{x}{B} - y\arctan\frac{x-B}{y} - \frac{By^2}{x^2+y^2}\right) \tag{3-90}$$

式中:P_s 为竖向三角形分布荷载最大值,kPa。

3)水平向均布荷载作用下的地基应力

水平向均布荷载作用下的地基应力可用下列公式计算求得:

$$\sigma_x = k_x P_H \tag{3-91}$$

$$\sigma_y = k_y P_H \tag{3-92}$$

$$\tau_{xy} = k_{xy} P_H \tag{3-93}$$

$$k_x = -\frac{1}{\pi}\left\{\ln(y^2+x^2) - \ln[y^2+(x-B)^2] + \frac{y^2}{x^2+y^2} - \frac{y^2}{(x-B)^2+y^2}\right\} \tag{3-94}$$

$$k_y = -\frac{1}{\pi}\left[\frac{y^2}{(x-B)^2+y^2} - \frac{y^2}{x^2+y^2}\right] \tag{3-95}$$

$$k_{xy} = \frac{1}{\pi}\left[\arctan\frac{x-B}{y} - \arctan\frac{x}{y} + \frac{xy}{x^2+y^2} - \frac{(x-B)y}{(x-B)^2+y^2}\right] \tag{3-96}$$

式中:P_H 为水平向均布荷载,kPa。

4)竖向半无限均布荷载作用下的地基应力

竖向半无限均布荷载作用下的地基应力可用下列公式计算求得:

$$\sigma_x = k_x P'_v \tag{3-97}$$

$$\sigma_y = k_y P'_v \tag{3-98}$$

$$\tau_{xy} = k_{xy} P'_v \tag{3-99}$$

$$k_x = \frac{1}{\pi}\left[\frac{\pi}{2} + \arctan\frac{x}{y} - \frac{xy}{x^2+y^2}\right] \tag{3-100}$$

$$k_y = \frac{1}{\pi}\left[\frac{\pi}{2} + \arctan\frac{x}{y} + \frac{xy}{x^2+y^2}\right] \tag{3-101}$$

$$k_{xy} = -\frac{1}{\pi}\left(\frac{y^2}{x^2+y^2}\right) \tag{3-102}$$

式中:P'_v 为竖向半无限均布荷载,kPa。

以上公式计算中对地基土容重和抗剪强度指标值的取用,都是将整个地基视为均质土的。实际工程中常见的多是成层土,此时需要将各土层的容重和抗剪强度指标值加权平均,取用其加权平均值。但是当持力层内加有软弱土层时,这种方法计算对工程往往是不利的,因此必须控制地基沉降量不超过允许范围。

(二)地基沉降验算

在闸室稳定计算中,要求其基底压力小于地基允许承载力。在此条件下,地基土既不致因受该项压力作用而发生剪切破坏,失去稳定,也不会因发生过大的沉降或不均匀沉降,导致闸室倾斜、底板断裂,严重影响水闸的安全运用。

土质地基沉降量计算应遵照《水闸设计规范》(SL 265—2001)进行。

对于软基上的水闸,当计算地基最大沉降量或相邻部位的最大沉降差超过规定的允许值，不满足要求时，可采用旨在减小地基最大沉降量或相邻部位最大沉降差的措施。工程中常用的措施有：①在一部分闸墩的中间和重力相差较大的两个分部结构中间用沉降缝隔开，这样可使沉降缝之间的结构单元能比较均匀地沉降，孔口变形小，不妨碍闸门启闭。②应尽可能采用轻型结构以减小沉降量，底板应有较大刚度，避免产生裂缝。闸室结构布置应有较强的整体性，以增强其适应地基变形的能力。③布置闸室时，应尽量使合力靠近底板中心，控制基底压力分布不均匀系数在允许值以内。④在进行总体布置和选用结构型式时，尽可能使闸室和相邻建筑的重力相差不太大。⑤调整基础尺寸和埋置深度。⑥必要时对地基进行人工处理。⑦施工时掌握“先重后轻”的原则，严格控制施工速度。由于上部结构、基础及地基三者是相互联系、共同作用的，为了更有效地减小水闸的最大沉降量和最大沉降差，设计时应将上部结构、基础与地基三者作为整体考虑，采取综合措施，同时对施工也应提出要求。

（三）地基处理

在天然地基上建闸，当地基承载力不能满足规范规定的要求，或最大沉降量（或最大沉降差）达不到规定要求时，必须采取措施进行地基加固处理。水闸工程最为常用的几种地基加固处理方法有：垫层法、强夯法、振动水冲法、桩基础、沉井基础、深层搅拌桩、高压喷射法等。

1. 垫层法

垫层法是将水闸基底附近一定深度范围内的软弱土层挖除，换以人工回填土料进行压实处理，作为地基持力层的方法。

垫层的计算，主要是确定垫层的厚度和宽度，工程上多数采用按地基允许承载力的要求进行核算的方法。即假定垫层为基础的一部分，要求垫层底面的平均压力不大于该底面处地基的允许承载力，特别是在垫层变形模量值与其下地基土的变形模量值相差了 4 倍以上的情况下，按这种方法计算比较符合实际。垫层底面的平均压力按式(3－103)计算：

$$\overline{P}_d = \frac{B}{B_d}\overline{P} + \gamma_0 h_d \tag{3-103}$$

其中

$$B_d = B + 2h_d \tan\theta \tag{3-104}$$

式中：$\overline{P}_d$ 为垫层底面的平均压力，kPa；$\overline{P}$ 为水闸底板底面的平均压力，kPa；B 为水闸底板宽度，m；B_d 为扩散至垫层底面的宽度，m；γ_0 为垫层材料的容重，kN/m^3；h_d 为水闸底板底面以下的垫层厚度，m；θ 为垫层材料的扩散角，(°)，壤土、含砾黏土可取 20°～25°，中砂、粗砂可取 30°～35°。

当垫层底面的平均压力小于垫层底面处于天然土的容许承载力[R]时，垫层厚度满足要求。根据实践经验，垫层厚度一般采用 1.5～3.0 m。如果垫层厚度过小，往往不起垫层作用；如果厚度过大，基坑开挖有一定的困难，换填方量较大，不一定经济合理。

考虑到垫层材料扩散角的选用不够准确，加之垫层边缘部位施工质量往往不易保证，因此为安全计，通常选用的垫层的实际宽度 B_{ds} 要比扩散至垫层底面的宽度 B_d 大 2～3 m。

垫层材料的选择应遵循就地取材的原则，采用性能稳定、压缩性低的天然或人工材料，如壤土、中砂、粗砂、含砾黏土、灰土等。

如黄河下游黑岗口闸，该闸位于黄河南岸大堤上，始建于1957年，为5孔涵洞式水闸。闸室孔口宽度1.8 m，高2.0 m；涵洞宽2.5 m，高2.0 m。设计流量50 m^3/s，加大流量64 m^3/s。闸底板高程75.55 m。该闸闸基土主要为粉质壤土，在高程73.80 m上下有一秸料层，厚度从数厘米到十厘米不等，经大堤多年预压，密度较大。建闸时在基坑槽面以下0.5 m范围内一律换填70号混凝土进行处理，地基承载力提高为150 kN/m^2。

由于黄河河床逐年淤高，洪水位相应升高，该闸的渗径不足，洞顶大堤断面已满足不了防洪要求，遂于1980年进行改建。改建设计规模不变，按原涵洞断面自旧洞出口向闸下游接长洞身40 m。新洞基础坐落在黄色粉砂土上，土质较软，标准贯入击数4～6击，故采用换土处理，换土深1.5 m。经28年的运行，未发现异常。

2. 强夯法

强夯法又称动力加固法或动力加密法，是一种快速加固软基的方法。这种方法是20世纪60年代末法国梅那技术公司首先开创的，它是将很重的夯锤从高处自由落下，给地基以强大的冲击力和振动，通过加密（使空气或气体排出）、固结（使水或流体排出）和预加变形（使各种颗粒成分在结构上重新排列）的作用，从而改善地基土的工程性质，使地基土的渗透性、压缩性降低，密实度、承载力、稳定性得到提高，湿陷性和液化可能性得以消除。实践证明，采用这种方法加固后的地基土层干容重可达16 kN/m^3以上，压缩模量可提高2倍以上，承载力可提高1倍以上。强夯法已成为工程中常用的经济简便的地基加固方法。

3. 振动水冲法

振动水冲法是20世纪50年代发展起来的一种较好的地基处理方法，可提高地基承载力，减少沉降量，特别是对饱和砂土可提高其抗振动液化能力，且具有操作简单、施工进度快、工期短及造价低等优点。振冲孔添加填料挤扩成桩对地基起到振冲密实或振冲置换作用，对砂土或砂壤土地基尤为适用，而对黏性土地基也可使用，但加固效果不及砂类土地基。特别是对含水量较大，抗剪强度较低的软黏土地基不宜采用。根据工程实践经验，使用振动水冲法加固后的砂土，相对密度普遍可达0.7以上，黏性土地基承载力可达200～300 kPa。

由于振冲孔添加填料挤扩成桩属于"柔性桩"范畴，建筑物基础刚度较大，加固后的地基在上部荷载作用下，填料与填料周围的土体共同受力，其沉降变形将自动协调。因此，当添加与天然地基土质不同的填料时，振动水冲法加固的地基应按复合地基设计，计算方法参见《火力发电厂地基处理技术规定》（DL 5024—93），其设计参数应根据现场试验结果研究确定，并作为施工的依据。当不添加填料或添加与天然地基土质相同的填料时，振动水冲法加固的地基可按均质地基设计。

振动水冲法处理设计目前尚处于半理论半经验状态。这是因为一些设计计算方法还不够完全成熟，某些设计参数也只能凭经验选定。因此，对于地基土质条件复杂的大型水闸工程，采用的各项设计数据以及振冲后的效果应经现场试验验证。

采用振动水冲法加固地基虽然具有操作简单、施工进度快、工期短、造价低的特点，但由于施工过程中使用高压水流，会造成场地污染和加固土体含水量增加。

4. 桩基础

桩基础是一种较早使用的地基处理方法，实践经验较多，在建筑、铁路、交通等系统的设计规范中，都有相应的规定，甚至还有专门性的桩基设计规范。水闸的桩基础，最常用的是钢筋混凝土预制打入桩和钻孔灌注桩。

钢筋混凝土预制桩和钻孔灌注桩根据受力特性可分为摩擦型桩和端承型桩两大类。按照桩侧摩阻力和桩端阻力的发挥程度和分担荷载的比例，摩擦型桩可分为摩擦桩和端承摩擦桩；端承型桩可分为端承桩和摩擦端承桩。

水闸工程在同一块底板下不应采用直径、长度相差过大的摩擦型桩，也不能同时采用摩擦型桩和端承型桩，其目的是使同一块底板下各桩实际承担的荷载尽量相等，以减少或避免产生地基的不均匀沉降，危及水闸结构安全和正常使用。

因水闸底板多为筏式基础，基底面积较大，桩的根数和尺寸主要与底板底面以上的作用荷载及施工条件等有关，因此桩的根数和尺寸可以按照承担底板底面以上的全部荷载（包括竖向荷载和水平向荷载）确定。在水闸工程设计中，对于桩的竖向承载力和水平向承载力的计算，一般均按底板底面以上的全部荷载均由桩承担的原则考虑，不计桩间土的承载能力，这是偏于安全的。

5. 沉井基础

当闸下是较厚的软土层，要求闸的基础埋置较深时，可考虑采用沉井基础。沉井是工程上应用较为广泛的地基处理方法，用于水闸工程中可同时解决地基承载力和地基渗透变形的问题，同时对开挖流沙层也有利。沉井基础主要适用于闸基上部为软土层或流沙层，下部为硬土或岩石下卧层的情形。沉井应沉放到硬土层或岩基层表面。闸下地基内有难以清除的障碍物，或岩层表面倾斜较大时，不宜采用沉井基础。如果在存在承压水层的地基上采用沉井基础，特别是当沉井下沉至含承压水的土层，影响地基抗渗稳定性时，不仅沉井基础施工会遇到很大困难，而且还会影响工程施工安全，因此在这种情况下也不宜采用沉井基础。

地基加固处理的方法主要有灌浆法、高压喷射桩和深层搅拌法。灌浆法适用于大多数软基上的水闸，根据地层的可灌比来确定地基是否可灌。高压喷射法主要适用于第四纪冲积层、残积层及人工填土等。深层搅拌法最适用于饱和软黏土，常用于淤泥、淤泥质土、粉土、黏土和亚黏土等地基的加固。

深层搅拌桩和高压喷射法处理基础都是在基底注射浆液，通过置换来加固基础。该种方法施工简单，灵活性强，不但能对建筑物基础有效持力层全部加固，还能针对任一软弱夹层进行加固。用此种方法加固地基，由于是对软弱土层的置换，不但能提高地基承载力，还能有效提高基础的抗渗能力和抗液化能力。

近30年来，黄河上对基础承载能力不足的新建水闸和除险加固水闸多采用此方法进行加固。

1）例一：高压喷射法处理地基

黄河下游祥符朱闸，该闸位于黄河北岸大堤上，始建于1969年，为3孔钢筋混凝土涵洞式水闸，设计流量30 m^3/s，加大流量38 m^3/s，设计灌溉面积1.8万 hm^2。

黄河河床淤积，设防水位抬高，原闸渗径长度不足，设防标准低。为了提高该闸的防洪标准，1986年对该闸进行改建。采取向临河加长洞身方案。改建工程包括：拆除原闸室和防渗铺盖段,向临河方向接长涵洞 30 m,新建闸室段长 10 m。根据地质资料,新接部分基础下有一厚约 2.0 m 的淤泥质、粉质壤土夹层,近于流塑状,干容重 1.31 g/cm^3。为提高地基承载力,减少沉降量,采用高压喷射旋喷桩加固该层地基,桩距 1.0 m,桩径 1.0 m,呈棋盘式布置。经 23 年的运行,未发现异常。

2)例二:深层搅拌桩处理地基

黄河下游渠村引黄闸是穿越黄河大堤的一座重要建筑物,工程级别为Ⅰ级,设计引水流量 100 m^3/s。根据地质资料,闸下基础地层岩性主要为壤土、砂壤土、黏土、粉质黏土和粉砂;堤身为人工填筑土,岩性以壤土、砂壤土为主,含黏土团块。

穿堤闸底板底面高程位于第 4 层砂壤土,该层地基承载力为 100 kPa,偏低,其下第 6 层壤土属可液化土层,且第 5 层为高压缩性的黏土。

经过分析计算,闸底板最大基底压力为 204.99 kPa,而其天然地基承载力远不能满足承载力要求。

因此,需要采取地基处理措施以提高地基承载力、增加基础稳定性、减少沉降变形和减轻液化现象。

经分析比较,穿堤闸地基处理方法采用水泥土搅拌法。水泥土搅拌桩采用梅花等边三角形布置,桩穿透软弱土层伸至承载力相对较高的土层,根据闸基地质情况桩长取为 8 m,桩径 0.6 m,桩距为 1.0 m(见图 3.5)。

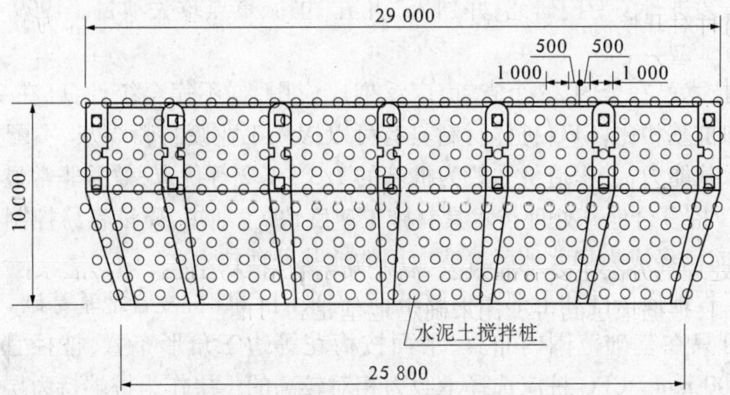

图 3.5 闸室段水泥土搅拌桩平面布置图 (单位:mm)

经地基承载力计算,穿堤闸及涵洞段共布设水泥土搅拌桩 5 250 棵,采用梅花形布置。其中桩长为 8 m 的 1 434 棵,桩长为 6 m 的 3 366 棵,桩长为 5 m 的 450 棵,共计 36 653延长 m。

经载荷试验检测,复合地基承载力特征值为 271.5 kPa,达到了设计要求。

3)例三:CFG 桩加固地基

黄河下游东大坝引黄闸为一箱涵式水闸,靠近黄河主河道,闸基主要持力层范围内土层均为新近沉积的细砂层,第 2 层细砂 ZK05 号钻孔 7.2 m 处遇抛石;第 3 层细砂夹多个砂壤土、极细砂透镜体;第 4 层细砂成分以石英、长石为主;第 5 层中砂偶含小粒径姜石,成分以石英、长石为主。工程区土层中存在抛石、秸料等抢险物料。在 7 度地震条件下,位于深度 15 m 以上的第 1 层砂壤土和第 2、3 层细砂属可液化土层。

闸基主要持力层承载力特征值为 100 ~ 110 kPa，经稳定计算上部荷载传至闸底板最大压力为 178 kPa，其天然地基承载力不能满足工程要求。且闸上游两侧填土高度为 9.5 m，设置两级重力式浆砌石挡土墙，为提高天然地基承载力，有必要进行地基处理。

工程区临近黄河主河道，水流条件经常变化，综合考虑施工条件、施工质量等因素，为了确保工程的安全可靠性，也是有必要进行地基处理的。

近年来，在黄河滩区水闸地基处理中曾采用过水泥土搅拌桩复合地基，该方法适用于处理正常固结的淤泥与淤泥质土、粉土、饱和黄土、素填土、黏性土以及无流动地下水的饱和松散砂土等地基。

根据本次工程地质勘察成果，闸址地基主要持力层范围内土层均为新近沉积的细砂层，且工程区临黄河主河道，地下水类型为孔隙型潜水，因此水泥土搅拌法不适用于本工程。

CFG 桩复合地基处理技术，适用于处理黏性土、粉土、砂土和已自重固结的素填土等地基。它是由水泥、粉煤灰、碎石、石屑或砂加水拌和形成的高黏结强度桩（简称 CFG 桩），桩、桩间土和褥垫层一起构成复合地基。CFG 桩复合地基具有承载力提高幅度大、地基变形小等特点，并具有较大的适用范围。

该项技术于 1994 年被建设部列为全国重点推广项目，被国家科委列为国家级全国重点推广项目，1997 年被列为国家级工法。为了进一步推广这项新技术，国家投资对施工设备和施工工艺进行了专门研究，并列入"九五"国家重点攻关项目。1999 年 12 月通过了国家验收。

目前，该技术已在全国 23 个省、市广泛推广应用，据不完全统计，已在 2 000 多项工程中应用。和桩基相比，CFG 桩体材料具有可以掺入工业废料粉煤灰、不配筋、能充分发挥桩间土的承载能力，工程造价一般为桩基的 1/3 ~ 1/2 等优点，效益非常显著。

由于 CFG 桩复合地基处理技术具有施工速度快、工期短、质量容易控制、工程造价低廉的特点，目前已经成为华北地区普遍应用的地基处理技术之一。

根据本工程地质条件和上部结构要求，考虑采用 CFG 桩复合地基基础。

CFG 桩可只在基础范围内布置，平面按梅花等边三角形布置，桩径宜取 350 ~ 600 mm，拟定为 500 mm。CFG 桩应选择承载力相对较高的土层作为桩端持力层，根据东大坝引黄闸闸基土层情况，可选择第 5 层中砂土作为桩端持力层，嵌入长度定为 1.0 m。因此，桩长拟定为 11.55 m。桩距宜取 3 ~ 5 倍桩径，拟定为 1.8 m。

CFG 桩复合地基承载力特征值按《建筑地基处理技术规范》（JGJ 79—2002）（以下简称《地基处理规范》）中相关公式计算，即：

$$f_{spk} = m \times R_a / A_p + \beta \times (1 - m) \times f_{sk} \tag{3-105}$$

其中

$$R_a = u_p \sum_{i=1}^{n} q_{si} L_i + \alpha q_p A_p \tag{3-106}$$

式中：f_{spk} 为复合地基承载力特征值，kPa；m 为面积置换率，按《地基处理规范》中式 7.2.8-2 计算：$m = d^2/d_e^2 = d^2/(1.05 \times s)^2 = 0.5^2/(1.05 \times 1.8)^2 = 0.07$；$R_a$ 为单桩竖向承载力特征值，kN；u_p 为桩的周长，m，$u_p = 3.14 \times 0.5 = 1.57$ m；q_{si} 为桩周第 i 层土桩的侧阻力标准值，kPa，根据《工程地质勘察报告》（以下简称《地质报告》），$q_{s1} = 16$ kPa，$q_{s2} = 18$ kPa，

$q_{s3}=25$ kPa，$q_{s4}=30$ kPa；L_i 为第 i 层土的厚度，m，$L_1=2.2$ m，$L_2=4.9$ m，$L_3=3.45$ m，$L_4=1.0$ m；α 为桩端天然地基的承载力折减系数，取 0.4；q_p 为桩端地基土的阻力标准值，kPa，根据《地质报告》，$q_p=650$ kPa；A_p 为桩的截面面积，m^2，$A_p=3.14\times0.0625=0.196$（$m^2$）；$\beta$ 为桩间土承载力折减系数，取 0.75；f_{sk} 为处理后桩间土承载力，kPa，取天然地基承载力特征值 100 kPa。

由式(3－105)、式(3－106)得：

$$R_a=u_p\sum_{i=1}^{n}q_{si}L_i+\alpha q_pA_p=1.57\times(16\times2.2+18\times4.9+25\times3.45+30\times1)$$
$$+0.4\times650\times0.196=430.49+39.2=427.21(\text{kN})$$

$$f_{spk}=m\times R_a/A_p+\beta\times(1-m)\times f_{sk}$$
$$=0.07\times427.21/0.196+0.75\times(1-0.07)\times100$$
$$=222.33(\text{kPa})>178\ \text{kPa}(\text{基底最大压应力})$$

可满足设计要求。

桩体试块抗压强度平均值应满足下式要求：

$$f_{cu}\geqslant3R_a/A_p \tag{3－107}$$

式中：f_{cu} 为桩体混合料试块标准养护 28 d 立方体抗压强度平均值，kPa。

经计算，$f_{cu}\geqslant3\times427.21/0.196=6.5$ MPa。

参照 C15 混凝土抗压强度指标，f_{cu} 取为 7.2 MPa。

本次东大坝引黄闸地基处理共布设 CFG 桩 182 棵，桩径 0.5 m，桩距 1.8 m，共计 2 444延长 m。CFG 桩复合地基承载力特征值 f_{spk} 取为 220 kPa，桩体试块抗压强度平均值 f_{cu} 取为 7.2 MPa。桩顶设置碎石褥垫层，厚度 300 mm，最大粒径不宜大于 30 mm。

CFG 桩施工工艺可选择长螺旋钻孔、管内泵压混合料灌注成桩工艺或振动沉管灌注成桩工艺。

CFG 桩施工除应执行国家现行有关规定外，尚应符合下列要求：

(1)施工前应按设计要求由试验室进行配合比试验，施工时按配合比配制混合料。长螺旋钻孔、管内泵压混合料成桩施工的坍落度宜为 160～200 mm，振动沉管灌注成桩施工的坍落度为 30～50 mm，振动沉管灌注成桩后桩顶浮浆厚度不宜超过 200 mm。

(2)长螺旋钻孔、管内泵压混合料成桩施工在钻至设计深度后，应准确掌握提拔钻杆时间，混合料泵送量应与拔管速度相配合，遇到饱和砂土或饱和粉土层，不得停泵待料；沉管灌注成桩施工拔管速度应按均匀控制，拔管速度控制在 1.2～1.5 m/min，如遇淤泥或淤泥质土，拔管速度应适当放慢。

(3)施工桩顶标高宜高出设计桩顶标高不少于 0.5 m。

(4)成桩过程中，抽样做混合料试块，每台机械一天应做一组(3 块)试块(边长为 150 mm 的立方体)，标准养护，测定其立方体抗压强度。

(5)冬季施工时混合料入孔温度不得低于 5 ℃，对桩头和桩间土应采取保温措施。

(6)清土和截桩时，不得造成桩顶标高以下桩身断裂和扰动桩间土。

(7)褥垫层铺设宜采用静力压实法，当基础底面下桩间土的含水量较小时，也可采用动力夯实法，夯填度(夯实后的褥垫层厚度与虚铺厚度的比值)不得小于 0.9。

(8)施工垂直度偏差不应大于1%;对满堂布桩基础,桩位偏差不应大于0.4倍桩径。

(9)质量检验。CFG桩强度满足试验荷载条件时,可由专业检测单位进行复合地基载荷试验,试验合格后可进行褥垫层铺设。复合地基载荷试验数量宜为总桩数的0.5%~1%,且不应少于3点;并且应抽取不少于总桩数10%的桩进行低应变动力试验,检测桩身完整性。

七、抗震设计

(一)一般要求

我国早期建设的水闸,在进行设计时由于没有规范约束,抗震设防标准一般较低或没有抗震设防。我国第一部《水工建筑物抗震设计规范》(SDJ 10—78)是由中国水利水电科学研究院主持编制,于1978年由原水利电力部通知颁布试行的。修建于地震区的水闸进行除险加固设计时,须进行抗震验算。根据《水工建筑物抗震设计规范》(SL 203—97)规定,对设计地震烈度超过6度的水工建筑物,应进行抗震设计。对设计地震烈度在9度以上的工程还应进行专门的抗震安全研究。

除险加固水闸应根据其重要性和工程场地基本烈度,按照现行抗震规范,重新确定工程抗震设防类别,如表3.12所示。

表3.12 工程抗震设防类别

工程抗震设防类别	建筑物级别	场地基本烈度
甲	1(壅水)	
乙	1(壅水)、2(非壅水)	≥6
丙	2(非壅水)、3	≥7
丁	4、5	

水闸的抗震设计烈度按以下规定确定:

(1)水闸的设计烈度一般采用基本烈度;

(2)对于工程抗震设防类别为甲类的水工建筑物,可根据其遭受强震影响的危害性,在基本烈度的基础上提高1度作为设计烈度;

(3)已作专门的地震危险性分析的工程,其设计地震加速度代表值的概率水准,对壅水建筑物应取基准期100年内超越概率P_{100}为0.02,对非壅水建筑物应取基准期50年内超越概率P_{50}为0.05。

(二)抗震计算

水闸的抗震计算应包括抗震稳定和结构强度计算,对闸室和两岸连接建筑物及其地基应进行抗震稳定计算,对各部位的结构构件应进行抗震强度计算。

1. 地震作用效应的计算

水闸地震作用效应计算可采用动力法或拟静力法,设计地震烈度为8、9度的1、2级水闸或地基为可液化土的1、2级水闸,应采用动力法进行抗震计算。

地震作用效应的计算方法可按照表 3.13 确定。

表 3.13　地震作用效应的计算方法

工程抗震设防类别	地震作用效应的计算方法
甲	动力法
乙、丙	动力法或拟静力法
丁	拟静力法或着重采取抗震措施

1）拟静力法

采用拟静力法计算水闸的地震作用效应时，确定地震荷载（包括地震惯性力、地震动水压力等）后，将其作为静荷载加于水闸的稳定和强度计算中即可。

（1）地震惯性力。各质点水平向地震惯性力代表值按照《水工建筑物抗震设计规范》（SL 203—97）中的公式计算：

$$F_i = a_h \xi G_{Ei} \alpha_i / g \qquad (3-108)$$

式中：F_i 为作用在质点 i 的水平向地震惯性力代表值；a_h 为水平向设计地震加速度代表值，按表 3.14 取用；ξ 为地震作用的效应折减系数，除另有规定外，取 0.25；G_{Ei} 为集中在质点 i 的重力作用标准值；α_i 为质点 i 的动态分布系数，按表 3.15 采用；g 为重力加速度。

表 3.14　水平向设计地震加速度代表值 a_h

设计地震烈度	7	8	9
a_h	0.1g	0.2g	0.4g

表 3.15　水闸的动态分布系数 α_i 取用值

水闸闸墩		闸顶机架		岸墙、翼墙	
竖向及顺河流方向地震	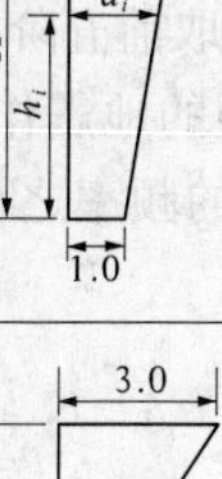	顺河流方向地震	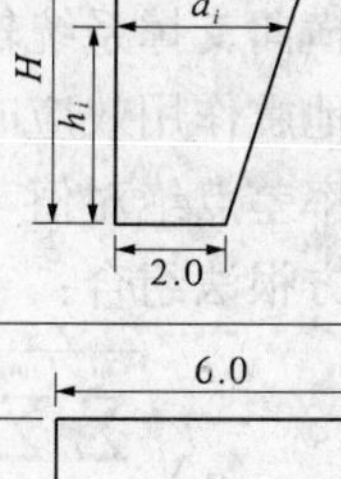	顺河流方向地震	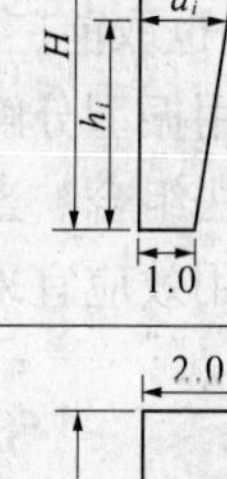
垂直河流方向地震	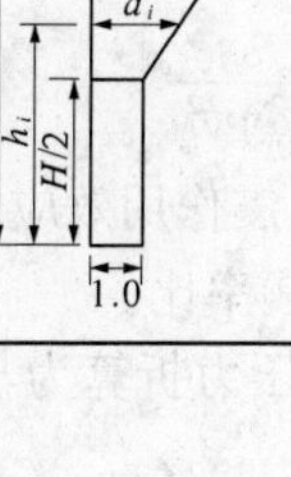	垂直河流方向地震	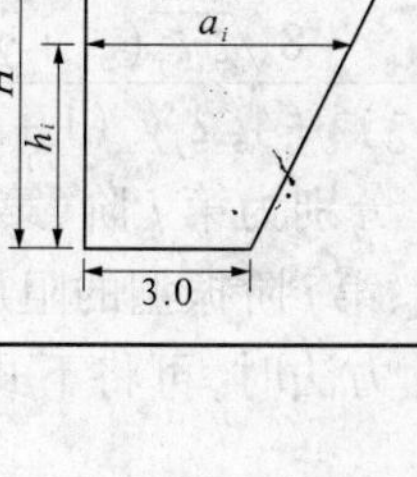	垂直河流方向地震	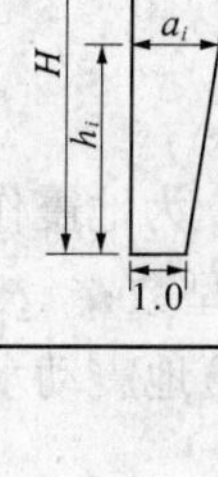

(2)地震动水压力。作用在水闸上的地震动水压力的代表值可按下式确定：

$$p_{\mathrm{w}}(h)=a_{\mathrm{h}}\xi\psi(h)\rho_{\mathrm{w}}H_0 \tag{3-109}$$

式中：$p_{\mathrm{w}}(h)$为作用在水闸迎水面水深 h 处的地震动水压力代表值；$\psi(h)$为水深 h 处的地震动水压力分布系数；ρ_{w} 为水体质量密度标准值；H_0 为水深。

单位宽度水闸的总地震动水压力作用在水面以下 $0.54H_0$ 处，其代表值 F_0 应按下式计算：

$$F_0=0.65a_{\mathrm{h}}\xi\rho_{\mathrm{w}}H_0^2 \tag{3-110}$$

(3)地震动土压力。作用在水闸岸墙和翼墙上的地震主动动土压力的代表值 F_{E}，可按下式进行计算，其中 C_{e} 应取公式中按“+”、“-”号计算结果中的大值。

$$F_{\mathrm{E}}=\left[q_0\frac{\cos\psi_1}{\cos(\psi_1-\psi_2)}H+\frac{1}{2}\gamma H^2\right]\left(1-\frac{\zeta a_{\mathrm{v}}}{g}\right)C_{\mathrm{e}} \tag{3-111}$$

其中

$$C_{\mathrm{e}}=\frac{\cos^2(\varphi-\theta_{\mathrm{e}}-\psi_1)}{\cos\theta_{\mathrm{e}}\cos^2\psi_1\cos(\delta+\psi_1+\theta_{\mathrm{e}})(1\pm\sqrt{Z})^2} \tag{3-112}$$

$$Z=\frac{\sin(\delta+\varphi)\sin(\varphi-\theta_{\mathrm{e}}-\psi_2)}{\cos(\delta+\psi_1+\theta_{\mathrm{e}})\cos(\psi_2-\psi_1)} \tag{3-113}$$

$$\theta_{\mathrm{e}}=\tan^{-1}\frac{\zeta a_{\mathrm{h}}}{g-\zeta a_{\mathrm{v}}} \tag{3-114}$$

式中：F_{E} 为地震主动动土压力代表值；q_0 为土表面单位长度的荷重；ψ_1 为挡水墙面与垂直面夹角；ψ_2 为土表面和水平面夹角；H 为土的高度；γ 为土的容量的标准值；φ 为土的内摩擦角；θ_{e} 为地震系数角；δ 为挡土墙面与土之间的摩擦角；ζ 为计算系数，拟静力法计算地震作用效应时一般取 0.25，对钢筋混凝土结构取 0.35；a_{v} 为竖向地震加速度代表值。

2)动力法

(1)地震惯性力。采用动力法计算水闸的地震作用效应时，宜采用振型分解反应谱法。动力分析法的步骤是：先求体系的自振特性(振型和频率)，即求解广义特征值问题，再通过求解广义坐标 $q_j(t)$，组合各振型便得总地震反应。

应把闸室段作为一个整体三维体系，可按多质点体系或多跨多层平面钢架或二维杆块结合体系进行计算。顺河流方向的地震作用，可取前三阶振型；垂直河流方向的地震作用，一般也取前三阶振型，但对于横向支撑系统较复杂的结构，宜取前五阶振型。

采用振型分解反应谱法计算地震作用效应时，可由各阶振型的地震作用效应按平方和方根法组合。当两个振型的频率差点绝对值与其中一个较小的频率之比小于 0.1 时，地震作用效应宜采用完全二次型方根法组合：

$$S_{\mathrm{E}}=\sqrt{\sum_i^m\sum_j^m\rho_{ij}S_iS_j} \tag{3-115}$$

$$\rho_{ij}=\frac{8\sqrt{\zeta_i\zeta_j}(\zeta_i+\gamma_\omega\zeta_j)\gamma_\omega^{3/2}}{(1-\gamma_\omega^2)^2+4\zeta_i\zeta_j\gamma_\omega(1+\gamma_\omega^2)+4(\zeta_i^2+\zeta_j^2)\gamma_\omega^2} \tag{3-116}$$

式中：S_{E} 为地震作用效应；S_i、S_j 分别为第 i 阶、第 j 阶振型的地震作用效应；m 为计算采用的振型数；ζ_i、ζ_j 分别为第 i 阶、第 j 阶振型的阻尼比；γ_ω 为圆频率比。

(2)地震动水压力。采用动力法时，可将下式计算的动水压力折算为与单位地震加速度相应的迎水面附加质量。

$$p_w(h)=\frac{7}{8}a_h\rho_w\sqrt{H_0h} \tag{3-117}$$

(3)地震动土压力。动力法计算地震动土压力的代表值与拟静力法所采用的公式相同,不同之处在于动力法计算地震主动土压力时的计算系数ζ取1.0。

2. 水闸钢筋混凝土结构构件的抗震验算

地震作用效应确定后,应按照《水工混凝土结构设计规范》(SL/T 191—96)进行截面承载力抗震验算。当采用动力法进行地震作用效应计算时,应对地震作用效应进行折减,折减系数ξ可取为0.35。

3. 水闸沿基础底面抗滑稳定计算

水闸沿基础底面的抗滑稳定,可在确定地震作用效应后,按照《水工建筑物抗震设计规范》(SL 203—97)的相关公式进行计算:

$$\gamma_0\psi S(\gamma_G G_K,\gamma_Q Q_K,\gamma_E E_K,a_k)\leqslant\frac{1}{\gamma_d}R\left(\frac{f_k}{\gamma_m},a_k\right) \tag{3-118}$$

式中:γ_0为结构重要性系数;ψ为设计状况系数,取0.85;$S(\cdot)$为结构的作用效应函数;γ_G为永久作用的分项系数;G_K为永久作用的标准值;γ_Q为可变作用的分项系数;Q_K为可变作用的标准值;γ_E为地震作用的分项系数,取1.0;E_K为地震作用的代表值;a_k为几何参数的标准值;γ_d为承载能力极限状态的结构系数,应取1.20;$R(\cdot)$为结构的抗力函数;f_k为材料性能的标准值;γ_m为材料性能的分项系数。

水闸沿基础底面的抗滑稳定计算,也可按照《水闸设计规范》(SL 265—2001)的公式进行计算。

土基上沿闸室基底面的抗滑稳定安全系数,应按下列公式计算:

$$K_C=\frac{f\sum G}{\sum H} \tag{3-119}$$

或

$$K_C=\frac{\tan\varphi_0\sum G+C_0A}{\sum H} \tag{3-120}$$

式中:K_C为沿闸室基底面的抗滑稳定安全系数;f为闸室基底面与地基之间的摩擦系数;$\sum H$为作用在闸室上的全部水平向荷载,kN;$\sum G$为作用在闸室上的全部竖向荷载(包括闸室基础底面上的扬压力在内),kN;A为闸室基底面的面积,m^2;φ_0为闸室基础底面与土质地基之间的摩擦角,(°);C_0为闸室基底面与土质地基之间的黏结力,kPa。

地震情况下土基上沿闸室基底面抗滑稳定安全系数的允许值如表3.16所示。

表3.16　土基上沿闸室基底面抗滑稳定安全系数的允许值

荷载组合	水闸级别			
	1	2	3	4
地震情况	1.20	1.05	1.05	1.00

岩基上沿闸室基底面的抗滑稳定安全系数,可按式(3-119)或下式计算:

$$K_C = \frac{f' \sum G + C'A}{\sum H} \tag{3-121}$$

式中:f'为闸室基底面与岩石地基之间的抗剪断摩擦系数;C'为闸室基底面与岩石地基之间的抗剪断黏结力,kPa。

地震情况下岩基上沿闸室基底面抗滑稳定安全系数的允许值可按表3.17确定。

表3.17 岩基上沿闸室基底面抗滑稳定安全系数的允许值

荷载组合	按公式 $K_C = \frac{f\sum G}{\sum H}$ 计算			按公式 $K_C = \frac{f'\sum G + C'A}{\sum H}$ 计算
	水闸级别			
	1	2、3	4、5	
地震情况	1.00			2.30

(三)抗震措施

水闸大多建筑在软弱地基上,在地震作用下,其破坏相当严重,震害主要表现在地基和建筑物两个方面。因而在水闸地基采用桩基时,应做好地基与闸底板的连接及防渗措施,底板可设置齿墙、尾坎等措施,防止因地震作用使地基与闸底板脱离而产生管涌或集中渗流。

闸室结构的布置宜力求匀称,增强整体性。水闸的闸室宜采用钢筋混凝土整体结构,分缝应设在闸墩上,止水应选用耐久并能适应较大变形的型式和材料,关键部位止水缝应采取加强措施。

宜从闸门、启闭机的选型和布置方面,设法降低机架桥高度,减轻机架顶部的重量。

机架桥宜做成框架式结构,并加强机架桥柱与闸墩和桥面结构的连接,在连接部位应增大截面及增加钢筋;当机架桥纵梁为预制活动支座时,桥梁支座应采用挡块、螺栓连接或钢夹板连接等防止落梁的措施。机架柱上、下端范围内箍筋应加密。设计地震烈度为9度时,机架柱应在全柱范围内加密箍筋。

宜提高边墩及岸坡的稳定性,防止地震产生河岸变形及附加侧向荷载而引起的闸孔变形,适当降低墩后填土高度,避免在边墩附近建造房屋或堆放荷重,并做好墩后的排水工作。

1、2、3级水闸的上游防渗铺盖宜采用混凝土结构,应适当布筋,做好分缝止水及水闸闸底和两岸渗流的排水措施。

对于既有水闸,应根据水闸的安全鉴定成果从地基和建筑物两个方面采取抗震加固措施。地基下存在地震液化下卧层时,可以结合防渗设计采用板桩、帷幕灌浆或地下连续墙等方法对地基进行加固;水闸结构抗震强度或构造不满足规范规定时,可以采用加大截面,黏钢、黏纤维复合材料的方法或通过改变结构型式(如对起闭机房排架加设垂直支撑)的方法加固。

第六节　闸门及启闭机

一、闸门

闸门是水闸工程的重要组成部分，直接影响着整个水闸工程的运行效果。闸门按材料分，有木闸门、钢木闸门、钢闸门和钢筋混凝土闸门等；按功能分，有单向挡水闸门和双向挡水闸门；按结构型式分，有平板闸门、圆形闸门和弧形闸门。

设计闸门一般程序是收集和分析资料、闸门的选型和布置、门体布置和结构及零部件的设计计算、施工图的绘制。现在最常用的为钢闸门和钢筋混凝土闸门。

（一）收集和分析资料

要进行一项闸门的设计工作，首先要收集和研究分析闸门设计的基本资料，基本资料包括：枢纽的任务和水工建筑物的等级、型式与布置；闸门运用条件与相关尺寸；水文、泥沙、水质、漂浮物与气象方面的资料；有关闸门的材料、制造、运输和安装等方面的条件；地质、地震和其他特殊要求等。以此来分清闸门的各种工况及运行条件，确定闸门承受的荷载及具体的操作方式。

（二）钢闸门的选型和布置

在取水输水建筑物中，闸门（包括拦污栅）的种类繁多，闸门的选型布置直接关系到相关建筑物的布置和工程量，也就影响了工程的投资和施工进度，有时甚至是控制性的。闸门的选型布置合理，不仅会节约大量资金，而且还会取得安全可靠、操作灵活、维修方便等效果。大中型工程需要做多种型式和布置的方案，与建筑物一起作技术经济比较，从而选定最优方案。

1. 一般原则

闸门的选型与布置，主要是确定闸门与启闭机械的设置位置、孔口尺寸、型式、数量、运行方式，以及和运行检修有关的布置要求等。

闸门的设置位置，应特别注意闸门水力学问题，应使水流平顺，流态良好，避免门前横向流和旋涡的发生，在门后则应避免出现淹没出流与回流。

闸门孔口尺寸应满足过流能力或过船、过木、排冰或排沙的要求，还应考虑水工建筑物结构的情况及闸门本身的结构、材料、启闭设备、制造技术等情况。孔口尺寸宜按闸门孔口和设计水头系列标准选用，使闸门生产逐步走向标准化，以利于制造、安装、运行和维护。一般来说，采用大孔口尺寸闸门是比较经济的。

闸门应结构简单，便于制造、安装，并应符合当时当地的施工技术水平和条件。闸门的自重和启闭力要小，操作要简便灵活，降低造价。

闸门的选型和布置应考虑门叶的运输尺寸和重量、安装吊运的方法和设施，还应考虑在安装、检修与运行时期工作人员的安全与便利，在供水、排水、通风、防潮、走梯栏杆、孔口盖板、交通道路等诸多方面采取相应措施。

2. 门型的选择

闸门的门型应根据工程对闸门的运行要求、闸门设置部位和启闭机型式，参照下述各种闸门的特点，通过技术经济比较选定。一般来说，取水、输水工程中平面闸门和弧形闸门应用最多。

平面直升闸门是用得最为广泛的一种门型，因为它能满足各种类型泄水孔道的需要。平面直升闸门根据支承行走部分构造型式不同，有滑动式、滚轮式、链轮式几种。平面闸门梁格宜采用等高连接，并应考虑制造、运输、安装和防腐等方面的要求。平面闸门可按孔口型式及宽高比布置成双主梁或多主梁型式。

弧形闸门也是用得最为广泛的一种门型，因为它也能满足各种类型泄水孔道的需要。

弧形闸门一般总是把凸面布置在上游，这样门底出流比较平顺。但用在船闸输水廊道上的工作门，当水头较高时，则把凸面布置在下游更为有利。

弧形闸门有潜孔式和露顶式两种。目前国内露顶式弧形闸门孔口尺寸达 19 m×23 m（相应设计水头 23 m）；潜孔式弧形闸门封堵面积一般达 48～63 m^2，水头一般达 80～90 m，最大封堵面积达 195 m^2（相应设计水头 37 m），最大设计水头达 142 m。

（三）混凝土闸门

钢筋混凝土闸门制造、维护较简单，造价低廉，适用于偏远地区的一些小型工程。但其自重偏大，加大了启闭设备的容量，并且混凝土有透水性，结构抗震性差，一般大、中型工程中不推荐使用。

（四）闸门复核计算

对于需除险加固的水闸工程，其闸门的复核计算应遵守以下原则：

（1）钢闸门：对于其结构发生严重锈蚀而导致截面削弱的，应进行结构强度、刚度和稳定性验算。

（2）钢筋混凝土闸门：对于钢筋混凝土闸门的梁、面板等受力构件发生严重腐蚀、剥蚀、裂缝致使钢筋（或钢筋网）锈蚀的，应按实际截面进行结构强度、刚度和稳定性验算。

（3）闸门的零部件和埋件等发生严重锈蚀或磨损的，应按实际截面进行强度复核。

二、启闭机

启闭机是闸门的主要组成部分之一，其布置与选型在工程中甚为关键。应根据闸门的工作性质、操作方式以及有关水工建筑物等因素，尽可能按照标准系列选用，并经技术经济比较确定。

启闭机是一种专门用来启闭水工建筑物中的闸门（拦污栅）用的起重机械。它与通用起重机一样，是一种循环间隔吊运机械。作为特种用途的起重机，启闭机有以下特点：荷载变化大；启闭速度低；工作级别一般较低，但要求绝对可靠；双吊点要求同步；要适应闸门运行的特殊要求。

启闭机的类型也是多种多样的，不同类型启闭机多数用它的机构特征来命名，如固定卷扬式启闭机、液压式启闭机等。启闭机按传动形式分为机械传动和液压传动。机械传动的启闭机按布置形式分为固定式和移动式两大类；液压传动的启闭机一般只有固定式。

（一）固定式启闭机

通常一台固定式启闭机只用于操作一扇闸门，启闭机只设置一个起升机构，不必配置水平运动机构。固定式启闭机根据机械传动类型的不同，有卷扬式、螺杆式、链式、连杆式等。

1. 固定卷扬式启闭机

固定卷扬式启闭机最为常见，广泛用于平面闸门和弧形闸门上。

卷扬式弧门启闭机主要用于操作露顶式弧形闸门，有两种形式：一种是吊点设置在面板前面的弧门启闭机，另一种是吊点设置在门叶顶部或面板后面的后拉式弧门启闭机。

2. 螺杆式启闭机

螺杆式启闭机主要用在需要下压力的闸门上。大型的螺杆启闭机多用于操作深孔弧门，但需设置可摆动的支承或设置导轨、滑块及铰接吊杆与闸门连接。小型螺杆式启闭机一般用手摇或手、电两用。

螺杆式启闭机的闭门力，受其行程的限制。在使用中，常因超载而使螺杆弯曲，所以电动螺杆启闭机应设行程限位开关，手动螺杆启闭机应设安全联轴节。

螺杆式启闭机的缺点是启闭力不能太大，速度较低，行程也受限制。

3. 链式启闭机和连杆式启闭机

链式启闭机采用片式链条，早期主要用于露顶式工作闸门上。为防止链条在启门过程中与水接触，需设置收链装置。链式启闭机因机构复杂，自重大，未能推广使用。

连杆式启闭机主要用于人字闸门上，主要采用连杆机构传动，布置方式复杂，需要大的安装位置，近年来逐渐被卧式液压启闭机所取代。

（二）移动式启闭机

移动式启闭机可以实行一机多门的操作方式。因此，除了起升机构，移动式启闭机还需配置水平移动的运行机构，其起升机构多用卷扬式。根据机架的结构型式和工作范围的不同，移动式启闭机可分为台车式、单向门式和双向门式。

有时电动葫芦也可作为移动式启闭机来启闭小闸门。

移动式启闭机多用于操作多孔共用的检修闸门，它的型式选择应根据水工建筑物的布置、闸门的运行要求以及启闭机的技术经济指标等因素确定，布置时需注意在其行程范围内与其他建筑物的关系。台车式启闭机和单向门式启闭机用于操作吊点位于与启闭机走行方向一致的同一轴线上的闸门。另外，双向门机作为一种大型设备，除操作闸门外，尚需考虑其他用途，如满足其他机械设备检修时吊运要求等，必要时可考虑设置回转吊臂。

（三）液压启闭机

液压启闭机根据液压缸的作用力分为单作用式、双作用式。

液压启闭机启闭力可以很大，但扬程却受加工设备的限制。双向作用的油压启闭机，多用于操作潜孔平面闸门和潜孔弧门。用于操作潜孔弧门时，需设置可转动支座或设置导轨和滑块以及铰接吊杆与闸门连接。

第七节　观测设计

一、水闸工程观测目的

工程原型观测是工程施工和运行安全监测的重要手段。水闸工程观测就是通过一些仪器、设施，对水闸工程进行原型观测。因此，观测设计是水闸设计中不可缺少的组成部分。

水闸应根据其工程规模、等级、地基条件、工程施工和运用条件等因素设置一般性观测项目。针对除险加固项目还需设置专门性观测项目。通过观测应达到下列目的：

(1)掌握水闸的状态变化和工作情况，及时发现隐患，保证工程安全；

(2)检验设计的正确性；

(3)积累资料，提高设计和管理水平。

二、观测项目

(一)观测项目分类

1. 一般性观测项目

水闸的一般性观测项目包括水位、流量、沉降、位移、扬压力、闸下流态、冲刷、淤积等。除险加固后，水闸原一般性观测项目(如沉降、位移等)可列为专门性观测项目。

2. 专门性观测项目

水闸工程应根据具体情况设置以下专门性观测项目：水平位移、伸缩缝、裂缝、结构应力、地基反力、墙后土压力、混凝土碳化和冰凌等。

(1)水平位移观测。当水闸地基条件差或水闸受力不均匀时，需进行水平位移观测，观测标点应尽可能与沉降观测点设在同一标点桩上。

(2)伸缩缝观测。对于大型水闸，当需要了解水闸伸缩变化规律时，应进行伸缩缝观测，一般在伸缩缝的测点处埋设金属标点或差动式电阻测缝计进行观测。

(3)裂缝观测。水闸发生裂缝后应进行裂缝观测。

(4)结构应力观测。对特别重要的水闸，需要了解不同工作条件下结构应力的分布和变化规律，为工程的控制、运用验证设计和科学研究提供资料，可设置结构应力观测项目。

(5)地基反力和墙后土压力观测。为了验证工程设计和科研的需要，了解地基土和回填土对水闸的作用情况，可设置地基反力和墙背土压力观测项目。

(6)混凝土碳化观测项目。沿海地区的水闸或附近有污染源的水闸，由于海水或有害物质对水闸混凝土有浸蚀作用，应设置混凝土碳化观测项目。

(7)冰凌观测。寒冷地区的水闸应对闸前冰凌变化规律和冰压力进行观测，以便采取防冰措施和合理的运用方式保证建筑物安全。

(二)主要观测仪器设备

根据《水闸工程管理设计规范》(SL 170—96)，水闸工程主要观测设备配备如表 3.18

所示。

水闸工程常见观测项目布置如图 3.6 所示。

表 3.18　水闸工程主要观测设备配备

设备类型	名称及规格	单位	配置数量		
			1 级	2、3 级	4、5 级
测量仪器	经纬仪 J_2 2″级	台	1		
	经纬仪 J_1 6″级	台		1	1
	水准仪 S_1	台	1		
	水准仪 S_3	台		1	1
水下测量设备	测深仪	台	1		
水文测量设备	自记水位计	台	2	2	
	流速仪	台	2	2	1
渗透观测设备	电测水位器	台	2	1	
其他设备	计算机	台	1	1	
	摄像机	台	1		
	照相机	台	1	1	1
	望远镜	台	1	1	1

注：1、2、3 级水闸，若其规模为中型，则观测设备降低一级配置；若规模为小型，则降低二级配置观测设备。

三、水平位移观测

水平位移观测是运用仪器设备连续定期测量水闸测点在水平方向上的位置变化。从水平位移的大小和变化，可以分析水闸工程是否正常，这是水闸安全监测的主要项目。引起水闸产生水平位移的因素很多，有大气温度变化、水压力、扬压力、筑闸材料和地基的力学性质等。

（一）观测点的布设

水闸的水平位移观测就是观测闸墩、岸墙和翼墙及上部结构等部位的水平位移。观测点一般布设在建筑物的上部易看到的地方，包括闸墩顶部、岸墙顶部、公路桥和工作桥棱角处，以及翼墙上部和一些需要进行水平位移观测的部位等。

（二）观测的基本方法

水平位移观测的基本方法是采用光学仪器观测的视准线法观测目标的水平位移量，目前主要有小角度法、活动觇牌法、激光准直法、印张线法、前方交会法、导线法和 GPS 测量。

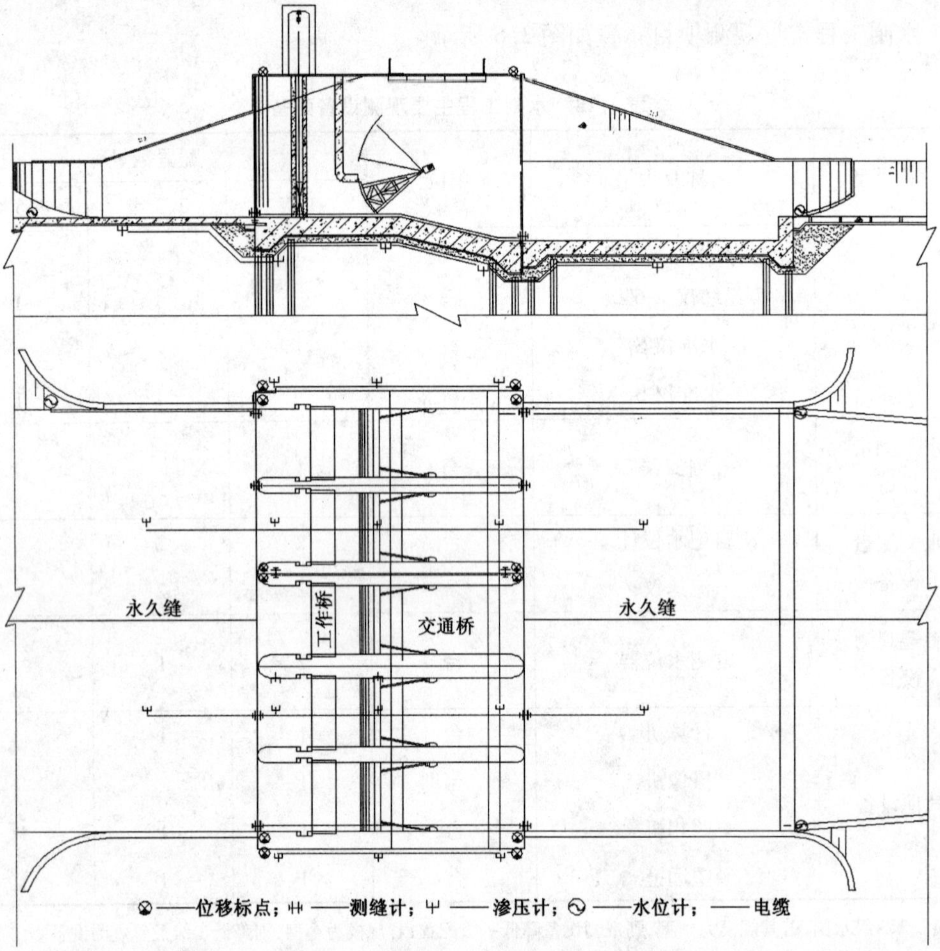

图 3.6　水闸工程观测点布置示意图

对大型水闸或特别重要的水闸需进行水平位移观测，水闸出现不均匀沉降时也要进行水平位移观测。水闸的水平位移观测可以结合垂直位移观测点进行。

四、垂直位移观测

水闸垂直位移观测是利用水准仪等设备，连续定期测量水闸工程上的特定测点在垂直方向上的变化，以分析水闸整体垂直方向的状态变化。垂直位移观测是水闸安全监测的基本项目，配合其他有关项目（上下游水位、过闸流量及气温等）的观测资料进行分析，可以掌握水闸地基的异常状态，及时发现险情。

（一）垂直位移观测点的布设

水闸的垂直位移观测就是观测闸墩、岸墙和翼墙三大部位的垂直位移。垂直位移观测点就布设在上述部位和公路桥工作桥上部边缘棱角处，具体应视观测目的、土质情况、闸身受力的部位和观测方法而定。

（二）垂直位移观测的方法和要求

水闸垂直位移观测主要采用水准测量方法。垂直位移观测采用三级测点，两级控制。三级测点即水准基点、起测基点和垂直位移标点；两级控制即由水准基点校测起测基点，再由起测基点观测位移标点。观测前，先校核水准基点高程，然后将水准基点与起测基点组成水准环线进行观测。如果河流的两岸均布设有起测基点，主线的观测可按附合水准线路进行。

水闸垂直位移观测应遵循下面基本要求：

（1）观测时水准仪的 i 角控制在10″之内，干线水准前、后视距不等差小于 1 m。间视点前、后视距不等差小于 5 m。

（2）首次观测时，应做到 4 个固定：人员固定、仪器固定、测站固定、转点固定。

（三）垂直位移观测水准测量等级、限差及测次

1. 水准测量等级及限差

垂直位移观测应符合现行国家水准测量规范要求，水准等级及相应精度应符合《水闸技术管理规程》（SL 75—94）规定，见表 3.19。

表 3.19　垂直位移观测水准等级及闭合差限差

建筑物类别	水准基点—起测基点		起测基点—垂直位移标点	
	水准等级	闭合差(mm)	水准等级	闭合差(mm)
大型水闸	一	$\pm0.3\sqrt{n}$	二	$\pm0.5\sqrt{n}$
中型水闸	二	$\pm0.5\sqrt{n}$	三	$\pm1.4\sqrt{n}$

注：闭合差中 0.3 mm、0.5 mm、1.4 mm 为测站观测限差，即基辅分划（或黑、红面）读数的差；n 为测站数。

2. 垂直位移观测测次

水闸建成竣工后，头 5 年运行期内 1 次/月，随着时间的推移，运行期超过 5 年以后，经资料分析水闸沉陷也趋稳定，可适当减少测次，为 1 次/季度和汛后测 1 次。当发生地震或超标准运用时（例如超过设计最高水位，最大水位差），有可能加大地基沉降危及工程安全，应及时增加测次，加强观测。

（四）垂直位移观测应特别注意的问题

水闸垂直位移观测起测水准基点往往设在距水闸较近的两岸，忽略了起测点与水闸共同沉降的情况。而对于位于地面沉降区，水闸和闸区原有起测水准基点都受地面沉降的影响，闸区起测水准基点不能起到水准基点的作用，应将沉陷区以外一等水准点作为基点。

对于除险加固的水闸，在工程竣工后，应对新、旧标点进行联测，以作今后观测的依据。

五、渗流与扬压力观测

（一）渗流与扬压力观测项目

水闸建成运用后，从水闸上游穿过闸体、地基及水闸两端与堤坝连接处的水流，称为

渗透水流，渗流观测项目通常划分为两类，即绕闸渗流和闸身与底部地基渗流。

由上、下游水头差形成的渗流作用在闸底的向上压力称为渗压力，同时下游水深也将对闸底产生一个向上压力，称为浮托力，扬压力即为渗压力和浮托力之和。扬压力的存在相应减少了闸体的有效重量，降低了闸体的抗滑能力。因此，对扬压力的观测也是非常重要的。

（二）绕闸渗流观测

一般情况下，绕闸渗流是一种正常现象，但如果水闸岸墙与堤坝连接不好，产生裂缝或有强透水层，就有可能造成集中渗流，引起变形和漏水，威胁水闸的安全和控制运用的效益，因此需要进行绕闸渗流观测，以了解岸墙和堤坝接触处的渗流变化情况，判明这些部位的排水效果。

绕渗测点（观测孔）布设一般是根据混凝土水闸与两岸堤坝连接的轮廓线，以及两岸地质情况、防渗与排水设施的型式等确定。一般来说，测点应布设在岸墙和翼墙填土侧。

例如根据《黄河堤防工程管理设计规定》，引黄水闸建筑物两侧绕渗观测，除于两侧沿绕渗流线设置5~8支渗压计外，垂直流线（即沿大堤轴线）增设两个横向渗压计观测断面，横向断面设在大堤中心线和上游堤坡处，每个横断面渗压计不少于3支。

绕闸渗流的观测时间和次数应根据闸的上、下游水位变化情况确定。观测时必须对上下游水位同时观测，并注意观测渗流的滞后现象。

（三）扬压力观测

扬压力观测测点的数量及位置应根据闸的结构型式、闸基轮廓线形状和地质条件等因素确定，并应以能测出闸底扬压力的分布及其变化为原则。测点可布置在地下轮廓线有代表性的转折处。测压断面不应少于2个，每个断面上的测点不应少于3个。

观测孔孔底应深入到强透水层及深入到筑闸前的地下水位以下。当观测孔布设在破碎岩石内或软基地层时，要埋设测压管，并在进水管段设置过滤层。

扬压力的观测时间和次数应根据闸的位置、竣工时间及上下游水位变化情况确定。

（四）渗流和扬压力观测设备

常用渗流监测设备主要有测压管和渗压计等。

测压管是一种古老而又常见的渗流监测仪器，它以管中水柱的高度来表示渗透压力的大小。在水工建筑物原型观测中，测压管常用于监测地下水位、堤坝浸润线、孔隙水压力、绕闸渗流、混凝土闸扬压力等。

测压管由导管和透水段（进水管）组成。

测压管宜采用镀锌钢管或硬塑料管，一般内径不宜大于50 mm。近年来，为减小体积的影响，测压管有向细管方面发展的趋势。

渗压计适用于长期埋设在水工结构物或其他混凝土结构物及土体内，测量结构物或土体内部的渗透（孔隙）水压力，并可同步测量埋设点的温度。当渗压计受到孔隙水压力及温度的双重作用时，仪器测量到的实际孔隙水压力计算公式如下：

$$P = f\Delta Z - b\Delta T \tag{3-122}$$

式中：P 为孔隙水压力，kPa；f 为渗压计最小读数，kPa/0.01%；b 为渗压计的温度修正系数，kPa/℃；ΔZ 为电阻比相对于基准值的变化量，0.01%，孔隙压力增大时 ΔZ 取负值，压

力减小时 ΔZ 取正值;ΔT 为温度相对于基准值的变化量,℃,温度升高时,ΔT 取正值,温度降低时,ΔT 取负值。

(五)渗流和扬压力观测要求

渗流和扬压力观测时间与测次应符合下列规定:

不受潮汐影响的水闸在工程竣工或除险加固放水后,两年内应每5天观测一次,以后可适当减少但至少每10天应观测一次,当接近设计最高水位、最大水位差或发现明显渗透异常时应增加测次。

对于受潮汐影响的水闸应在每月最高潮位期间选测1次,观测时间以测到潮汐周期内最高和最低潮位及潮位变化中扬压力过程线为准。

观测时必须同时观测上下游水位,并应注意观测渗透的滞后现象,必要时还应同时对上下游进行观测。

测压管管口高程应根据起算点距离按二等或三等水准测量,要求每年校测一次。

不受潮汐影响的水闸测压管灵敏度检查应每5年进行一次,管内水位在下列时间内恢复到接近原来水位的可认为合格:黏壤土,5天;砂壤土,24 h;砂砾料,12 h。

当管内淤塞已影响观测时,应立即进行清理。如经灵敏度检查不合格,堵塞淤积经处理无效,或经资料分析测压管已失效时,宜在该孔附近钻孔重新埋设测压管或渗压计。

六、土压力观测(压力计法)

为了了解修建于软土地基上的水闸的地基土和回填土对水闸的作用情况,或边墩侧墙所受土压力情况,对于大型水闸可设置地基反力和墙背土压力观测项目。

土压力观测一般采用埋设土压力计进行观测。土压力计按照埋设方法分为埋入式或边界式两种。埋入式土压力计埋入土体中测量土中应力分布,也称土中压力计或介质式土压力计。边界式土压力计安装在刚性结构物表面,受压面面向土体,测量接触压力。

土压力计有立式、卧式和分离式三种结构型式。

为了满足上述要求,埋入式土压力计均设计成分离式结构,主要由压力盒、压力传感器、油腔、承压膜、连接管和屏蔽电缆等组成。

边界式压力计也可用分离式结构,所不同的是埋入式的是双膜,而边界式的是单膜。

土压力计按采用的传感器不同,有钢弦式、差动电阻式、电阻应变片式、电感式和变磁阻式之分,其结构外形基本相同,只是传感器不同使内部结构有相应改变。

七、滩岸变形观测

(一)观测断面桩的布设

观测断面桩应按规划的断面位置,按编号依次埋设,反映不同观测河段的断面序号、岸别,标点埋设次序、个数及埋设单位、埋设时间。

断面标识标志应设置在大堤上或最高洪水位以上1 m土质稳定处。如有困难,可埋设在一般洪水不易淹没的高坎上。

对于埋设的各类标志,均应详细绘制"点之记",编制成果资料。

（二）河床变形测量的方法、范围及测次

河床变形观测一般采用固定观测断面方法。断面的位置应在两岸设置固定观测断面桩，断面间距应以能反映河床的冲刷、淤积变化为原则，靠近水闸断面宜加密，离闸较远处可适当放宽。有条件时，应定期进行水下地形测量。

观测范围一般从上、下游铺盖（护坦）或消力池末端起，分别向上、下游延伸 1 ~ 3 倍河宽的距离。对冲刷、淤积较严重的工程，可根据具体情况延长。对于靠近河口的水闸，应测到河口处断面。

河床变形测量对固定断面的测次：在每年汛前、汛后各测 1 次。

（三）固定断面测量

固定断面测量便于资料的对比分析和确定河床变形变化量，包括岸上断面部分测量和水下断面部分测量。

（四）滩岸地形测量

滩岸地形测量时应按《水利水电工程测量规范》（SJ 197—97）执行，控制点密度应能满足滩岸地形测量的需要。地形图比例尺采用 1∶500 或 1∶1 000，基本精度符合表 3.20。

表 3.20　地形图基本精度　（单位：mm）

地形类别	地面倾角	地物点图上点中误差	地形点高程中误差	等高线高程中误差	
				岸上	水下
平原河道	<6°	0.5	$h/4$	$h/2$	h

注：h 为基本等高距。

八、建筑物两岸堤防、坝垛安全监测

（一）监测的目的和监测类型

由于堤防会受到生物破坏、自然因素破坏等影响，使堤防安全向不利方面发展，因此对水闸建筑物两岸堤防、坝垛等重点部位也必须进行安全监测。发现问题及时维护，保障水闸工程安全运行。

根据工程等级、规模、结构型式及地形、地质条件和地理环境等因素，设置必要的堤防监测类型和相应设施，定期进行系统观测。堤防安全监测类型分为现场检查（巡视检查和现场检测）、变形监测、渗流监测等。

（二）巡视检查

对于水闸两岸堤坝和圬工结构的上、下游连接段，要定期巡查，在水闸运行期间，一般宜每周 1 次，或每月不少于 2 次。汛期高水位时应增加巡查次数，特别是出现大洪水时，每天应至少 1 次。

检查项目如下：

（1）堤防、坝垛与水闸建筑物的连接处有无裂缝、错动、渗水等现象。

（2）砌石护坡有无坍塌、松动、底部淘空、勾缝脱落等现象。

（3）堤防、坝垛表面的变形。如检查坝面有无裂缝、滑动、隆起、塌坑、冲沟；检查堤顶路面是否裂缝、损坏、渗透,背水坡有无散浸、冒水、管涌等现象。

(4)有无兽洞、大量蚁穴等隐患。

每次巡视检查均应作出记录,及时整理检查结果,并与以往结果进行比较分析。当检查中发现异常情况时,应立即采取应急措施,并上报主管部门。巡视结束后,提出简要报告,并整理归档。

(三)现场检测

如发现堤防出现不正常渗漏现象,即构成堤防安全隐患,则必须对堤身与堤基进行现场检测,以探查内部险情,为除险加固提供依据。

现场检测宜采用地球物理方法进行。首先,用探地雷达在堤防上进行普查,全面检查堤防工程质量,用地层地温测量仪在堤防外侧进行检测,然后利用便携式电磁剖面仪及拖动式电阻率成像仪对重点部位进行详细检测,在堤体与堤基结合部位可用复电阻率检测仪检测。各种仪器检测的数据相互校核,以此判别堤体和地基中存在的缺陷、隐患和险情。

(四)渗流监测

堤防渗流监测项目包括渗流量、堤基渗流压力和堤体渗流压力观测。具体观测方法参见水闸渗流监测部分。

九、观测资料整编分析

水闸观测资料整编分析主要是根据观(监)测资料的定性、定量分析成果,对水闸当前的工作状态作出综合评价,并为进一步加强监测提出指导性意见。

(一)原始资料及考证资料

原始资料及考证资料的主要内容有工程概况、监测设施和仪器的考证。

(二)观测资料分析方法

观测资料分析方法有比较法、作图法、特征值统计法、数学模型法等。分析历次巡视检查资料,通过工程外观异常现象的部位、变化规律和发展趋势,以作出定性判断,分析观测数据随时间的变化规律及在空间分布上的情况和特点,寻求造成异常的主要原因。通过分析观测值的特征值和异常值判断发展趋势,并判断其是否影响工程的安全运行。

(三)监测资料整编

(1)收集工程基本概况、观测系统布置和各项考证资料,以及各次巡视检查和有关报告、文件等;

(2)对原观测设施的全面性、合理性进行分析评价;

(3)在平时资料整理的基础上,对整编时段内的各项观测物理量按时序进行列表统计和校对;

(4)绘制能表示各观测物理量在时间和空间上的分布特征图,以及有关因素的相关关系图;

(5)分析各观测物理量的变化规律及对工程安全的影响;

(6)对影响工程安全的问题提出运行和处理意见;

(7)对上述资料进行全面复核、汇编,并附以整编说明。

十、远程监控

水闸远程监控系统可满足远程操作需求，增强数据采集、记录能力，提高操作过程的准确性和实时性。系统可采用集中控制，管理单位通过网络实现对每个终端的监控。

黄河下游涵闸和堤坝的安全状况，直接关系到人民生命和财产的安全。安全监测的主要目的是及时了解涵闸的安全性态，发现问题并及时处理，避免造成重大损失。随着计算机技术的飞速发展，作为人工智能的重要组成部分，专家系统的研究已取得很多成果，并在许多领域得到了应用。通过建立专家系统，将专家的经验整理成知识库，使其体系化、完整化，可为涵闸安全性态综合评判和辅助决策服务。为此，以李家岸引黄涵闸为试点，选择对涵闸安全性影响最大的 3 种监测量——扬压力、渗流、不均匀沉降，共计 42 个参数进行监测，结合专家系统、计算机技术、通信技术等，开发了具有数据采集、数据管理、图形制作、报表制作、系统管理五大功能和良好的开放性，便于扩展、移植的涵闸安全监测系统。

第八节　施工组织设计

施工组织设计是设计文件的重要组成部分，是编制工程投资概算的重要依据，是组织工程建设和进行施工管理的指导性文件。做好施工组织设计，对优化工程设计、合理组织工程施工、保证工程质量、缩短建设工期、降低工程造价、提高工程的投资效益等都有十分重要的作用。

施工组织设计的编制原则：

(1)严格执行国家基本建设程序，遵守有关技术标准、规程规范；

(2)深入调查、收集市场信息，根据工程特点，因地制宜地提出合理可行的施工方案，并进行全面技术经济比较，择优选用；

(3)对选定的主体工程施工方案，对其工艺流程、质量控制等应做出详细规定；

(4)结合工程实际，积极开发和推广新技术、新材料、新工艺和新设备，提高施工技术水平和经济效益；

(5)统筹安排，综合平衡，妥善协调各分部分项工程，能够均衡连续施工。

一、施工条件

工程施工应具备的条件有工程条件和自然条件，其中工程条件包括：

(1)工程的地理位置、对外交通运输条件及可利用的场地条件；

(2)选定的除险加固方案和主要工程量；

(3)工程的施工特点和有关通航、供水、环保及其他要求；

(4)主要建筑材料的来源、供应条件和水源、电源、通信情况；

(5)业主对本工程施工的有关要求，有关部门、地方政府的有关指令、协议、法规和规定。

自然条件包括洪、枯水季节时段，各种频率的流量及洪量、水位与流量关系、其他建筑物对本工程施工的影响、地形地质条件、气温、降水及冰冻等。

二、施工导流

施工导流设计的主要任务是在周密分析研究水文、气象、地形地质、建筑物布置及施工条件下,划分导流时段,选定导流标准,确定导流设计流量,选择合理的导流方案,使施工进度加快、工程造价降低。

(一)导流标准及时段

导流标准是正常施工期间,可能遭遇的洪水大小,以洪水重现期表示。根据保护对象、失事后果、使用年限和工程规模划分导流建筑物级别,同时考虑一定的风险率,结合建筑物类型选定相应施工导流标准。

导流时段是按照导流程序划分的各施工阶段的延续时间,通常是指由围堰挡水保证基坑干地施工的时段。导流时段的划分与选择,要综合考虑河道的水文特性、水闸建筑物布置型式、除险加固部位的结构特征及其所处的高程和位置、除险加固的施工方法、施工总进度要求等因素。如工程所需施工时间较长,则导流时段应向枯水期前后相应延伸。对于河流上的水闸,导流时段的选择应尽可能避开洪水期;否则,应提出防洪度汛措施。

(二)导流设计流量及方案选择

导流设计流量是对应导流设计标准的流量,取决于导流时段内洪水频率。导流设计流量需综合考虑工程所在河流的水文特征、导流方案、导流时段、导流标准及其风险分析后确定。

导流方案的选择不但要考虑水文特性、地形地质条件、水闸建筑物布置型式、所要除险加固的结构部位、除险加固施工的方法和工期等因素,还要依据水闸不同类型和不同作用,考虑下游是否有供水的需要等因素。对于施工期不能断流的河流和通过调节无法满足供水需要的渠道,则必须选择特殊的导流方式和供水方式,结合导流标准,综合考虑。在保证安全可靠的前提下,对可行方案进行技术经济比较,选择合理经济的导流方案。

(三)导流建筑物

导流建筑物包括泄水建筑物和挡水建筑物。

泄水建筑物包括导流明渠、导流隧洞、导流涵管等。挡水建筑物一般采用挡水围堰,按筑堰材料不同可划分为土石围堰、混凝土围堰、钢板桩格型围堰、木笼围堰、草土围堰等类型。

选择适当的导流建筑物型式,结合导流设计标准和导流方案,进行平面布置,拟定建筑物尺寸,确定各项结构和防护指标,计算导流工程量。

三、料场选择与开采

调查工程区附近区域石料场、土料场等的分布、储量、质量、开采、运输等条件,根据主体结构对材料的要求,通过技术经济比较选定料场。由主体工程所需数量及技术要求,结合料场的特点以及施工方法、施工强度等提出合理的料场开采规划。选定料场开采、运输、堆存、加工工艺、废料处理、环境保护等方案。

四、除险加固工程施工

针对病险水闸特点和原因分析，应采取不同的施工方法。主要涉及土石方工程、混凝土修复补强工程、地基处理、防渗处理、闸门启闭设施等金属结构维修更换以及其他设施更换等。主体工程施工要采用成熟、快速、有效的施工方法，同时也应积极地结合新材料、新设备、新工艺和新技术的应用，使工程施工工艺更合理，技术更先进。

（一）土方工程施工

结合主体除险加固措施，明确开挖施工程序、方法，确定挖方的利用量、堆渣地点和运输方案，提出保持边坡稳定的措施。确定土方填筑程序、碾压方法、施工质量控制、施工进度及施工机械选用等内容。

（二）混凝土修复补强工程

针对水闸混凝土结构要求，结合构件部位本身存在的病害问题以及重要程度，提出相应的修复补强措施。

对于混凝土表层损伤的情况，包括混凝土表面的麻面，混凝土表层开裂、酥松甚至剥落及内部钢筋的锈蚀等。可采取混凝土表层置换修补技术、表面涂层封闭技术和电化学防护技术等方法修补。现场修补时应根据混凝土表层损伤程度、不同部位，选择不同的处理方法。

对于由混凝土裂缝、内部不密实等原因引起的结构渗漏，根据病害特点，可采取的处理方法有表面嵌填法、表面粘贴法、化学灌浆法和表面喷（刷）浆法。对于混凝土构件承载力不足的加固补强方法有增大截面法、混凝土置换法、外加预应力法、粘钢法、粘贴纤维复合材料法和植筋锚栓法等。根据结构要求和空间允许条件，选取合理的加固技术措施，同时提出所需原材料要求。对于使用混凝土材料的加固措施，需对混凝土配合比、拌和、浇筑工序、养护提出要求，并针对浇筑温度控制和雨季施工确定各项措施。

对于混凝土构件进行加强的部位，要根据现有混凝土构件表面损坏程度，选择适当的处理措施，使新老混凝土界面或与其他补强材料接触面结合紧密。表述所选处理措施的施工方法、工艺，列出施工各项参数指标，以及补强后达到的效果。

（三）地基处理工程

对于既有水闸工程，往往受施工场地的限制，一般采取灌浆法或高压喷射注浆法进行地基加固。灌浆按方式目的可分为充填灌浆法、渗透灌浆法、压密灌浆法和劈裂灌浆法。按材料可分为化学类灌浆和水泥类灌浆。具体应结合原闸地基沉陷程度和发展趋势，对设计提出的地基加固设计方案进行分析，选择适当的施工方法，并叙述其工艺。对于因沉降量过大或不均匀沉降而导致水闸闸室倾斜、底板断裂等影响安全运用的情况，应首先控制沉降的继续发展，进而采取措施对水闸进行纠偏。水闸工程中常用的纠偏处理技术有锚杆静压桩法、打孔掏土法及压重法。通常将灌浆施工与纠偏措施结合应用，会达到较理想的效果。在纠偏过程中，应对水闸进行观测，严格控制纠偏过程施工，防止纠偏过度或对水闸结构的损坏。

（四）防渗处理措施

水闸渗流按部位可分为闸基渗流和闸坝之间绕渗。当闸基由于基础处理不当、防渗措施不好而引起扬压力增加时,需对闸基进行修复处理,在水闸的闸基部位增设垂直防渗措施。通常采用混凝土防渗墙、桩柱式防渗墙、高喷防渗墙、深层搅拌水泥土防渗墙、灰浆防渗墙、补充灌浆帷幕等方法,以及混凝土防渗墙和灌浆帷幕组合的方法进行闸基的防渗加固处理。当绕闸渗流发生时,应首先了解建筑物两侧的地质情况和渗漏的部位,采取相应的措施进行处理。其处理方法有冲抓套井回填黏土法、灌浆法和加深加长齿墙法等。

施工前应检查水闸渗流部位的渗流程度,对采取的除险加固处理措施提出详细的施工工艺、技术参数和施工中应注意的问题。

(五)金属结构补强修复

机电设备和金属结构部件的维修更换需结合构件的外形尺寸、重量和修复部位,提出修复或拆除、安装程序、进度、技术要求,并说明主要金属结构的制作、运输、吊装等措施及与其他土建除险加固工程协作配合的要求,避免交叉作业。

上述病险水闸加固施工中涉及的施工方法、工艺、材料要求及施工中各项技术指标等,详见第五章相关内容。

五、施工总布置

施工总布置的基本任务是根据工程特点和施工条件,研究和解决施工场区在施工期间的空间规划,即施工场地的分期分区规划,对施工期间所需的交通运输设施、施工工厂设施等进行合理布置,从场地安排上保证工程建设的顺利完成。

(一)施工布置规划原则

工程施工总布置方案拟定时,应遵循因地制宜、有利生产、方便生活、易于管理、安全可靠、经济合理的原则。施工总布置应紧凑、合理,节约用地,应尽量利用工程现有场地,少占耕地。

(二)施工布置主要内容

施工布置主要内容有施工场地选择与分区规划、施工交通运输、辅助设施布置等。

施工总布置方案确定后,绘制施工总布置图,即在一定比例尺地形图上将导流建筑物、施工场地、辅助设施及相互连接的交通系统的位置与指标等明确标示出来。

六、施工总进度

施工总进度应综合反映工程建设各阶段的主要施工项目及其进度安排,并充分体现总工期的目标要求。

充分分析自然条件、社会经济资源、工程特性和施工方案,通过协调平衡关键性工程和非关键性工程的关系,合理安排施工工序及时间,使整个工程施工前后兼顾,互相衔接,均衡施工,最大限度地合理使用建设资金、劳动力、机械设备和建筑材料,在保证工程质量和施工安全的前提下,使工程按期建成投产,发挥效益。

(一)施工总进度编制原则

(1)严格执行国家相关法规,按照业主对工程的要求进行编制;

(2)统筹考虑,以关键性工程的施工分期和施工程序为主导,协调安排其他工程施工进度;

(3)认真分析所掌握的基本资料,采用先进的施工技术和设备,合理安排,做到连续、均衡地施工,以满足总工期的要求;

(4)充分重视和合理安排准备工程的施工进度。

(二)施工总进度编制依据

(1)工程所在地区的自然条件、施工条件和社会经济条件;

(2)除险加固工程的设计方案及主要工程量;

(3)主体工程施工方案;

(4)工程的总工期要求;

(5)劳动力、机械设备及材料供应条件。

(三)编制施工总进度步骤

(1)收集基本资料;

(2)编制控制性施工进度;

(3)施工进度方案比较;

(4)编制施工总进度表及确定主要技术经济指标。

(四)控制性施工进度

控制性施工进度表是编制施工总进度表的基础,用以确定施工总进度的重要指标。控制性施工进度是对关键性工程项目进度的确定,是实现总工期的控制进度要求。控制性施工进度同导流、施工方法设计等有密切的联系,在编制过程中,要根据工程建设总工期的要求,确定施工分期和施工程序,解决各项工程在进度安排上的矛盾,协调相关项目在施工中的衔接关系。

编制控制性施工进度,首先要选定关键性工程项目,根据工程特点和施工条件,拟定关键项目的施工工序,在此基础上,初拟控制性施工进度表。根据选定的施工方案和所使用的机械设备,计算施工强度及各项资源的分配指标,对各项目间进行平衡,检验初拟施工进度的均衡性,反复修改调整,最后确定控制性施工进度。

完成控制性施工进度后,施工总进度中的主要施工组织和技术问题应当基本解决。

(五)编制施工总进度表

在编制施工总进度表时,以控制性施工进度为基础,列入非控制性的工程项目,进一步修改完善控制性施工进度表,并绘制各阶段施工形象进度图,计算并绘制资源(劳动力、主要材料和机械设备等)需用量曲线,反映出高峰期施工强度,施工期高峰人数、平均人数以及施工总工日数等。总进度表中应包括准备工程的主要项目和工程进度。

施工总进度表是编制施工总进度的最终成果,应以横道图或网络图表形式表述。

七、主要技术供应

依据《水利水电建筑工程预算定额》分析和设计工程量(包括主体工程量与各种临建工程量),对各分项工程所需的主要建筑材料、主要机械设备和劳动力数量进行计算与汇总。

主要施工机械设备选型,计算各分项工程所需数量后,再进行总需要量的计算时,应

注意以下几个问题:

(1)应在机械设备平衡后汇总数量的基础上进行计算;

(2)同一作业可由不同类型或型号机械互代,且条件允许时,备用系数可适当降低;

(3)对生产均衡性差、时间利用率低、使用时间不长的机械,备用系数可适当降低;

(4)风、水、电机械设备的备用量应按实际工程量进行计算;

(5)确定备用数量,考虑设备的新旧程度、维修能力、管理水平等因素,力争做到切合实际情况。

第九节　工程永久占地

工程永久占地包括工程占地和工程管理范围内的占地。病险水闸除险加固工程应尽量利用现有水闸管理范围内的土地,一般不发生新的永久占地问题,如必须增加永久占地,则应在原管理范围的基础上尽可能少量增加。对于特殊的除险加固工程,如改(扩)建而发生永久占地情况,则应就建设标准、占地范围和征地费用等进行详细说明,并取得相关主管部门的批复。根据征地原则,绘制出除险加固后的工程永久占地图。

水闸除险加固工程一般不涉及移民安置问题。

工程占压土地补偿补助标准根据《中华人民共和国土地管理法》、《国务院关于深化改革严格土地管理的决定》等有关条款规定,结合当年的工程建设征地价格确定。永久占地按各类土地亩产值乘相应的补偿补助倍数确定;临时占地按土地类别标准,结合使用年限给予补偿。

第十节　环境保护设计

病险水闸除险加固工程的环境保护设计,应根据除险加固内容和水闸所处工程区域环境(自然环境和社会环境)现状调查情况,依据《中华人民共和国环境保护法》、《中华人民共和国水法》、《中华人民共和国传染病防治法》、《中华人民共和国环境噪声污染防治法》、《中华人民共和国固体废物污染环境防治法》和《建设项目环境保护管理条例》、《建设项目环境保护设计规定》等法律、法规和有关环境质量标准和要求进行编制。

简述项目及项目区环境概况。简述项目地理位置、工程总体情况等。简述项目区自然环境和社会环境概况,描述区域环境质量现状,调查地表水、大气环境和噪声环境并进行评价。

分析因工程建设和施工产生的对自然环境和社会环境的有利和不利影响,进行预测和评价。提出施工过程中水环境保护、施工区人群健康保护、环境空气质量控制、噪声防护和固体废弃物处理等方面的措施,减免不利影响,为区域生态环境的良性循环提供保证。同时,合理布设环境监测点,绘制各监测点或监测断面的分布图,制定详细的监测计划,以利于动态反映工程施工对环境的影响。

针对主体工程设计,从环境保护角度提出存在的问题和建议。根据工程对环境产生的主要有利影响和不利影响以及工程兴建后环境总体的变化趋势,对工程作出综合评价,从环境角度论证工程建设的可行性。

环境保护设计应计列环境保护投资概算。按照《建设项目环境保护设计规定》第六十二条、《水利水电工程环境保护设计概(估)算编制规定》等有关标准规定,由环境保护各项措施工程量及监测时段和点位确定工程环境保护投资,列出详细的环保投资概算表。

第十一节　水土保持设计

病险水闸除险加固工程水土保持设计,应根据工程建设的施工进度安排以及各项目建设活动对水土流失的影响,结合项目区水土流失现状和项目工程建设过程中造成的水土流失特点,遵照《中华人民共和国水土保持法》等相关法律、法规和规章,按照《开发建设项目水土保持技术规范》(GB 50433—2008)和《开发建设项目水土流失防治标准》(GB 50434—2008)的要求编制。

简述项目及项目区概况。简述项目区地理位置、工程等级、主要建设内容、土石方总量及弃渣量、占地情况以及建设工期等。简述项目区自然环境和社会经济概况,描述区域的水土流失类型和特点。对主体工程分析评价,从水土保持角度确定工程项目的可行性。

根据工程布局,确定工程水土流失防治责任范围,包括项目建设区和直接影响区,列出水土流失防治责任范围表,对容易产生水土流失的重点部位、重点时段进行水土流失危害预测,计算可能产生的水土流失量及新增水土流失量,制定分区水土流失防治措施。

按照项目所处水土流失防治区和区域水土保持生态功能重要性确定水土流失防治标准,确定工程扰动土地整治率、水土流失总治理度、土壤流失控制比、拦渣率、林草植被恢复率、林草覆盖率等指标。通过新增布设水土保持工程与植物措施,并根据《水土保持监测技术规程》的要求,提出监测的项目、方法、时段和频次,初步确定监测点位,估算所需的人工、设施、设备和物耗。

水闸除险加固水土保持投资应根据《开发建设项目水土保持工程概(估)算编制规定》(水利部水总[2003]67 号)、《开发建设项目水土保持工程概算定额》(水利部水总[2003]67 号)和新增水土保持工程量计算水土保持静态总投资,列出水土保持投资概算表,同时进行水土保持效益分析。

对工程作出综合评价,从水土保持角度论证工程建设的可行性。

第十二节　工程管理设计

为使除险加固后的水闸工程正常运行、保证工程安全和充分发挥工程效益,同时促进水闸管理规范化、科学化,并使管理水平不断提高,应进行水闸工程管理设计。作为水闸除险加固工程设计的组成部分,应与主体工程同步进行。

水闸除险加固工程管理设计包括水闸管理范围和保护范围、调度运用、工程观测、交通设施、通信设施、生产生活区建设和工程年运行管理费测算等内容。

一、管理机构及人员编制

（一）管理机构

阐述水闸原产权、隶属关系、管理机构设置等情况；确定水闸除险加固后的产权、隶属关系、管理机构，以及管理体制、运行经费来源等。

（二）人员编制

阐述水闸原有人员编制及其知识结构，并按照《水利工程管理体制改革实施意见》（水建管[2002] 429 号）等文件精神，根据《水利工程管理单位定岗标准（试点）》（水办[2004]307 号）和《水闸工程管理设计规范》（SL 170—96）的规定，以加固后水闸工程等级，确定水闸工程管理岗位定员，编制水闸管理人员详细情况表。

二、工程管理及保护范围

简述现状是否划定工程管理范围及保护范围。进行除险加固的水闸，一般不会发生新的永久占地问题，因此管理范围也不会发生变化。如发生永久占地问题，则应参照《水闸工程管理设计规范》（SL 170—96），根据水闸工程管理实际需要，结合自然地理条件和当地情况，划定工程管理范围及保护范围。

工程保护范围是为保证工程安全，在工程管理范围以外划定一定的宽度，在此范围内禁止挖洞、建窑、打井、爆破等危害工程安全的活动。保护范围根据工程的具体情况确定。

三、工程管理设施

阐述水闸现有管理设施情况，并根据除险加固后水闸运行管理的需要，提出需新增工程管理设施设计的内容。主要内容包括水闸观测、交通设施、通信设施和生产生活区建设等。

四、工程调度运用

水闸工程的调度运用是管理设计的重要组成部分，只有合理调度运用，才能保证工程安全，使其充分发挥效益。

简述水闸现有调度运用原则和运用条件。除险加固后应对调度运用原则进行完善，确定水闸闸门的开启次序和开度控制，防止运用不当带来不良流态和震动，危及水闸的安全。

如水闸除险加固后规模、防洪标准发生变化，则需根据工程的总体规划、水闸作用、水闸与相关建筑物的关系等，按照工程设计的基本要求，重新编制调度运用原则，作为除险加固后管理运行的依据。

五、施工期工程管理

在除险加固工程施工期间，建议由管理单位作为项目法人，负责工程建设管理。依据水闸管理单位机构和定员人数以及施工期间实际需要，配备项目管理人员。为有效地对本次除险加固工程质量、投资及进度进行控制，工程建设应实行项目法人责任制、招标投标制和工程建设监理制，同时进行质量监督管理。在施工收尾阶段，对工程管理范围内和料场的环境进行恢复和完善有关绿化工作，为加固工程的验收做好准备工作。

第十三节 工程概算

一、编制办法及标准

概算编制按水利部颁布的《水利工程设计概（估）算编制规定》（水总[2002]116号）（以下简称《编制规定》）执行。编制标准按《编制规定》中引水及河道工程计取。

二、定额依据

水闸除险加固工程概算编制依据的定额如下：

（1）《水利建筑工程概算定额》（水总[2002]116号）；

（2）《水利水电设备安装工程概算定额》（水建管[1999]523号）；

（3）《水利工程施工机械台时费定额》（水总[2002]116号）；

（4）《水利工程概算补充定额》（水总[2005]389号）；

（5）有关行业主管部门颁发的定额。

经各省级水行政主管部门同意后，也可按本省（自治区、市）颁发的编制办法和定额等相关规定编制概算，但不应同时将水利部和本省（自治区、市）的概算编制办法和取费标准混合使用。

三、工程概算编制

（一）编制的一般程序

（1）编制准备工作。收集并整理工程设计图纸、设计报告、工程布置、工程地质、水文地质、水文气象等资料；掌握施工组织设计内容，如砂石料开采方法，水闸主要除险加固部位施工方案、施工机械、对外交通、场内交通条件等；工程所在地有关部门收集建筑材料、交通运输、税务等各项资料。

（2）进行工程项目划分，详细列出各级项目内容。

（3）根据有关规定和施工组织设计，编制基础单价和工程单价。

（4）按分项工程计算工程量。

（5）根据分项工程的工程量、工程单价，计算并编制各分项概算表及总概算表。

（6）编制分年度投资表、资金流量表。

（7）进行复核、编写概算编制说明、整理成果。

（二）工程概算组成内容

1. 编制说明

（1）工程概况。包括流域、河（渠）系、工程地点、对外交通条件、工程规模、工程布置、主体建筑工程量、施工总工期、施工平均人数和高峰人数及资金筹措情况等。

（2）投资主要指标。包括工程总投资和静态总投资、年度价格指数、基本预备费率等。工程总投资包括工程部分静态总投资、新增水土保持部分总投资和环境保护部分总投资三部分。

(3)编制依据。包括定额,设计文件,人工、主材和施工用风水电等基础单价计算依据,主要设备价格以及费用标准等。

(4)概算编制中其他应说明的问题。

(5)主要技术经济指标表。

(6)工程概算总表。

2. 工程部分概算表

工程部分概算表包括概算表和概算附表。

概算表包括总概算表、建筑工程概算表、机电设备及安装工程概算表、金属结构设备及安装工程概算表、施工临时工程概算表、独立费用概算表、分年度投资表和资金流量表。

概算附表包括建筑工程单价汇总表、安装工程单价汇总表、主要材料预算价格汇总表、次要材料预算价格汇总表和施工机械台时费汇总表等。

四、病险水闸除险加固工程概算编制的建议

(1)除险加固工程除特指需要按标准复核生活办公用房面积和交通设备购置费外,原则上不再列交通设备购置费、新建生活办公用房面积。

(2)除险加固工程不列生产及管理单位提前进场费、生产职工培训费、管理用具购置费、备品备件购置费、生产家具购置费及科学研究试验费。

(3)水闸工程原来遗留的移民、征地等问题不计列本次除险加固项目范畴。

(4)概算可增加水闸安全鉴定(检测)费,单独列支。

(5)结合水闸除险加固工程而增加的其他开发性经营项目的投资,应自行寻找相应渠道解决,不应纳入本概算。

第十四节　经济评价

一、国民经济评价

国民经济评价是按照资源合理配置的原则,从国家整体角度考察项目的全部效益和费用,采用货物影子价格、影子汇率、影子工资和社会折现率等经济参数,分析计算项目对国民经济的净贡献,评价项目的经济合理性。对于水闸除险加固项目,就是计算除险加固后给国民经济带来的净贡献增量大小,评价其经济合理性。

(一)主要参数

国民经济评价采用的计算参数一般包括计算期、基准年和基准点、影子价格和社会折现率等。

国民经济评价应根据水闸除险加固工程的实际情况,参照国家计委、建设部 2006 年颁发的《建设项目经济评价方法与参数(第三版)》、水利部 1994 年发布的《水利建设项目经济评价规范》(SL 72—94)及《投资项目可行性研究指南》(试行),正确选取上述主要参

数，对除险加固所支付的费用和增加的效益进行计算。

（二）工程费用计算

工程费用主要包括工程投资、设备更新改造投资、年运行费和流动资金等。工程投资部分应扣除概算中属于国民经济内部转移性支付的利润和税金；年运行费包括工程维护费、人员工资及福利费、管理费和其他费用等。

（三）工程效益计算

根据水闸的不同作用，分别阐述分析水闸加固带来的不同效益，采用对比法计算增量经济效益。对于与其他工程共同承担功能的水闸，计算应乘以分摊系数得出其在整体工程经济效益中的分摊效益。

（四）国民经济评价指标

按照《水利建设项目经济评价规范》（SL 72—94）中经济评价计算的原则和方法，通过对增量经济效益的估算、增量经济效益与增量经济费用的动态对比分析，编制国民经济效益费用流量表，计算各评价指标，得出工程经济寿命期内，能为国民经济贡献的净现值、经济内部收益率和效益费用比等指标值。通过比较，看各指标是否满足国家规定的要求，如果满足，则说明该项除险加固工程在国民经济上是合理的。

二、综合评价

根据上述项目费用效益及各项评价指标计算分析，对水闸除险加固后带来的工程效益、经济效益和社会效益等进行总结，得出综合评价结论。

第四章 水闸除险加固常用技术

第一节 防渗排水设施修复技术

水闸安全鉴定中,经过现场检测和复核计算,反映出来的渗流问题一般为水闸发生渗透破坏或渗流复核计算结果不满足规范要求。出现上述问题的原因很复杂,可能是由一种或多种因素引起的,在第二章中已阐述,本节不再详述。水闸除险加固中,要根据安全鉴定结果,针对不同情况采取相应的除险加固措施。

就水闸的渗流问题,按其对水闸的影响程度,大致可以归结为二类:①因渗流而产生的地基变形值超出规范允许值;②没有产生渗透变形或渗透变形值小于规范允许值。

按产生渗流问题的原因,大致可以归结为四类:①因运用条件变化、缺少地质勘察步骤或勘察工作深度不够、水闸设计标准提高或设计考虑不周等原因造成水闸渗径长度不足;②铺盖裂缝或冲刷破坏、防渗墙破坏、水闸结构永久缝止水破坏、闸室或涵洞结构裂缝、消力池裂缝或冲刷破坏、两岸防渗齿墙破坏等原因造成水闸渗径长度不足;③排水和减压设施破坏或失效等原因造成渗透压力改变;④闸基垫层或两岸填土达不到设计要求等原因产生渗透。

水闸加固设计中,对于变形值超出规范允许值的水闸,一般按安全鉴定结论采取拆除重建或降低标准使用,因此本节主要针对没有产生渗透变形或渗透变形值小于规范允许值的水闸,阐述防渗排水设施的修复技术。

一、水平防渗设施修复

(一)铺盖修复

铺盖一般分为柔性铺盖和刚性铺盖,主要有黏土及壤土铺盖、复合土工膜铺盖、混凝土及钢筋混凝土铺盖,黏土及壤土铺盖和复合土工膜铺盖属于柔性铺盖,混凝土及钢筋混凝土铺盖属于刚性铺盖。黏土及壤土铺盖和混凝土及钢筋混凝土铺盖在水闸中应用较多,也是水闸除险加固设计中经常遇到的铺盖类型,因此铺盖修复主要介绍这两种铺盖的加固方法,同时对复合土工膜铺盖技术进行介绍。

水闸除险加固设计中,根据不同病险和不同铺盖类型,一般可采取接长、修复、拆除重建铺盖的处理措施。对于受条件限制水平防渗设施不能满足防渗要求的,可增加垂直防渗措施。对于黏土铺盖,无论是长度不够还是铺盖出现裂缝、冲刷破坏,由于黏土铺盖不允许有垂直施工缝存在,因此一般采取拆除重建。对于混凝土及钢筋混凝土铺盖可以采取接长、修复或拆除重建的处理措施:当铺盖出现裂缝、渗漏等缺陷而长度和结构强度都满足规范要求时,可以对混凝土的裂缝、渗漏等缺陷进行修复,修复技术见本章第三节“混凝土渗漏修复技术”;当混凝土及钢筋混凝土铺盖长度不够而结构强度满足规范要求时，具备场地条件的可以进行铺盖接长设计，但应处理好新旧混凝土之间的施工缝，原铺盖存在裂缝、渗漏的要同时对原铺盖进行修复；经过经济技术比较，混凝土及钢筋混凝土铺盖也可以拆除重建。

对于铺盖的拆除重建，不应受原铺盖的限制，设计单位可依据相关规范重新设计，或结合其他地基处理措施改为垂直防渗。同时，应尽可能采用成熟的新技术新工艺，如复合土工膜铺盖等。黏土铺盖、混凝土及钢筋混凝土铺盖应用较多，不予介绍，以下着重就复合土工膜铺盖的施工工艺加以介绍。

1. 复合土工膜铺盖的施工工序

(1)基面找平：为了减少膜下的渗水，使土工膜与黏土结合良好，要求剔除表面的石子等坚硬尖状物，以防刺破复合土工膜，对部分凹陷变形较大的区域用黏土找平夯实。

(2)敷设：要求土工膜敷设时自上而下，先中间后两边；在展膜的过程中，一定要避免生拉硬扯，也不得压出死折，同时保证一定的松弛度，以适应变形和气温变化；铺放应在干燥天气里进行，随铺随压。

(3)焊接：复合土工膜膜体的拼接方法常用的有热熔焊法、胶粘法等。在焊接时，要求膜体接触面无水、无尘、无垢、无折皱，搭接长度满足要求，当采用自动高温电热楔式双道塑料热合焊机时，要求事先进行调温、调速试焊，以确定合适的温度、速度等工艺参数。在现场焊接时，要严格防止虚焊、漏焊、超焊等情况的发生；若发现损伤，应立即修补。

(4)质量检查：膜拼接完成后，需及时进行焊接缝质量检查，质量检查可以采用目测与充气相结合的方法。

(5)上覆保护层：复合土工膜焊接完成并经质量检查合格后，应及时覆盖保护层，以防止土工膜在紫外线照射下老化和其他因素引起的直接破坏。

(6)注意事项：在施工中工作人员应穿胶底鞋，避免损伤复合土工膜；在土工膜上部先垫一层厚度为 20 cm 左右的细砂壤土，避免其他材料刺破土工膜；保护层填筑应分层超宽碾压密实。

2. 复合土工膜铺盖的优点

(1)防渗效果好，土工膜具有极低的渗透系数，比黏土铺盖渗透系数低很多，而且具有长期稳定的防渗效果。

(2)施工简单易行，进度快，施工质量容易保证。

(3)具有一定的保温防冻胀作用，减少防冻胀成本。

(4)复合土工膜具有较好的力学性能，具有比普通土工膜更好的抗拉、抗顶破和抗撕裂强度，能够承受足够的施工期和长期的运行受力，具有较高的适应变形的能力，而且复合土工膜外层的土工织物与土的结合性能较好，复合土工膜与土之间的摩擦系数较普通土工膜大，抗滑移稳定性好。

(二)永久缝止水修复

为了防止和减少由于地基不均匀沉降、温度变化和混凝土干缩引起的裂缝，水闸需要设置永久缝。

永久缝止水的修复应根据安全鉴定的结果，结合现场实际情况确定方案，编制合理可行的施工组织设计。鉴于水闸除险加固工程的特殊性，在施工过程中还可以根据具体情况适当调整修复方案。根据方案选择的材料不同,施工工艺略有差别。

永久缝止水的修复一般采用表面封闭可伸缩止水材料的方法,主要有遇水膨胀止水条、U型止水带、止水胶板(带)、聚合物砂浆、弹性环氧树脂、密封胶、钢压板等,也可多种材料联合运用达到修复目的。

永久缝止水修复的一般施工工序为:施工准备→永久缝开槽→槽面清理、修补→止水材料安装→槽面封闭→切缝。

永久缝止水维修示意图见图4.1。

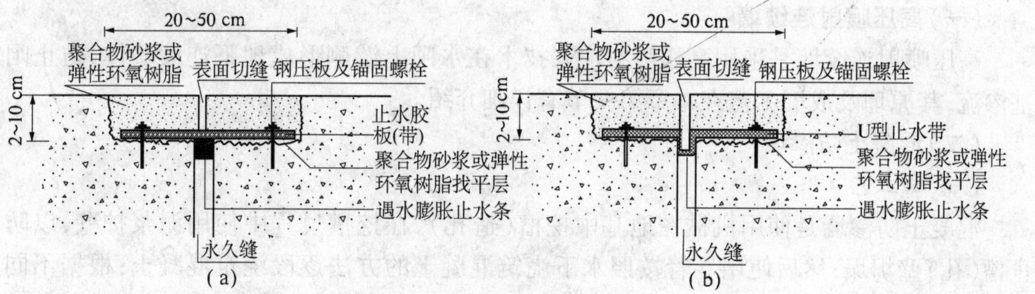

图4.1 永久缝止水维修示意图

1. 施工准备

施工前应根据选择的施工方案,准备施工材料、人员及相关机械设备。清除永久缝两侧50 cm内混凝土表面附着物。

2. 永久缝开槽

沿永久缝两侧开U型槽,根据方案不同,槽宽为20~50 cm,槽深2~10 cm。开槽时应清除松动混凝土,在开槽深度较大时应注意保护钢筋。

3. 槽面清理和修补

开槽完成后,应采用高压水枪清理槽面,去除表面灰渣,然后采用混凝土修补材料将槽底部修补平整,修整前应作结合面界面处理。

4. 止水材料安装

按选定的方案安装止水材料。遇水膨胀止水条直接嵌填,U型止水带、止水胶板(带)采用钢压板跨缝压紧固定在槽底。压紧钢板的螺栓采用植筋或锚栓锚固技术固定。

5. 槽面封闭和切缝

采用聚合物砂浆或弹性环氧树脂将槽修补平整,在材料初凝后用薄钢板或其他片状物在永久缝对应位置切缝,切缝时应注意不能伤及止水材料。

在选定施工方案时,可采用以上一种或多种止水材料联合运用。例如:可选择遇水膨胀止水条和止水胶板(带)联合使用,先嵌填遇水膨胀止水条,再安装止水胶板。永久缝的修复处理,不能灌注刚性灌浆材料,但可灌注弹性灌浆材料,防止永久缝变形失效引起结构产生新的裂缝。

二、垂直防渗设施修复

水闸的垂直防渗设施主要有板桩(木板桩、钢筋混凝土板桩和钢板桩)、地下连续防渗墙、垂直土工膜等。

水闸的垂直防渗设施破坏后，对原防渗设施一般无法直接修复，但可以在原防渗设施上游重新设计垂直防渗设施；条件许可时，也可以采取其他防渗措施进行抗渗处理，如在上游接长防渗铺盖等。重新设计垂直防渗设施时，原则上板桩、地下连续墙、垂直土工膜均可以采用，但考虑到水闸一般建设在河道中或河堤上，地基土质以软土为主，同时设备和作业条件受到较大限制，所以一般以高压喷射连续墙比较合适，在地基条件和施工条件允许的情况下也可以采用混凝土防渗墙。以下主要介绍高压喷射连续墙和混凝土防渗墙的施工工艺。

（一）高压喷射连续墙

高压喷射连续墙是采用高压喷射注浆技术在水闸上游侧形成地下连续墙体，防止闸基渗流，其原理及成墙工艺在本章第二节有详细介绍。

（二）混凝土防渗墙

1. 基本工艺

混凝土防渗墙是使用机械在地基中挖槽（造孔），在挖槽过程中使用泥浆护壁，以防止槽（孔）壁坍塌；然后使用导管按照水下浇筑混凝土的方法逐段浇筑混凝土；根据不同的成槽方法、不同的接头方式，将各单元槽段连接起来，形成地下防渗结构物。

2. 混凝土防渗墙的施工工序

混凝土防渗墙的施工工艺流程一般分为施工准备、成槽及成墙三个阶段。

（1）施工准备阶段：平整场地、挖导沟、筑导墙、安装挖槽机械、制备泥浆、安装泥浆循环系统及废浆处理系统、安装混凝土搅拌设备、准备料场等，设计要求时还应制作钢筋笼。

（2）成槽阶段：槽段开挖、泥浆护壁、清槽及接缝施工。

（3）成墙阶段：安放导管、浇筑混凝土等。

混凝土防渗墙的施工工艺应按照《水利水电工程混凝土防渗墙施工技术规范》（SL 174—96）进行。

三、排水设施修复

排水设施一般采用分层铺设的级配砂砾层或平铺的透水土工布在护坦（消力池底板）和海漫的底部，伸入底板下游齿墙稍前方，渗流由此和下游连接。排水设施失效时，应对其进行修复处理。

排水管损坏或堵塞时，应将损坏或堵塞的部分挖除，按原设计进行修复。排水管修复时，应根据排水管的结构类型，分别按照相应的材料及相关规范进行修复。

反滤层发生失效时，应拆除护坦或海漫，按照原设计重新铺设反滤层或采用其他方法，如可在护坦或海漫上增设排水降压井，其布置方式按照有利于排水的原则进行。反滤层、排水降压井的设计及施工应按照《水闸设计规范》（SL 265—2001）和《水闸施工规范》（SL 27—91）等相关规范进行。

四、绕闸渗流的修复

绕闸渗流是水闸上游水流绕过水闸两侧与堤坝连接段形成流向下游的渗透水流。对于已发生侧向绕渗的水闸，应首先了解水闸两侧的地质情况和渗漏部位，然后采取相应措施进行处理,处理的方法有增加侧向齿墙、钻孔灌浆等。

(一)增加侧向齿墙

增加侧向齿墙(一道或多道)可采用高压喷射注浆法或回填黏土法。高压喷射注浆法可参考本章的相关章节,回填黏土法仅以冲抓套井回填黏土法为例作介绍。

1. 冲抓套井回填黏土法

1)施工机理

利用冲抓式打井机具,在水闸端部与堤坝防渗范围内造井,用黏性土料分层回填夯实,形成一连续的套接黏土防渗墙,截断渗流通道,起到防渗的目的;同时在夯击时,夯锤对井壁的土层挤压,使其周围土体密实,提高土体质量,达到防渗和加固的目的。

2)施工要点

(1)确定套井处理范围,根据绕闸渗漏情况,即渗漏量大小、出逸点位置以及钻探、槽探资料,分析渗漏范围及处理长度,一般以闸室侧墙偏上游侧,沿堤坝轴线延伸,长度以满足防渗要求为准。

(2)齿墙套井在平面上按主、套井相间布置,套井平面形状为整圆,主井被套井切割成对称蚀圆,一主一套相交连成井墙。

(3)套井间距(中心距)的计算公式为:$L_{间距}=2R\cos\alpha$,R 为套井径,α 为最优角,是主井和套井交点与圆心连线和轴线的夹角。

(4)套井深度应达到闸底板底部高程,由于夯击是侧向压力作用,因此套井搭接处的土体渗透系数小于套井中心处的渗漏系数,两孔套接处不会产生集中渗流。

(5)用于套井回填的土料一般要求:必须是非分散性土料,黏粒含量在35%~50%,渗透系数小于5 cm/s,干密度要大于1.5 g/cm^3。

3)施工工艺

冲抓套井施工操作主要是造孔、回填、夯实三个环节。其详细工艺流程为:放样布孔架机对中→造孔→下井检查→人工清理→回填夯实→质量检查→移机→料场取土→运输→土料翻晒或加水→土料贮存运输。

(1)造孔。造孔的施工顺序是在同一排井先打主井,回填夯实后,再打套井回填夯实,按顺序进行。

(2)回填。在土料回填前,应下井检查,把井底浮土、碎石等杂物清理干净并保持井内无水。回填土料粒径一般不得大于5 cm,并不准掺有草皮、树根等杂物。回填铺土要均匀平整,分层回填,铺土层不宜过厚,以30~50 cm为宜。

(3)夯实。夯实时落锤要平稳,提升后自由下坠,不使钢丝绳抖动,夯锤落距宜小,不要忽高忽低。施工参数的确定应通过现场试验确定,按其实验最佳铺土厚度、夯重、落距、夯击次数控制。一般控制夯距为2 m,夯击次数为20~25次。当料场改变时,施工参数也应作相应调整。

(4)质量检查。土料检查:检查土料性质、含水量等是否符合设计要求,是否已将草皮、树根等清除干净;井孔检查:检查井底的清基及积水的排除,测量孔深是否达到设计要求的深度;回填土质量检查:检查项目包括干密度、渗透系数,一般要求对每个套井均应取样试验。

（二）灌浆处理

灌浆处理一般适用于闸室侧墙与回填土结合面的渗流处理。灌浆处理可以按照《水工建筑物水泥灌浆施工技术规范》(DL/T 5148—2001)中的相关规定进行。

第二节　地基处理技术

水闸地基处理的核心是根据地基土的工程力学特性、水闸的型式、结构受力体系、建筑材料、作用荷载、施工技术条件以及经济指标等选择合理的处理方法和施工技术。病险水闸的地基加固处理，还要考虑水闸的基础类型、布置以及对堤防和其他邻近建筑物的影响等因素。拆除重建水闸的地基处理在第三章中已介绍，本节着重介绍三类闸的地基加固技术，主要有地基处理技术和纠偏技术两部分。

一、地基处理技术

既有水闸地基加固因受场地和建筑物结构型式的限制，很多常用的加固技术难以实现，本节仅介绍灌浆法和高压喷射桩，在工程条件允许的情况下也可采用其他加固方法。

（一）灌浆法

灌浆的目的是对土体的加固和防渗，为了有效提高灌浆效果，应选择合适的浆料，特别是浆料要有渗入土体的性能，同时需要有长期的稳定性以保持处理效果。灌浆材料可分为水泥类和化学类。水泥类灌浆材料结石体强度高、造价低廉、材料来源丰富、浆液配制方便、操作简单，但由于普通水泥颗粒粒径较大，浆液一般只能注入到直径或宽度大于0.2 mm的孔隙或裂隙中。目前超细水泥浆可灌入宽度大于0.02 mm的孔隙或粒径大于0.1 mm的细砂和粉砂层，扩大了水泥灌浆的应用范围。化学浆液可灌性好，浆液黏度低，能注入到细微裂隙中，但一般化学灌浆具有毒性、价格昂贵等缺点。

1. 水泥灌浆

水泥灌浆的方法很多，目前分类无统一标准。一般按灌浆工程的地质条件、浆液扩散能力和渗透能力分为下列几类：

(1)充填灌浆法。具有大裂隙、洞穴的岩土体的灌浆属于这种类型。

(2)渗透灌浆法。在不改变底层结构和颗粒排列的原则下，把浆液充填到岩土地层孔隙或裂隙，向地层深处渗透的灌浆方法，属于这种类型。主要用于砂砾层灌浆。

(3)压密灌浆法。用较高的压力灌注浓度较大的浆液，使浆液在灌浆管端部附近形成浆泡，浆液在灌浆压力作用下挤入地层，多呈脉状或条形胶结地层。这种方法在黏性土中使用较多。

(4)劈裂灌浆法。低渗透性地层中灌浆时，在较高压力作用下，浆液先后克服地层中的初始应力和抗剪抗拉强度，使其在底层内发生水力劈裂作用，从而破坏和扰动地层结构，使地层内产生一系列裂隙，或使原有的孔隙和裂隙进一步扩展，增强浆液的可灌性，增大浆液的扩散范围。这种方法一般在渗透系数小、颗粒很小的中、细、粉砂岩土或淤泥中使用。

2. 化学灌浆

为了解决某些用颗粒状材料不能解决的工程问题，补充颗粒状材料灌浆的不足，可采用化学灌浆。

1) 化学灌浆的特点

(1) 浆液在初始状态下的黏度小，具有较好的可灌性。

(2) 浆液的胶凝时间可根据需要进行调整和控制。

(3) 灌浆施工工艺要求严格。

(4) 有的化学灌浆材料在聚合前具有毒性，要求施工时做好防护工作。

2) 化学灌浆的方法

通常采用单液法和双液法两种。施工工序主要为灌浆孔的布置设计、钻孔、钻孔冲洗、预埋灌浆管、灌浆、终灌浆结束和封孔、数据分析。

由于化学浆液是真溶液，因此采用填压式灌浆。灌浆压力需在较短时间内上升到设计最大允许压力，以保证灌浆的密实性，增大有效扩散范围。由于化学灌浆浆液使用的材料在凝胶前均有不同程度的毒性，且还有较多的易燃、易爆、腐蚀等药品，因此其施工设备选择有特定要求；施工人员也要经过专门培训，采取必要的安全防护措施，以保证人体健康和避免环境污染。

3) 设备选择原则

(1) 制浆设备选择原则：①多使用搪瓷桶或硬质塑料桶和叶片式搅拌器等；②制好的浆液存入浆桶，浆桶一般由钢化玻璃、塑料或不锈钢等材料制成；③桶与桶或桶与灌浆泵间多用胶管快装接头连接。

(2) 灌浆泵选择原则：①能在要求压力下安全工作；②能灌注规定浓度的化学浆液；③能耐化学腐蚀；④排浆量可在较大幅度内无级调节；⑤压力平稳，控制灵活；⑥操作简单，便于拆洗和检修。

3. 黏土灌浆

1) 浆料

黏土灌浆一般使用黏土浆即可，制浆土料应以含黏粒25%～45%、粉粒45%～65%、细砂10%的重壤土和粉质黏土为宜。土料黏粒含量过大则析水性差，固结后收缩性较大，易产生裂缝，必要时可加入水玻璃或水泥调节灌浆效果，浓稀控制以水土比1∶0.75至1∶1.25，泥浆密度以1.25～1.5 g/cm^3 为宜。必要时可以经过试验确定。

2) 黏土灌浆的作用

(1) 充填劈裂或洞穴，恢复土体的完整性，堵塞渗漏通道。

(2) 改善土体内的应力条件，增加土体稳定性。

(3) 消除土体内管涌、流土、接触冲刷，减小或消除拉应力。

3) 黏土灌浆的施工方法

施工程序：钻孔→安放灌浆管并孔口封堵→浆液制备→灌浆→封孔。

(1) 钻孔。黏土灌浆孔通常不深，一般可用钻机钻孔。钻孔可以采用套管法或泥浆循环护壁法。钻孔孔径25～90 mm均可，依所用钻具而定。钻孔深度应达到地基薄弱层以下。对准孔位后，采取冲击成孔的方法钻进，当钻进到淤泥、淤泥质土、粉砂和细砂时，下入导管护壁，然后采取捞砂筒取砂成孔的方法。

(2)安放灌浆管并孔口封堵、灌浆。灌浆管安放及孔口封堵灌浆管下端设置0.7～1.0 m长且下端封口的花管，花管孔径$\phi 8$，孔隙率15%左右；在花管外壁包扎一层软橡皮，以防流砂涌进花管导致灌浆无法进行。当成孔达到预定深度后，将灌浆管安放到位，灌浆可采取全孔灌注或分段灌注。

当采用全孔灌注时，先用水泥袋放入孔中水稳层底部，包裹灌浆管并接触孔壁，即"架桥"，然后投入黏土分层夯实至孔口，开始灌浆。

也可采用自上而下孔口封闭分段纯压式灌浆法，即自上而下钻完一段灌注一段，直到预定孔深为止。灌浆压力采取二次或三次升压法来控制，即灌浆开始采用低压(小于0.1 MPa)或自流式灌浆，当吸浆量较大时采取间歇灌浆或用砂浆灌注，终灌时的压力要达到设计值，灌浆结束标准严格按设计执行。

多排孔要先灌边排、后灌中间排，每排内要分序加密。灌浆过程中要经常检查泥浆质量，查看灌浆孔周围有无漏浆、冒浆、串浆、塌陷、隆起等现象，以及土体的沉降、位移、渗漏情况等，发现异常及时采取措施处理。

(3)灌浆结束。进行充填灌浆时，当灌浆孔孔口压力小于设计值，且孔内不再吸浆，持续灌浆30 min即可结束。

(4)封孔。在灌浆结束，泥浆排水凝结后，再进行封孔。封孔可用泥球分层填塞、捣实；也可注入浓泥浆(密度大于1.6 g/cm^3)封填，孔口用黏性土夯填密实。

4)异常情况下的技术处理措施

(1)在灌浆过程中，发现浆液冒出地表即冒浆，采取如下控制性措施：降低灌浆压力，同时提高浆液浓度，必要时掺砂或水玻璃；限量灌浆，控制单位吸浆量不超过30～40 L/min或更小一些；采用间歇灌浆的方法，即发现冒浆后就停灌，待15 min左右再灌。

(2)在灌浆过程中，当浆液从附近其他钻孔流出即串浆，采取如下方法处理：加大第Ⅰ次序孔间的孔距；在施工组织安排上，适当延长相邻两个次序孔施工时间的间隔，使前一次序孔浆液基本凝固或具有一定强度后，再开始后一次序钻孔，相邻同一次序孔不要在同一高程钻孔中灌浆；串浆孔若为待灌孔，采取同时并联灌浆的方法处理，如串浆孔正在钻孔，则停钻封闭孔口，待灌浆完后再恢复钻孔。

(二)高压喷射注浆加固水闸地基

采用高压喷射注浆是水闸地基加固的常用方法。适用于既有水闸的地基处理与防渗帷幕等工程，也可采用该方法形成地下连续墙围堵地基液化土层，处理地基液化问题。

1.注浆方法

高压喷射注浆的基本种类有：单管法、二管法、三管法和多管法等几种方法。它们各有特点，可根据工程要求和土质条件选用。

(1)单管法。单管法是利用高压泥浆泵装置，以10～25 MPa的压力，把浆液从喷嘴中喷射出去，以冲击破坏土体，同时借助灌浆管的提升或旋转，使浆液与从土体上崩落下来的土混合掺搅，经过一定时间的凝固，便在土中形成凝结体。由于需要高压泵直接压送浆液，对泵的要求较高，且易磨损，因此形成凝结体的长度(柱径或延伸长)较小。

(2)二管法。二管法是利用两个通道的注浆管通过在底部侧面的同轴双重喷射，同时喷射出高压浆液和空气两种介质射流冲击破坏土体,即以高压泥浆泵等高压发生装置喷射出 10~25 MPa 压力的浆液,从内喷嘴中高速喷出,并用 0.7~0.8 MPa 的压缩空气,从外喷嘴(气嘴)中喷出。在高压浆液射流和外圈环绕气流的共同作用下,破坏泥土的能量显著增大,与单管法相比,其形成的凝结体长度可增加一倍左右(在相同的压力作用下)。

(3)三管法。三管法是使用分别输送水、气、浆三种介质的三管,在压力达 30~50 MPa的超高压水喷射流的周围,环绕一般 0.7~0.8 MPa 的圆筒状气流,利用水气同轴喷射,冲切土体,再另由泥浆泵注入压力为 0.2~0.7 MPa、浆量为 80~100 L/min 的稠浆进行充填。浆液比重可达 1.6~1.8,浆液多用水泥浆或黏土水泥浆。如前所述,当采用不同的喷射形式时,可在土层中形成各种要求形状的凝结体。这种方法可用高压水泵直接压送清水,机械不易磨损,可使用较高的压力,形成的凝结体较二管法大,较单管法则要大 1~2 倍。

(4)多管法。这种方法须先在地面上钻一个导孔,然后置入多重管,用逐渐向下运动旋转的超高压射流,切削破坏四周的土体,经高压水冲切下来的土和石,随着泥浆用真空泵立即从多重管中抽出。如此反复冲和抽,便在地层中形成一个较大的空间;装在喷嘴附近的超声波传感器可及时测出空间的直径和形状,最后根据需要先用浆液、砂浆、砾石等材料填充,于是在地层中形成一个大的柱状固结体。在砂性土中最大直径可达 4 m。此法属于用浆液等材料全部空间的全置换法。

以上四种高压喷射注浆法,前三种属于半置换法,即高压水(浆)挟带一部分土颗粒流出地面,余下的土和浆液搅拌混合凝固,成为半置换状态;第四种方法属于全置换法,即高压水冲击下来的土,全部被抽出地面,而在地层中形成孔洞(空间),以其他材料充填之,成为全置换状态。

高压喷射灌浆施工示意图见图 4.2。

2. 施工准备

1)材料

(1)水泥:一般无特殊要求的工程,宜采用普通型水泥浆,即纯水泥浆。水泥采用 32.5级或 42.5 级普通水泥,水泥进场时应检验其产品合格证、出厂检验报告和进场复检报告,保证其质量符合现行国家标准《硅酸盐水泥　普通硅酸盐水泥》(GB 175—1999)的规定。

(2)配比:一般泥浆水灰比为 1:1~1.5:1,不加任何外加剂。如有特殊要求,可以加入一些添加剂,如水玻璃、氯化钙、三乙醇胺等。

(3)浆液配置时间。浆液宜在旋喷前 1 h 以内配制,使用时滤去硬块、砂石等,以免堵塞管路和喷嘴。

2)主要施工机具

主要机具设备包括高压泵、钻机、泥浆搅拌器等,辅助设备包括操纵控制系统、高压管路系统、材料储存系统,以及各种材料、阀门、接头安全设施等。高压喷射注浆法施工常用主要机具设备规格、技术性能及要求见表 4.1。

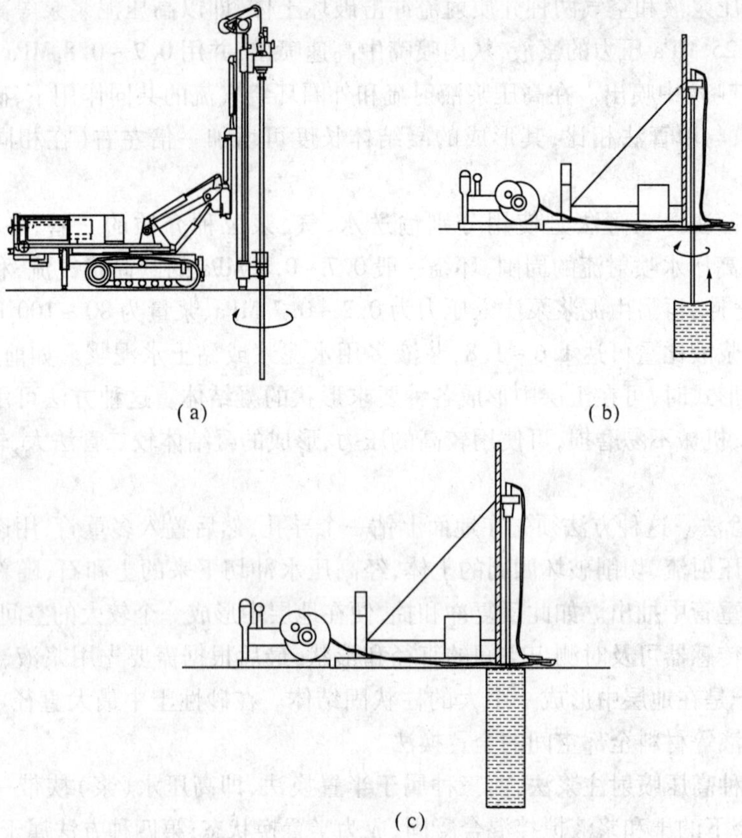

图 4.2　高压喷射灌浆施工示意图

表 4.1　各种高压喷射注浆法主要施工机具及设备

序号	机器设备名称	型号	规格	用途	所用的机具				
					单管法	二管法	三管法	锤重管法	多管法
1	高压泥浆泵	SNS－H300 水泥车 Y－2 型液压泵	30 MPa 100 L/min	旋喷注浆	√	√			√
2	高压水泵	3D2－S 型	40 MPa 80 L/min	高压水旋喷			√	√	√
3	钻机	工程地质钻或振动钻		旋喷用，成孔	√	√	√	√	√
4	泥浆泵	BW－150 型 BW－200 型 BW－250 型	1.8～7 MPa 5～8 MPa 2.5～7 MPa	旋喷注浆			√	√	√
5	真空泵			排注				√	
6	空压机		0.7 MPa 6～9 m^3/min	旋喷用		√	√		√

续表 4.1

序号	机器设备名称	型号	规格	用途	所用的机具				
					单管法	二管法	三管法	锤重管法	多管法
7	泥浆搅拌机	M-200 型 SS-400X 型		配制浆液	√	√	√	√	√
8	单管法			配制浆液	√				
9	二管法			配制浆液		√			
10	三管法			配制浆液			√		
11	多管法			配制浆液				√	
12	多管法			配制浆液					√
13	超声波传感器			检测成孔				√	
14	高压胶管		60 ~ 80 MPa ϕ19 mm	高压水泥浆用	√	√	√	√	√

3. 施工工艺

高压喷射灌浆的施工工艺流程如下。

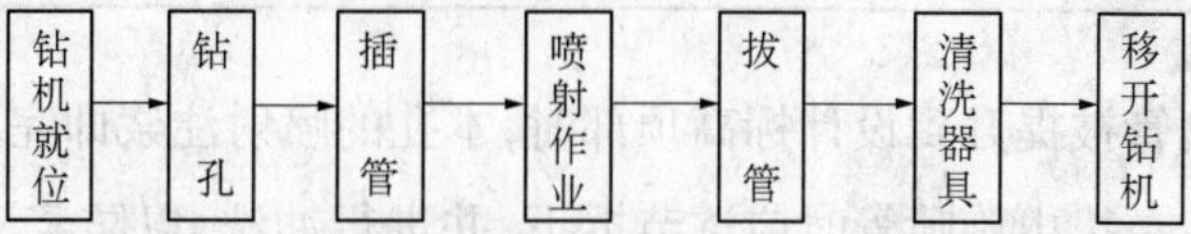

(1)钻机就位:根据设计的平面坐标位置进行钻机就位,要求将钻头对准孔位中心,同时钻机平面应放置平稳、水平,钻杆角度和设计要求的角度之间偏差应不大于1.5%。

(2)钻孔:在预定的旋喷桩位钻孔,以便旋喷杆可以放置到设计要求的地层中。钻孔的设备,可以用普遍的地质钻孔或旋喷钻机。

(3)插管:当采用旋喷管进行钻孔作业时,钻孔和插管两道工序可合二为一,钻孔达到设计深度时,即可开始旋喷;而采用其他钻机钻孔时,应拔出钻杆,再插入旋喷管,在插管过程中,为防止泥沙堵塞喷嘴,可以用较小的压力边下管边射水。

(4)喷射作业:自下而上地进行旋喷作业,旋喷头部边缘在设定的角度范围内边摆动边上升,此时旋喷作业系统的各项工艺参数都必须严格按照预先设定的要求加以控制,并随时做好旋喷时间、用浆量、冒浆情况、压力变化等参数的记录。根据设计桩径或喷射范围的要求,还可以采用复喷的方法扩大加固范围,即在第一次喷射完成后,重新将旋喷管插到设计要求复喷位置,进行第二次喷射。高压喷射注浆技术常用参数见表4.2。

表4.2　高压喷射注浆技术常用参数

技术参数		单管法	二管法	三管法	
				CJG法	RJPI法
高压水	压力(MPa)			20～40	20～40
	流量(L/min)			80～120	8～120
	喷嘴孔径(mm)			1.7～2.0	1.7～2.0
	喷嘴个数			1～4	1
压缩空气	压力(MPa)		0.7	0.7	0.7
	流量(m^3/min)		3	3～6	3～6
	喷嘴间隙(m)		2～4	2～4	2～4
水泥浆液	压力(MPa)	20～40	20～40	3	20～40
	流量(L/min)	80～120	8～120	70～150	8～120
	喷嘴孔径(mm)	2～3	2～3	8～14	2.0
	喷嘴个数	2	1～2	1～2	1～2
注浆管	提升速度(cm/min)	20～25	10～20	5～12	5～12
	旋转速度(r/min)	约20	10～20	5～10	5～10
	外径(mm)	Φ42、ϕ50	Φ50、ϕ75	Φ75、ϕ90	Φ90

(5)拔管:旋喷管被提升到设计标高顶部时,本孔的喷射注浆即完成。

(6)清洗器具:在拔出旋喷管时应逐节拆下,并进行冲洗,以防浆液在管内凝结堵塞。一次下沉的旋喷管可以不必拆卸,直接在喷浆的管路中泵送清水,即可达到清洗目的。

(7)移开钻机:将钻机移到下一孔位。

4.施工质量控制

施工前应复核桩位,检查水泥、外掺剂等的质量,压力表、流量表的精度和灵敏度,高压喷射设备的性能等。

施工中应检查施工参数(压力、水泥浆量、提升速度、旋转速度等)及施工程序。特殊工艺、关键控制点控制方法见表4.3。

表4.3　特殊工艺、关键控制点控制方法

序号	关键控制点	主要控制方法
1	喷射程序	各种高压喷射注浆,均自下而上(水平喷射由里向外)连续进行。当注射管不能一次提升完成,需分成数次卸管时,卸管再喷射注浆的搭接长度不应小于100 mm,以保证固结体的完整性

续表 4.3

序号	关键控制点	主要控制方法
2	长桩或高帷幕墙的喷射工艺	由于天然地基的地质情况比较复杂，沿深度变化大，往往有多种土层，其密实度、含水量、土粒组成和地下水状态等有很大差异。若采用单一的技术参数喷射长桩或高帷幕墙，则会形成直径大小极不均匀的固结体，导致旋喷桩直径不一，承载力降低，旋喷桩之间交联不上或防渗帷幕墙出现缺口，防渗效果不良等问题。因此，长桩和高帷幕墙的喷射工艺，对硬土、深部土层和颗粒大的卵、砾石要增加喷射时间，适当放慢提升速度和旋转速度，提升喷射压力
3	复喷工艺	在不改变喷射技术参数的条件下，对同一土层重复喷射（喷到顶再放下重喷该部位），能增加土体破坏有效范围，提高喷射体的均匀度和固化体强度。也可在第一次喷射时先喷水，复喷时喷射浆液
4	固结体形状控制	固结体的形状可通过调节喷嘴移动方向和速度、改变喷射压力和注浆量予以控制。根据工程需要，可喷射成如下几种不同的固结体。 圆盘状：只旋转不提升或少提升； 墙壁状：只提升不旋转，喷射方向固定； 圆柱状：边提升边旋转； 大底状：在底部喷射时，加大喷射压力、重复旋喷或降低喷嘴的旋转提升速度； 大帽状：到土层上部时加大压力、重复旋喷或降低喷嘴旋转提升速度； 扇形状：边往复摆动，边提升。 在完成控形工艺后，要求固结体达到匀称，粗细和长度差别不大

施工结束后，应检验桩体强度、平均桩径、桩身位置、桩体质量及承载力等，桩体质量及承载力检验应在施工结束后 28 d 进行。

高压喷射注浆地基质量检验标准应符合表 4.4 的规定。

表 4.4　高压喷射注浆地基质量检验标准

项目	检查项目	允许偏差或允许值	检查方法
主控项目	水泥及外掺剂质量	符合出厂要求	查产品合格证书、抽样送检
	水泥用量	按设计要求	查看流量表及水泥浆水灰比
	桩体强度或完整性检验	按设计要求	按规定方法
	地基承载力	按设计要求	按规定方法
一般项目	钻孔位置(mm)	≤50	用钢尺测量
	钻孔垂直度(%)	≤1.5	经纬仪测钻杆或实测
	孔深(mm)	±200	用钢尺测量
	注浆压力	按设定参数指标	查看压力表
	桩体搭接(mm)	>200	用钢尺测量
	桩体直径(mm)	≤50	开挖后用钢尺量
	桩身中心允许偏差(mm)	≤0.2*D*	开挖后桩顶下 500 mm 处用钢尺量，*D* 为桩径

5. 应注意的质量问题

1) 冒浆

在旋喷桩施工过程中，往往有一定数量的土颗粒，随着一部分浆液沿着注浆管管壁冒出地面。通过对冒浆的观察,可及时了解地层状况,判断旋喷的大致效果和确定旋喷参数的合理性等。根据经验,冒浆(内有土粒、水及浆液)量小于注浆量20%为正常注浆,超过20%或完全不冒浆时,应查明原因,及时采取相应措施。

流量不变而压力突然下降时,应检查各部位的泄露情况,必要时拔出注浆管,检查封密性能。

出现不冒浆或断续冒浆时,若为土质松软,则视为正常现象,可适当进行复喷。若为附近有孔洞、通道,则应提升注浆管继续注浆直到冒浆为止;或拔出注浆管待浆液凝固后重新注浆,直至冒浆为止,也可采用速凝剂,使浆液在注浆管附近凝固,孔洞、通道应根据情况另行处理。

冒浆量过大的主要原因,一般是有效喷射范围与注浆量不相适应,注浆量大大超过旋喷固结所需的浆量所致。此时应查明地质情况,调整注浆参数。

2)收缩

当采用纯水泥浆液进行喷射时,在浆液与土粒搅拌混合后的凝固过程中,由于浆液析水作用,一般均有不同程度的收缩,造成在固结体顶部出现一个凹穴,凹穴的深度因地层性质、浆液的析出性、固结体的直径和全长等因素而各有不同,喷射10 m长固结体一般凹穴深度在0.3~1.0 m,单管旋喷的凹穴最小,为0.1~0.3 m,二重管旋喷次之,三重管旋喷最大,为0.3~1.0 m。这种凹穴现象,对于地基加固或防渗堵水是极为不利的,必须采取有效措施予以消除。

为防止因浆液凝固收缩产生凹穴使已加固地基与水闸基础出现不密实或脱空等现象,应采取超高旋喷(旋喷处理地基的顶面超过水闸基础底面其超高量应大于收缩高度),或采取二次注浆措施。

二、纠偏技术

闸沉降量过大或不均匀沉降导致闸室倾斜、底板断裂等都将严重影响水闸的安全运用。在水闸除险加固中,如能够进行纠偏处理,既可以保证水闸的安全运行,又可以节约大量的建设资金。各类工程中纠偏技术应用很多,但水闸工程有其自身的特点。国内外相关资料表明,纠偏技术在水闸工程闸室段或涵洞段中虽有应用(如锚杆静压桩纠偏、打孔掏土纠偏等),但总体上应用比较谨慎,应用量也较少。以下主要介绍锚杆静压桩在水闸纠偏中的应用,这种方法主要用于水闸翼墙的纠偏加固。当闸室采用这种方法纠偏时,因需要在闸底板上钻孔、破坏结构,设计单位应综合研究各方面因素,在确保水闸结构安全的情况下,也可以应用。

利用锚杆静压桩纠偏是在基础混凝土上钻孔,并在钻孔周围混凝土上种植锚杆,通过锚杆提供的反力将预制混凝土桩或钢管桩从基础预开孔洞中压入地基,并将翼墙顶升至同一高程的一种纠偏技术。在纠偏加固中,顶升应结合灌浆施工同时进行,以提高顶升后闸室地基的抗渗能力。锚杆静压桩适用于淤泥、淤泥质土、黏性土、粉土和人工填土等地基土上的纠偏。

(一)锚杆静压桩的施工工艺

锚杆静压桩的工艺流程为:定位→开凿压桩孔和钻取锚固孔→种植锚杆→固定压桩

架和千斤顶→压桩→顶升→封桩。

1. 定位和钻孔

根据设计要求在水闸基础混凝土上钻静压桩孔和锚杆锚固孔。静压桩孔径应比静压桩直径大 10 ~ 20 mm。

2. 种植锚杆

采用植筋技术将锚杆种植在基础混凝土中。基础混凝土厚度不足时,应钻通基础混凝土并将锚杆通过机械装置牢固固定在混凝土中,并验算连接强度。

3. 压桩装置的安装和压桩

将锚杆通过法兰连接起来作为千斤顶的反力点。将预制混凝土桩或钢管桩放入基础混凝土孔中,通过千斤顶将预制混凝土桩或钢管桩逐节压入地基土中。预制混凝土桩、钢管桩各节之间应采用有效的连接方式,一般预制混凝土桩通过预留钢筋插接或在混凝土桩端部预埋钢套环连接时将钢套环焊接;钢管桩直接焊接。压桩时应逐桩依次压入,当压至设计承载力时即可停止。

4. 顶升

所有静压桩均达到设计承载能力后,根据测量结果确定各桩的顶升量,同时顶升各桩,使水闸翼墙沉降较大一侧整体顶升,达到设计高程后停止。

5. 封桩

将锚杆和静压桩连接在一起后,切除锚杆和静压桩露在基础混凝土以上部分,最后用混凝土将基础孔洞填平。

顶升作业完成后应及时进行灌浆处理,充填由于顶升引起的空隙,防止渗漏。

(二)锚杆静压桩施工前的准备工作

(1)清理施工工作面。

(2)制作锚杆螺栓和桩节。

(3)种植反力锚杆,制作压桩架。

(4)开凿压桩孔并清理干净。

(5)准备、检查顶升的机械系统和观测系统。

(三)压桩施工要点

(1)压桩架应保持竖直,锚杆螺帽或锚具应均衡紧固,压桩过程中应随时拧紧松动的螺帽。

(2)就位的桩节应保持竖直,使千斤顶、桩节及压桩孔轴线重合,不得偏心加压。压桩时应垫钢板,套上钢桩帽后再进行压桩。桩位平面偏差不得超过 ±20 mm,桩节垂直度偏差不得大于 1% 的桩节长。

(3)整根桩应一次连续加压到设计承载力,当必须中途停压时,停压的间隔时间不宜过长。

(4)焊接接桩前应对准上、下节桩的垂直轴线,清除焊面铁锈后进行满焊。

(5)采用锚固剂接桩时,其施工应按《混凝土结构加固设计规范》(GB 50367—2006)和《地基与基础工程施工及验收规范》(GB 50202—2002)的有关规定执行。

(6)封桩分两种情况:封桩时桩体承受上部结构荷载;封桩时桩体不承受上部结构荷

载。对第一种情况，应在千斤顶不卸载条件下，将桩体和基础混凝土连接牢固。对钢管桩一般将钢管和锚杆通过垫块焊接固定，切除钢管桩和锚杆高出基础部分，在钢管内充填混凝上，最后安装封桩钢板并用混凝土封填；对混凝土桩，应将最后一节换为钢管桩，以便封桩。对第二种情况，应先卸载，然后参考第一种情况进行封桩或采取其他方法。锚杆静压桩施工示意图见图4.3。

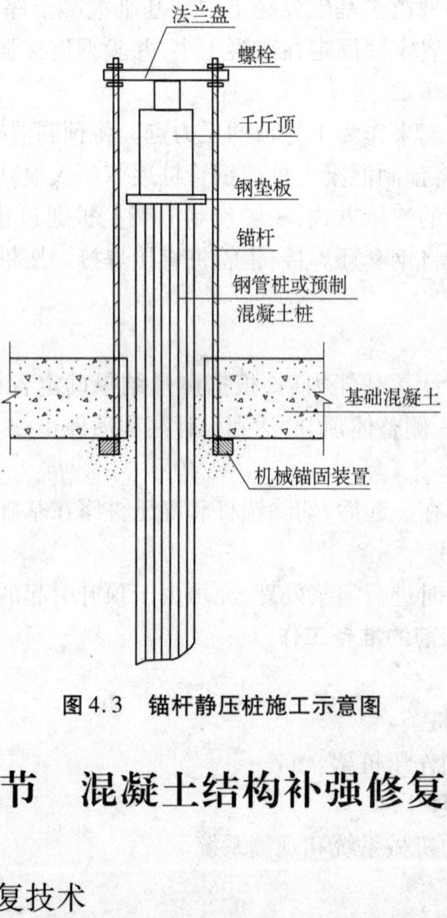

图4.3　锚杆静压桩施工示意图

第三节　混凝土结构补强修复技术

一、混凝土渗漏修复技术

水工混凝土渗漏主要是由混凝土内部不密实、裂缝、永久缝止水失效等原因引起的，本节将重点介绍以下混凝土结构渗漏修复技术。

混凝土渗漏往往只是表象，而原因可能是结构沉降、混凝土不密实、止水材料老化等诸因素共同作用的结果。在混凝土渗漏修复时，应正确分析渗漏产生的原因，对症下药，方能达到预期的修复效果。

防渗处理可分为迎水面处理和背水面处理。一般来说，迎水面的防渗处理可以较好地从源头封闭渗漏通道，这样既可直接阻止渗漏，又有利于水闸本身的稳定，是防治渗漏的首选办法，在条件允许的情况下应尽可能采取此种方法。但由于水闸（特别是涵洞式水闸）的特殊性，该方法所受的局限性较大，一般仅针对新建工程中由于施工不当引起的混凝土裂缝，或在允许开挖的涵洞式水闸的处理上采用。而对于大多数渗漏处理工程，一般面临的都是背水面防水处理，在这种情况下，对防水材料和工艺的选择就提出了较高的要求。

根据病害的特点，混凝土渗漏修复分为表面粘贴法、表面嵌填法、化学灌浆法和表面喷涂（涂刷）法。实际工程中对混凝土渗漏修复一般采用上述一种或多种方法。

静止裂缝：形态、尺寸和数量均已稳定不再发展的裂缝。修补时仅需根据裂缝粗细、有无渗水选择修补材料和方法。

活动裂缝：宽度在现有环境和工作条件下始终不能保持稳定，易随结构构件的受力、变形或环境温度、湿度的变化而开合的裂缝。修补时，应先消除其成因，并观察一段时间，确认裂缝已稳定后，再依据静止裂缝的修复方法处理。若无法消除其成因，但确认对结构无害的，可使用遇水膨胀止水条等弹性材料进行修补。

对混凝土裂缝引起的渗漏，在处理时不能只考虑对裂缝本身的处理，而应分析原因。当裂缝是由于异常沉降引起时，应首先采取措施控制水闸沉降，在确认水闸异常沉降终止时，再采用化学灌浆法、表面嵌填等方法对裂缝本身进行处理，否则裂缝可能进一步开展或在原裂缝附近产生新的裂缝。在北方冬、夏季温差较大地区，有的混凝土裂缝是由于设计时伸缩缝设置不合理（分缝长度过大等）引起的，裂缝冬季开展、夏季闭合，此时裂缝应按永久缝修复处理，防止化学灌浆后结构由于温度应力产生新的裂缝。

（一）表面粘贴法

表面粘贴法是通过在混凝土表面粘贴片状防水材料来防止渗漏的方法，适用于混凝土表面大面积龟裂、漫渗等缺陷的修复。一般采用橡胶防水卷材（如三元乙丙橡胶防水卷材、氯化聚乙烯橡胶防水卷材等）或其他片状纤维材料（如玻璃纤维、碳纤维等），但要求黏合剂能够在潮湿或有明水的界面快速黏结固化。

表面粘贴法的施工工序为：施工准备→基面处理→底胶涂刷→卷材粘贴→面层处理。

表面粘贴法施工示意图见图4.4。

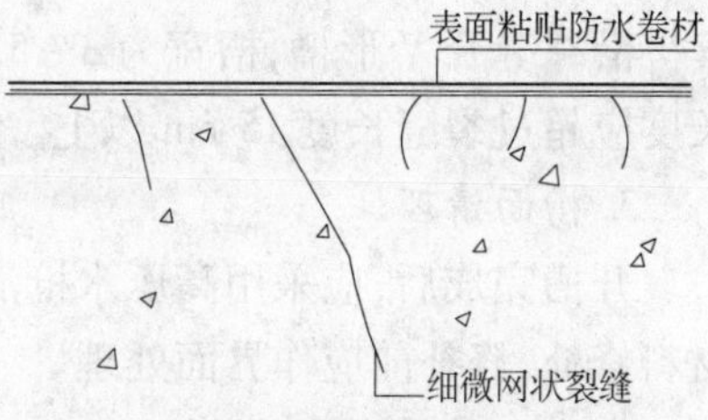

图4.4　表面粘贴法施工示意图

1.施工准备

施工前应根据现场情况制定合理的修复方案，准备施工材料、人员及相关机械设备。

2.基面处理

基面处理的程度决定了粘贴材料与混凝土的黏结能力，根据基面情况可采用钢丝刷或角向磨光机打磨，将混凝土基面表层附着物、松动混凝土清除，并用高压水枪冲洗干净。

3.底胶涂刷

基层处理结束后，将配置好的胶粘剂均匀地涂抹在基层表面，厚度1～2 mm，待表面干燥后，方可进行下道工序。

4.卷材粘贴

底胶表干后，在底胶上均匀涂刷一层面胶，然后将卷材平铺在粘合面上，用滚筒或手压紧，不能有褶皱、起皮、空鼓现象。

5.面层处理

卷材粘贴完毕后，一般外粉砂浆或其他修补材料隐蔽。

6. 质量检查

卷材粘贴表面应平整，无气泡、水泡，必要时还应对卷材的黏结强度进行现场检测。

(二)表面嵌填法

表面嵌填是指沿裂缝凿槽，并在槽中嵌填止水密封材料，封闭裂缝，以达到防渗、补强的目的。对无渗漏的结构裂缝，一般可采用聚合物砂浆、环氧砂浆、弹性环氧砂浆或聚氨酯砂浆等强度较高的材料嵌填；而对于有水渗漏的裂缝，一般在填入遇水膨胀止水条后再用聚合物砂浆、环氧砂浆、弹性环氧砂浆或聚氨酯砂浆等封闭。

表面嵌填法的施工工序为：施工准备→裂缝开槽→槽面清理→止水材料嵌填封闭。表面嵌填法施工示意图见图 4.5。

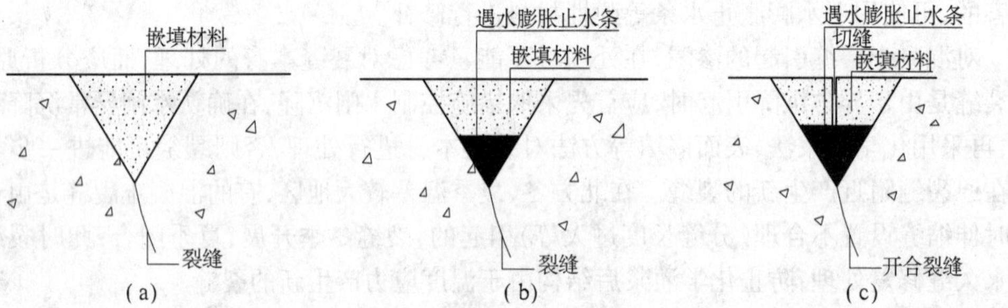

图 4.5　表面嵌填法施工示意图

1. 施工准备

施工前应根据选择的施工方案，准备施工材料、人员及相关机械设备。清除裂缝两侧 20 cm 内混凝土表面附着物。

2. 裂缝开槽

沿裂缝开 V 形槽，槽宽为 3 ~ 5 cm，槽深 2 ~ 5 cm。开槽时应清除松动混凝土。开槽长度应超过裂缝长度 15 cm 以上。

3. 槽面清理

开槽完成后，应采用高压水枪清理槽面，去除表面灰渣。用以水泥为主要原料的嵌填材料修补，修补前应作界面处理。

4. 止水材料嵌填封闭

按选定的方案嵌填止水材料。采用聚合物砂浆、环氧砂浆、弹性环氧砂浆或聚氨酯砂浆等材料可直接嵌填，表面抹平即可。若采用遇水膨胀止水条直接嵌填，应先嵌填止水条，再用其他材料嵌填平整。

由温度应力引起的裂缝，在加固设计中允许其开合的，应采用遇水膨胀止水条嵌填，并在面层嵌填材料上切缝。

(三)化学灌浆法

化学灌浆法是指将高分子化合物的浆液通过一定压力灌入混凝土裂缝中的一种工程措施，可起到封闭裂缝、防渗、补强的目的。目前采用的化学灌浆材料主要为环氧树脂类、聚氨酯、丙烯酸等，以及由上述材料复合或改性的其他新型材料。一般应根据裂缝部位、深度、是否存在渗漏以及材料的相关性能，选择合理的修复方案，根据孔隙的大小和材料的可灌性综合选择灌浆材料。

化学灌浆法的施工工序为:施工准备→裂缝开槽→造灌浆孔→槽面、孔面清理→埋设灌浆嘴、孔口封闭→清洗缝面→封槽→压力灌浆→灌浆质量检查→面层处理。

混凝土裂缝化学灌浆示意图见图4.6。

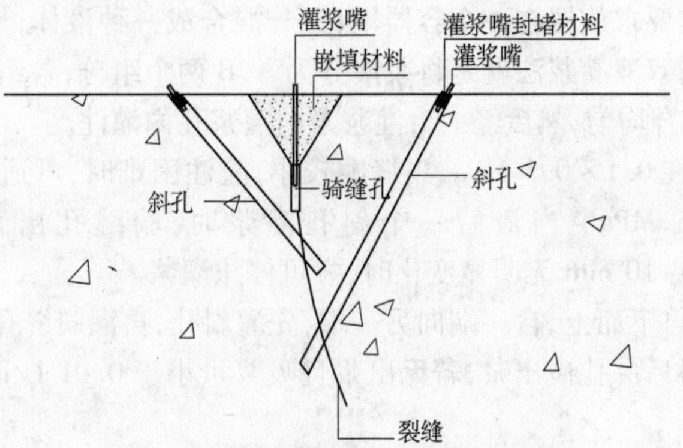

图4.6 混凝土裂缝化学灌浆示意图

1. 施工准备

施工前应根据选择的施工方案,准备施工材料、人员及相关机械设备。清除永久缝两侧20 cm内混凝土表面附着物。

2. 裂缝开槽

沿裂缝开V形槽,槽宽为3~5 cm,槽深2~5 cm。开槽时应清除松动混凝土。开槽长度应超过裂缝长度15 cm以上。

3. 造灌浆孔

灌浆孔分为骑缝孔和斜孔。骑缝孔是在裂缝表面造孔,深度5~10 cm;斜孔是在裂缝两侧造孔,孔从裂缝深处穿过缝面,孔深、倾角根据裂缝深度确定。

灌浆孔布设应根据裂缝宽度和深度以及灌浆材料的可灌性综合确定。骑缝孔间距0.2~0.5 m;斜孔可设单排或多排,在不同深度灌浆,间距一般不应大于1 m。

灌浆孔可选用冲击钻或风钻成孔,孔径15~32 mm。

4. 埋设灌浆嘴、孔口封闭

在灌浆孔孔口部位埋设灌浆嘴。灌浆嘴采用裂缝封闭材料埋设,一般采用环氧砂浆,也可采用专用止回阀,或直径合适的橡胶软管。

5. 清理缝面

根据灌浆材料性质不同,选择用水或丙酮等有机溶剂对槽面、孔面和缝面进行清理。槽面和孔面灰渣也可采用高压空气吹净,但在封闭前仍要用丙酮等有机溶剂擦拭,防止灌注浆时渗漏。缝面应通过压水或丙酮等有机溶剂清洗,压力控制在灌浆压力的80%以内,一般不超过0.5 MPa;同时根据水或丙酮的吃浆情况判断斜孔是否穿过缝面,对设计孔深不足的斜孔延长造孔深度。需要注意的是,在清理缝面时需对骑缝孔和斜孔封闭并埋设灌浆嘴,此时不应封闭V形槽,以利于冲洗材料和灰渣流出或挥发。

6. 封闭V形槽

V形槽的封闭一般采用环氧砂浆或其他强度较高、与混凝土基材有较好黏结能力的材料。封闭时修补至原截面。

7. 压力灌浆

压力灌浆设备可采用自制空气压力灌浆设备,也可采用压力灌浆泵。根据浆液凝固时间不同和组分不同,可采用单液灌浆法和双液灌浆法。所谓单液灌浆法就是将配方中所规定的各组分,按要求放置在一个容器里,充分混合成一种液体,然后由一台灌浆泵向灌浆孔内灌注;所谓双液灌浆法就是将浆液分为A、B两个组分,各组分单独存放,灌注时将A、B组分浆液混合均匀,然后经一台灌浆泵向灌浆孔内灌注。

灌浆压力控制在0.1~0.3 MPa,当缝隙较小、灌注困难时,可适当增加灌浆压力,但最大不应超过0.5 MPa。当最后一个斜孔灌浆时,骑缝孔出浆或当吸浆量小于0.01 L/min并且维持10 min无明显变化时,方可停止灌浆。

灌浆的顺序为自下而上,自一端向另一端,先灌斜孔,再灌骑缝孔,逐孔灌注。正常情况下,前一孔灌注时后一孔应出浆,若无出浆且吸浆量小于0.01 L/min,则应重新造孔灌浆。

8. 灌浆质量检查

灌浆质量的检查可以采用压水试验法、取芯法或超声波法等。

压水试验法是造孔压水,通过前后混凝土吸水的变化检查化学灌浆质量,具体方法参见《水工建筑物水泥灌浆施工技术规范》(DL/T 5148—2001)。这种方法对灌浆质量的检查与造压水孔的部位、深度有很大关系,存在一定的局限性,同时对结构本身有损伤。

取芯法是用取芯机沿裂缝取芯,根据取出芯样的完整性判断灌浆质量。芯样直径10~15 cm。取芯法方便、直观,可对灌浆材料对混凝土的黏结性作出真实判断,效果较好,但不能对裂缝深处灌浆质量作出判断,有一定局限性,同时对结构本身有损伤。

超声波法是一种无损检测方法,利用超声波在混凝土介质中传播遇到裂缝等病害时发生反射的原理,通过测量发射和接收的超声波时间差对缺陷的部位进行判断,进而判断灌浆质量。可对结构完整性进行检查,其最大的优点是不破坏原结构,可以对较深处裂缝灌注质量进行检查,但不能判断灌浆材料在裂缝内与混凝土的黏结性能。

9. 面层处理

化学灌浆完成后,应对修复后的结构表面进行打磨处理,切除灌浆嘴,打磨V形槽内填充材料的凸起,封堵压水试验和取芯留下的孔洞等。

(四)表面喷涂法

表面喷涂法是指在混凝土表面喷射或涂刷防水材料达到防渗的目的。适用于混凝土表面存在面渗、大量细小龟裂纹等较大面积缺陷的修复。在做表面喷涂施工前应采取相应措施封堵渗水量较大的漏水点和渗漏裂缝,防止喷涂材料在固化前被水浸泡或冲刷。表面喷涂的材料一般分为无机材料和高分子材料两大类。

无机材料以水泥基渗透结晶型防水材料为主,将这种材料应用于缺陷混凝土的表面,可有效地修复裂缝,起到防渗作用。

高分子材料以合成橡胶和合成树脂为主要原料,在混凝土表面成膜具有良好的防渗能力,如聚氨酯、环氧防水涂料、聚脲弹性体等。高分子材料也可以是高分子材料的乳液与水泥砂浆拌和后的聚合物砂浆,如氯丁胶乳液、丙烯酸酯共聚乳液、羧基丁苯乳液等。

根据材料性质的不同,其适用范围和施工方法也有一定差别,以下选择几种常用的混凝土防渗材料,就其特性及使用方法作以介绍。

1. 水泥基渗透结晶型防水材料

水泥基渗透结晶型防水材料是一种含有活性化合物的水泥基粉状防水材料,由硅酸盐水泥、硅砂和多种特殊的活性化学物质组成。工作原理是其中特有的活性化学物质,利用混凝土本身固有的化学特性及多孔性,以水作载体,借助渗透作用,在混凝土微孔及毛细管中传输、充盈,催化混凝土内的微粒和未完全水化的成分再次发生水化反应,形成不溶性的枝蔓状结晶并与混凝土结合成为整体,从而使任何方向来的水及其他液体被堵塞,达到永久性的防水、防潮和保护钢筋、增强混凝土结构强度的效果。在水的渗透作用下,该材料可以渗透到混凝土表面 50 mm 以上的深度,涂刷后结晶体的生成有一个时间过程,不能起到瞬间止水作用,但属于一种智能自我修复材料,当涂刷过该材料的混凝土产生新的裂缝(裂缝宽度在 0.4 mm 以内)时,在有水存在的前提下,材料中的活性物质会继续催化混凝土内的微粒,与未完全水化的成分再次发生水化反应,形成不溶性的枝蔓状结晶,将裂缝重新堵塞,起到二次防水作用。水泥基渗透结晶型防水材料也可用于渗水裂缝的修复,其工艺参见本节“表面嵌填法”的相关工艺。

水泥基渗透结晶型防水材料的施工工序为:施工准备→基面清理→材料涂刷→养护。

1)施工准备

施工前应制定详细的施工方案,准备施工材料、人员及相关机械设备。

2)基面清理

基面清理主要是指清除混凝土表面的寄生生物、杂草、泥土、油污等附着物,对混凝土表面的孔洞进行修补,用钢丝刷清除混凝土表面浮浆,用高压水枪冲洗,保持基面湿润但无明水。

3)材料涂刷

水泥基结晶型防渗材料可用半硬的尼龙刷涂刷,也可用专用喷枪进行喷涂。涂层要均匀,不得漏刷。当涂层厚度超过 0.5 mm 时,应分层涂刷。喷涂时喷嘴距涂层不得大于 30 cm,并尽量保持垂直于基面。

如需分层涂刷,应待第一层面干燥后进行。热天露天施工时,建议在早、晚或夜间进行,避免暴晒,防止涂层过快干燥,造成表面起皮、龟裂,影响施工效果。

4)养护

涂层呈半干状态后即开始用雾状水喷洒养护,养护必须用干净水,水流不能过大,否则会破坏涂层。一般每天需喷水 3~4 次,连续 2~3 天,在热天或干燥天气要多喷几次,防止涂层过早干燥。

施工后 48 h 内应防避雨淋、沙尘暴、霜冻、暴晒、污水及 4 ℃以下的低温。在空气流通很差的情况下,需用风扇或鼓风机帮助养护(如封闭的涵洞)。露天施工用湿草袋覆盖较好,但要避免涂层积水,如果使用塑料膜作为保护层,必须注意架开,以保证涂层通风。

2. 聚脲弹性体防水材料

聚脲树脂是一种聚氨酯树脂的新型高分子材料,2002 年美国成立的聚脲发展协会(简称 PDA 协会)对聚脲体系作了界定:凡聚醚树脂中胺或聚酰胺的组分含量达到 80%

或以上时，称为聚脲，凡聚醚树脂中多元醇含量达到80%或以上时，称为聚氨酯(有刚性和弹性两种)；凡在这个参数之间的涂料体系称为聚氨酯/聚脲混合体系。聚脲弹性体技术是在聚氨酯反应注射成型技术的基础上发展而来的，它结合了聚脲树脂的反应特性和反应注射成型技术的快速混合、快速成型的特点，可以进行各类大面积复杂表面的涂层处理。该技术由美国TEXACO公司于1991年率先开发成功，1999年引进国内，目前已经在水利水电工程各类防渗涂层施工中得到应用。

聚脲弹性体材料无毒性，不含有机挥发物，符合环保要求，适合在密闭、狭小空间施工；力学性能优异，拉伸强度最高可达27.5 MPa，伸长率最高可达1 000%，撕裂强度为43.9～105.4 kN/m；抗湿滑性好，在潮湿状态下的摩擦系数不降低；低温性能好，在－30 ℃下对折无裂纹，其拉伸强度、撕裂强度和剪切强度在低温下均有一定程度提高，伸长率则稍有下降，可在－28 ℃的环境下施工。聚脲弹性体固化速度极快，5 s凝胶，1 min即可行人，并可进行后续施工，由于固化速度快，施工时不存在流挂现象，因此可在任意复杂表面喷涂成型，涂层平整光滑，对基材形成良好的保护；具有很好的耐腐蚀和抗冲耐磨性能，除二氯甲烷、氢氟酸、浓硫酸、浓硝酸等强溶剂、强腐蚀剂外，聚脲弹性体能够耐受绝大部分介质的长期浸泡。

聚脲弹性体施工采用专用喷涂设备，由主机和喷枪组成。使用时将主机配置的两支抽料泵分别插入装有A、R原料的桶中，借助主机产生的高压将原料推入喷枪混合室，经混合、雾化后喷出。混合料喷出后5～10 s固化，一次喷涂的厚度约2 mm。

聚脲弹性体的施工工序为：施工准备→基面清理→底胶涂刷→聚脲弹性体喷涂→密封胶施工。

1)施工准备

施工前应制定详细的施工方案，准备施工材料、人员及相关机械设备。

2)基面清理

基面需坚实、完整、清洁、无尘土、无疏松结构。混凝土表面的水泥浮浆、油脂等需用钢刷、凿锤、喷砂等方法除去。裂缝、孔洞需事先修补好。检查找平层干燥度，彻底清除表面灰尘，保证防水层良好附着，喷涂聚脲涂层必须在相对干燥的接口上才有很好的黏结力。

3)底胶涂刷

在干燥、清洁的基面上均匀涂抹一层配套底漆，聚脲涂层的喷涂应在底漆施工后24～48 h内进行，如果间隔超过48 h，在喷涂聚脲涂层前一天应重新涂抹一道底漆，然后进行弹性层施工。在喷涂之前，应用干燥的高压空气清除表面的浮尘。

4)聚脲弹性体喷涂

首先应按说明书要求组装喷涂设备，对设备的完好性、易损件的完整性进行检查，设置喷涂设备参数，一般设定值为：主加热器温度(包括A、R两部分)65 ℃，长管加热器温度65 ℃，主机压力可根据需要选择，空压机压力0.8～1 MPa。喷涂前应先把长管加热器打开，待温度达到设定值后，再调节A、R两组分的静态压力，使其达到基本相同。

喷涂前应检查原料。在打开原料包装时，应注意不能让杂物落入原料桶中，原料应为均匀、无凝胶、无杂质的可流动液体，如发现原料有杂质、凝胶、结块现象应立即停止使用。

R 组分原料添加有颜料和助剂，使用前可能会有沉淀现象，喷涂前应充分搅拌，搅拌时应注意搅拌器不能碰触桶壁，防止产生碎屑堵塞喷枪。喷涂时 R 组分应同步搅拌，防止喷涂过程中产生沉淀，可采用冲击钻每隔 5 min 对 R 组分进行搅拌，搅拌时间 3 min 左右。

喷涂时喷枪和基面间距 1 m 左右，并与基面垂直，喷涂时为了获得光滑的外观效果，可适当调整喷射距离和角度。

聚脲弹性体物理性能与工作压力的关系见表 4.5。

表 4.5　聚脲弹性体物理性能与工作压力的关系

压力(MPa)	7.8	10.0	12.7	14.0	17.0
拉伸强度(MPa)	12.4	12.8	14.8	15.9	17.2
伸长率(%)	75	89	150	180	220
邵 D 硬度	49	53	55	59	58

5) 密封胶施工

喷涂后 24 h 内进行密封胶施工，采用密封胶将聚脲弹性体边缘与基材连接处进行封闭。

6) 聚脲弹性体施工中应注意的问题

聚脲弹性体施工中严禁使用包装破损的原料，对于开启包装的原料，若施工中较长时间不使用，应在包装内充氮气保护。施工完毕后应对原料泵、喷枪等进行清洗，清洗采用二氯甲烷等强有机溶剂。喷涂时两种物料的混合压力应相近，一般要求压力差低于 2 MPa。聚脲弹性体施工时，基面应无明水，喷涂前应对渗水点和渗水裂缝进行修复，否则容易在聚脲材料表面形成水泡，影响弹性体与基材的黏结。

喷涂聚脲技术的关键之一在于选择合适的设备，并能正确地安装、调试、维护、保养以及通过试验选择适当的操作参数。此类设备设计精密，作为设备管理人员必须具备化工原理、聚氨酯基础、电路电器、液压原理等综合知识。作为高性能材料的聚脲弹性体，对于混合精度要求非常高，聚氨酯泡沫喷涂机的混合精度远不能达到要求，而目前国内制造和应用较多的是泡沫喷涂机，尚不能用于聚脲弹性体喷涂，否则会影响喷涂质量。

二、增大截面加固技术

增大截面加固法是用增大结构构件或构筑物截面面积进行加固的一种方法，它不仅可以提高被加固构件的承载能力，而且可以加大其截面刚度，改变其自振频率，使正常使用阶段的性能得到改善和提高。这种加固方法广泛应用于加固混凝土结构的梁、板、柱等构件。增大截面加固具有原理简单、应用经验丰富、受力可靠、加固费用低廉等优点；但它也有一些缺点，如湿作业工作量大，养护周期长，增加结构自重，占用建筑空间较多等，使其应用受到限制。其加固简图见图 4.7。

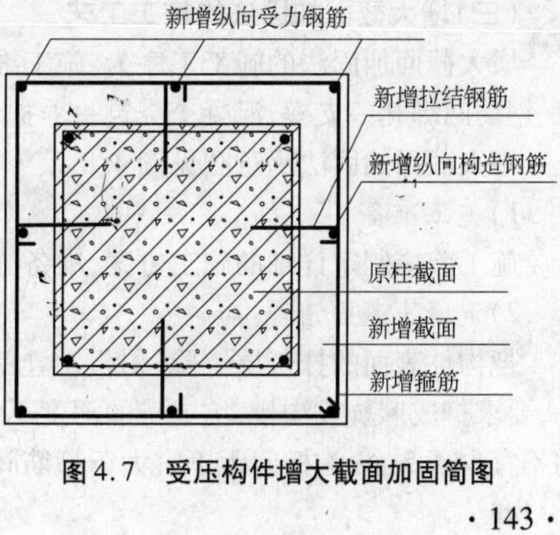

图 4.7　受压构件增大截面加固简图

（一）加固的基本原则

(1)采用增大截面加固受弯构件时，应根据原结构构造要求和受力情况，选用在受压区或受拉区增加截面尺寸的方法加固。当仅在受压区加固受弯构件时，其承载力、抗裂度、钢筋应力、裂缝宽度及挠度的计算和验算，可按《水工混凝土结构设计规范》(SL/T 196—96)关于叠合式受弯构件的规定进行。若验算结果表明，仅需增设混凝土叠合层即可满足承载力要求，也应按构造要求配置受压钢筋和分布钢筋。在受拉区加固矩形截面受弯构件时，考虑新增受拉钢筋的作用，并对新增钢筋的强度进行折减。

受弯构件加固后应首先符合受弯构件的截面限制条件，其目的是防止发生斜剪破坏，限制使用阶段的斜裂缝宽度，同时也是满足斜截面受剪破坏的最大配箍率条件，其计算方法和《水工混凝土结构设计规范》(SL/T 196—96)相同。

(2)采用增大截面加固钢筋混凝土轴心受压构件时，应综合考虑新增混凝土和钢筋强度利用程度，并对其进行修正。采用增大截面加固钢筋混凝土偏心受压构件时，其偏心距应按《水工混凝土结构设计规范》(SL/T 196—96)的规定进行计算，但计算时应对其增大系数进行修正。

(3)采用增大截面加固法时，要求按现场检测结果确定原构件混凝土强度等级：受弯构件不低于C20，受压构件不低于C15，预应力构件不低于C30。应用该方法时要保证新旧混凝土界面的黏结质量，只有当界面黏结质量符合规范要求时，方可考虑新加混凝土与原有混凝土的协同工作，按整体截面进行计算。

（二）采用增大截面加固构件应注意的问题

增大截面加固法在设计构造方面必须解决好新加部分与原有部分的共同受力问题。试验研究表明，加固结构在受力过程中结合面会出现拉、压、弯、剪等各种复杂应力，其中关键是剪力和拉力。在弹性阶段，结合面的剪应力和法向应力主要靠结合面两边新旧混凝土的黏结强度承担，在开裂及极限状态下，主要是通过贯穿结合面的锚固钢筋或锚固螺栓所产生的被动剪切摩擦力传递。由于结合面混凝土的黏结抗剪强度及法向黏结抗拉强度远远低于混凝土本身强度，结合面是加固结构受力时的薄弱环节，即或是轴心受压破坏也总是首先发生在结合面。因此，结合面必须进行处理，涂刷界面剂，必要时对结合面从设计构造上配置足够的贯穿于结合面的剪切摩擦筋或锚固件将两部分连接起来，以确保结合面有效传力，使新旧两部分整体工作。

（三）增大截面加固法的施工工艺

增大截面加固法的施工工序为：施工准备→混凝土基面清理→结合面处理→钢筋种植、钢筋网绑扎→支模、混凝土浇筑→养护。

增大截面加固法示意图见图4.8。

1)施工准备

施工前应制定详细的施工方案，准备施工材料、人员及相关机械设备。

2)混凝土基面清理

把构件表面的抹灰层铲除，对混凝土表面存在的缺陷清理至密实部位，并将表面凿毛，要求打成麻坑或沟槽，坑或槽的深度不宜小于6 mm，麻坑每100 mm×100 mm的面积内不宜少于5个；沟槽间距不宜大于箍筋间距或200 mm，采用三面或四面外包法加固梁

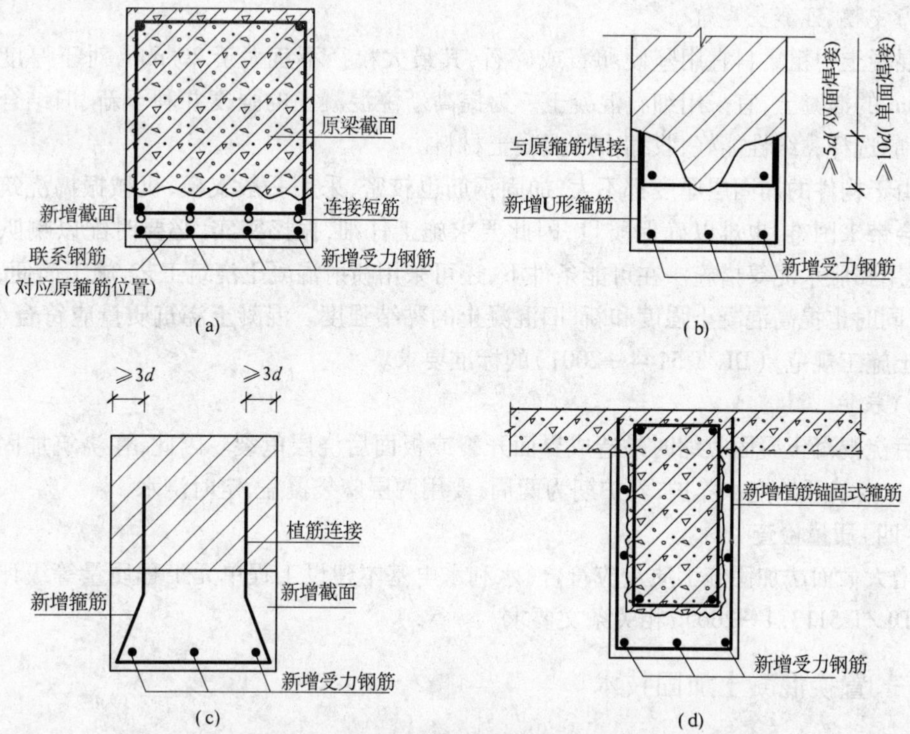

图4.8　增大截面配制箍筋的连接构造示意图(d为钢筋直径)

或柱时,应将其棱角打掉。清除混凝土表面的浮块、碎渣、粉末,并用压力水冲洗干净,如构件表面凹处有积水,应用麻布吸去。

3)结合面处理

为了加强新、旧混凝土的整体结合,在浇筑混凝土前,在原有混凝土结合面上先涂刷一层高黏结性能的界面剂。界面剂的种类很多,常用的有高标号水泥浆或水泥砂浆,掺有建筑胶水的水泥浆、环氧树脂胶、乳胶水泥浆及各种混凝土界面剂等。

4)钢筋种植、钢筋网绑扎

为了提高新、旧混凝土黏结强度,增强结合面的抗剪能力,可采用植筋技术在混凝土结合面上种植短钢筋。钢筋的直径和数量根据新、旧混凝土结合面的抗剪要求确定。新增纵向受力钢筋两端应可靠锚固,其工艺亦可采用植筋工艺。

新增钢筋和原有构件受力钢筋之间采用焊接连接时,应凿除混凝土的保护层并至少裸露出钢筋截面的一半,对原有和新加受力钢筋都必须进行除锈处理,在受力钢筋上施焊前应采取卸荷或临时支撑措施。为了减小焊接造成的附加应力,施焊时应逐根分区、分段、分层和从中部向两端进行焊接,焊缝要饱满,尽可能减少或避免对受力钢筋的损伤。对于原有受力钢筋在施焊中由于电焊过烧可能对其截面面积的削弱,计算时宜考虑一定的折减系数。

当采用“U”形或“[”(卷边槽形)箍筋时,箍筋应焊接在原有箍筋上,焊接长度和质量应符合《钢筋机械连接通用技术规程》(JGJ 107—2003)和《水利水电基本建设工程单元工程质量等级评定标准》(DL/T 5113.1—2005)相关条文要求。

5)支模、混凝土浇筑

混凝土中粗集料宜用坚硬卵石或碎石,其最大粒径不宜大于 20 mm,对于厚度小于 100 mm 的混凝土,宜采用细石混凝土。为提高新浇混凝土的强度并利于新、旧结合面的黏结,应选择黏结性能好、收缩小的混凝土材料。

由于构件的加固层厚度都不大,加固钢筋也较密,采用一般支模、机械振捣浇筑混凝土都会带来困难,也难以确保质量,因此要求施工仔细,振捣密实,必要时配以喇叭浇捣口,使用膨胀水泥等措施。在可能条件下,还可采用喷射混凝土浇筑工艺,施工简便、保证质量,同时也提高混凝土强度和新、旧混凝土的黏结强度。混凝土浇筑质量应符合《水工混凝土施工规范》(DL/T 5144—2001)的标准要求。

6)养护

后浇混凝土凝固收缩时易造成界面开裂或板面后浇层龟裂。因此,在浇筑加固混凝土 12 h 内就开始饱水养护,养护期为两周,要用两层麻袋覆盖,定时浇水。

(四)质量检查

增大截面法加固施工质量应符合《水利水电基本建设工程单元工程质量等级评定标准》(DL/T 5113.1—2005)相关条文要求。

三、置换混凝土加固技术

置换混凝土加固法是将原结构、构件中的破损混凝土凿除并用强度高一级的混凝土浇灌置换,使新、旧两部分粘合成一体共同工作。置换混凝土加固法适用于承重构件受压区混凝土强度偏低或有严重缺陷的局部加固,不仅可用于新建工程混凝土质量不合格的返工处理,而且可用于已有混凝土承重结构受腐蚀、冻害、火灾烧损以及地震、强风和人为破坏后的修复。

置换混凝土加固法能否在承重结构中得到应用,关键在于新、旧混凝土结合面的处理效果是否能达到可以采用协同工作假定的程度。国内外大量试验表明:当置换部位的结合面处理至旧混凝土露出坚实的结构层,且具有粗糙而洁净的表面时,新浇混凝土的水泥胶体便能在微膨胀剂的预压应力促进下渗入其中,并在水泥水化过程中粘合成一体。

(一)置换混凝土加固的基本原则

当混凝土结构、构件置换界面处理及施工质量满足要求时,其结合面可按整体工作计算。置换混凝土界面处不应出现拉应力。

当采用本方法加固受弯构件时,为确保置换混凝土施工全过程中原结构、构件的安全,必须采取有效的支顶措施,使置换工作在完全卸荷的状态下进行,有助于加固后结构更有效地承受荷载。对柱、墙等承重构件完全支顶有困难时,允许通过验算和监测进行全过程控制。其验算的内容和监测指标应由设计单位确定,但应包括相关结构、构件受力情况的验算。

采用置换法加固钢筋混凝土轴心受压构件时,可参照《水工混凝土结构设计规范》(SL 191—2008)计算,但需引进置换部分新混凝土强度的利用系数,以考虑施工无支顶时新混凝土的抗压强度不能得到充分利用的情况。

（二）置换混凝土法加固构件应注意的问题

为了新、旧混凝土协调工作，并避免在局部置换的部位产生“销栓效应”，故要求新置换的混凝土强度等级不宜过高，一般以提高一级为宜。另外，为保证置换混凝土的密实性，对置换范围应有最小尺寸的要求，一般最小置换深度不小于 60 mm。当凿除量较大时，应分块逐次置换，或采取有效的支顶措施，保证原结构安全。

置换部分应位于构件截面受压区内，且应根据受力方向，将有缺陷混凝土剔除，剔除位置应在沿构件整个宽度的一侧或对称的两侧，不得仅剔除截面的一隅。

为了防止结合面在受力时破坏，在重要结构或置换混凝土量较大时，应在结合面上种植贯穿结合面的拉结钢筋或螺栓，以增加被动剪切摩擦力的传递。

（三）置换混凝土加固法施工工艺

采用置换混凝土加固法的施工工序为：施工准备→缺陷混凝土凿除→结合面处理→植筋→支模、混凝土浇筑→养护→质量检验。

置换混凝土加固施工示意图见图 4.9。

1. 施工准备

施工前应制定详细的施工方案，准备施工材料、人员及相关机械设备。

2. 缺陷混凝土凿除

将原结构混凝土缺陷部位凿除至密实混凝土，凿除时应进行卸载，并设立有效支撑，混凝土凿除长度应按混凝土强度和缺陷的检测及验算结果确定，对非全长置换的情况，两端应分别延伸不小于 100 mm。

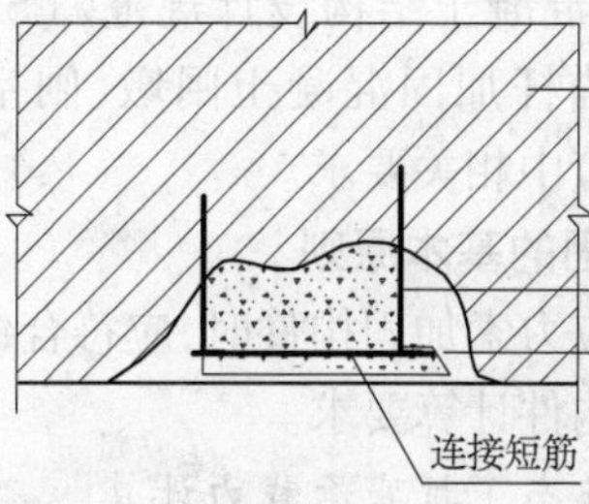

图 4.9　置换混凝土加固施工示意图

3. 结合面处理

为了加强新、旧混凝土的整体结合，在浇筑混凝土前，在原有混凝土结合面上先涂刷一层具有较高黏结性能的界面剂。界面剂涂刷前应采用高压水冲洗干净，并擦除界面处的积水。

4. 植筋

为了提高新、旧混凝土的黏结强度，增强结合面的抗剪能力，可采用植筋技术在混凝土结合面上种植短钢筋。钢筋的直径和数量根据新、旧混凝土结合面的抗剪要求确定。植筋工艺应符合植筋技术要求。

5. 支模、混凝土浇筑

混凝土支模、浇筑、养护应符合《水工混凝土施工规范》（DL/T 5144—2001）标准要求。

6. 质量检验

置换混凝土加固法施工质量应符合《水利水电基本建设工程单元工程质量等级评定标准》（DL/T 5113.1—2005）相关条文要求。

四、外加预应力加固技术

预应力加固的方法很多，一般采用预应力索、预应力钢筋、预应力拉杆和预应力撑杆、预应力锚杆等。加固时应根据加固构件的受力性质、构造特点和现场条件,选择合适的预应力方法。本法主要适用于不能较大增加原构件截面,同时又要较大提高原结构承载能力的构件加固。

体外预应力加固(简称体外索)是通过增设体外预应力索(包括高强钢绞线、钢丝束和精轧螺纹钢筋)对既有混凝土构件主动施加外力,以改善原结构受力状况的加固。

水闸工程加固中,对一些特殊构件(闸墩等)可采用绕丝法加固。绕丝法加固是外加预应力法的一种,该法重点是提高混凝土构件的延性和变形性能。其优点是构件加固后增加自重较少、外形截面尺寸变化不大,对构件所处环境空间要求不高;缺点是对矩形截面混凝土构件承载力的提高不显著,故在某种意义上限制了该法的应用范围。

水闸加固工程中,预应力锚杆应用较多,主要在闸墩、闸室和挡墙加固中使用。预应力加固法也可和其他加固方法配合使用。例如,可将增大截面法和预应力法配合使用以提高结构的承载能力。

采用外加预应力法对钢筋混凝土结构、构件进行加固时,其原构件的混凝土强度等级应符合《水工混凝土结构设计规范》(SL/T 191—96)对预应力混凝土强度等级的要求。采用预应力锚杆加固混凝土闸墩、闸室和挡墙时应符合《水工预应力锚固设计规范》(SL 212—98)中相关要求。

(一)加固的基本原则

采用预应力索加固构件时,应符合《水工混凝土结构设计规范》(SL 191—2008)中预应力混凝土构件计算要求。

1. 极限状态下抗弯承载力计算

在极限状态下,加固梁仍须为适筋梁破坏,受拉区混凝土退出工作,全部拉力由原结构中预应力钢筋或普通钢筋与体外索共同承担。加固后的梁正截面变形仍符合平面截面假设。受压区混凝土应力分布按矩形应力图考虑,其应力大小取混凝土抗压强度设计值。加固梁中预应力筋和普通钢筋及体外索的应力可按抗拉强度设计值计算。

2. 极限状态下斜截面抗剪承载能力计算

在极限状态下,加固后的梁仍须为剪切破坏。与斜裂缝相交的原梁箍筋、斜筋或弯起钢筋的应力均可按其抗拉强度设计值计算,体外索斜筋或体外索弯起部分也按其抗拉强度设计值计算。

3. 转向器合力的分配

在正常使用阶段,水平剪力即体外索对转向器合力的水平分力由混凝土和箍筋共同承担;在极限状态下,当混凝土转向器开裂后,水平剪力主要由箍筋承担。达到极限状态时,混凝土转向器受到的拔出力即体外索对转向器合力的竖向分力由箍筋承担。

目前,绕丝加固法尚未进入规范条款明文阶段,设计时应从力学角度进行分析计算,或借鉴可靠的工程经验。绕丝法之所以能起加固作用,一方面是通过预应力钢丝的缠绕后产生“预压应力”;另一方面是当内压升起后还产生“背压”,从而提高被加固的筒体承载力。

4. 外加预应力加固闸墩

闸墩采用预应力锚索或锚杆进行加固时,应对闸墩进行应力分析,考虑各种荷载组合和所控制的工况。锚块与闸墩和大梁的连接颈部，以及闸墩的锚固区上游混凝土的主拉应力，应满足《水工混凝土结构设计规范》（SL 191—2008）的规定，混凝土支撑结构的强度及变形应满足结构及运行的要求。锚固区混凝土强度不得低于 C30，锚块的混凝土强度不得低于 C40。

当闸室或挡墙不满足稳定性要求，采用预应力锚索或锚杆加固时，应根据挡墙的用途、断面型式和可能失稳破坏的方式经过经济技术比较，选择最优的锚固方案。锚索或锚杆数量及单根设计张拉力应根据稳定性分析计算的结果确定。对闸室施加的锚固力应满足闸室抗滑稳定性的要求，其安全系数应符合相应规范的规定。抗浮力不足的部分，由预应力锚索或锚杆施加于闸室的法向力承担。挡墙承受的水压力和土压力，由预应力锚索或锚杆和挡墙自重共同承担。

（二）外加预应力加固构件应注意的问题

（1）预应力钢筋（束）可由水平筋（束）和斜筋（束）组成，亦可由通长布置的钢丝束或钢绞线组成。加固中采用的体外预应力索应具有防腐蚀能力，且具有可更换性。预应力钢筋应在转向部位设置转向装置，转向装置可采用钢构件、现浇混凝土块体或其他可靠结构，转向装置必须和混凝土构件可靠连接，其连接强度应进行计算。体外索的长度超过 10 m 时应设置定位装置。采用预应力法进行加固时，基材混凝土的强度等级不宜低于 C25。

（2）体外索加固梁时，锚固点的位置越高，对提高构件抗弯承载力的贡献越小。当体外索采用一根通长布置的钢绞线时，应注意体外索的弯曲半径能否满足其最小半径的要求。体外索张拉锚固端的位置应在不影响加固效果的情况下尽量考虑施工时的可操作性，减小施工难度。

（3）对混凝土转向器，由于受力复杂，布置钢筋种类繁多，钢筋间距小，为保证浇筑质量，应采用收缩小、流动性好、强度高的细石混凝土或采用满足浇筑要求的其他材料。对钢制转向器，一般由钢板焊接制成，因此必须保证焊缝焊接质量，应采用双面焊接，同时满足《建筑钢结构焊接技术规程》（JGJ 81—2002）的相关质量要求。为保证转向器在转向力作用下不发生错动，转向器与原结构必须可靠连接。

（4）采用绕丝法加固，加固钢丝绕过构件的外倒角时，构件的截面棱角应在绕丝前打磨成弧面，圆化半径不应小于 50 mm，并在外倒角处增设转向设施，一般采用钢板外包即可。

（5）预应力所用的钢筋、钢绞线等在安装前要密封包裹，防止锈蚀。材料如需长时间存放，必须定期进行外观检查。室内存放时，仓库应干燥、防潮、通风良好、无腐蚀性气体和介质。室外存放时，时间不宜超过 6 个月，必须采取有效的防潮措施，避免预应力材料受雨水、露水和各种腐蚀性气体的影响。预应力材料在切割时应采用切断机或砂轮锯，不得采用电弧切割。预应力材料的下料长度应通过计算确定，计算时应考虑张拉设备所需的工作长度、冷拉伸长值、弹性回缩值、张拉伸长值和外露长度的影响。

（6）预应力筋的张拉应对称、均衡张拉至设计力值，施加张拉次序应按设计要求进行。张拉方法按《水工预应力锚固设计规范》（SL 212—98）相关要求执行。

（三）外加预应力法加固施工工艺

外加预应力法加固根据加固对象和加固方法的不同，施工工艺也不尽相同，本节仅对预应力体外索和预应力锚索、锚杆的施工工艺作以介绍。

1. 预应力体外索施工

预应力体外索主要针对跨度较大的梁、板构件进行加固，也可对体积较大的构件绕丝加固。其加固的施工工序为：施工准备→结合面处理→锚固端、转向器浇筑或制作安装→体外索制作安装→预应力张拉→补偿张拉→封锚。

体外索加固梁示意图见图 4.10。

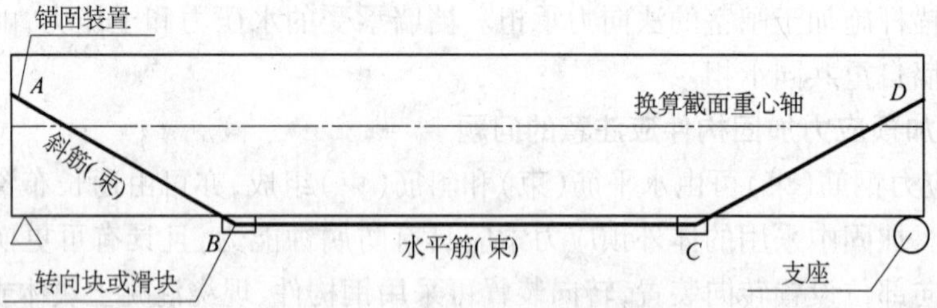

图 4.10　体外索加固梁示意图

1）施工准备

施工前应制定详细的施工方案，准备施工材料、人员及相关机械设备。

2）结合面处理

锚固端和转向器可采用钢制构件或现浇混凝土构件，锚固端和转向器与混凝土结构连接处结合面应打磨作糙化处理，并清除糙化表面灰渣。

3）锚固端和转向器浇筑或制作安装

当采用混凝土构件时应在结合面种植连接钢筋，混凝土强度不小于 C40。当采用钢制构件时，宜采用粘钢结合植筋或锚栓锚固技术固定，钢材焊接质量应符合《建筑钢结构焊接技术规程》（JGJ 81—2002）的要求。

4）体外索制作安装

锚固端、转向器安装完成后，将体外索裁剪成适当长度。根据工程的具体情况可采用逐根穿束或集束穿束。逐根穿束是将预埋管道内的预应力筋逐根穿入；集束穿束是将预应力筋先绑扎成束后一次性穿入设计孔道内。集束穿束前宜将预应力筋端部用胶布包扎以减小摩擦力便于安装。人工穿束确有困难时，可采用牵引机协助穿束。

5）张拉端预埋件安装

张拉端部有外凸和内凹两种形式。张拉端部预埋位置应符合设计要求，预应力筋应与锚垫板保持垂直。采用外凸式张拉端部时，将锚垫板紧靠构件端部固定；采用内凹式张拉端部时，将锚垫板固定在离端部约 90 mm 处，调整锚垫板周围的钢筋以保证张拉时千斤顶有足够的张拉空间，然后在承压板外安装穴模，按设计要求焊接好网片筋或螺旋筋。采用分段搭接张拉时，张拉端部的预埋安装，在锚垫板等预埋件满足设计要求的情况下，预应力筋与锚垫板应保持垂直，保证张拉千斤顶有足够的张拉空间及张拉完后锚具不露出构件表面。

6)预应力张拉

(1)锚固端安装完毕满足设计要求后可进行张拉。采用现浇混凝土构件,设计无具体要求时,张拉时混凝土强度不应低于设计强度值的75%。张拉控制应力满足设计要求,且不应大于钢绞线强度标准值的75%。

预应力构件的张拉顺序,应根据结构受力特点、施工方便、操作安全等因素确定,一般分段、分部位张拉。各部位应遵循对称、均匀原则。

(2)预应力筋的张拉方法应根据设计和施工计算要求,确定采取一端张拉或两端张拉。采用两端张拉时,宜两端同时张拉,也可一端先张拉,另一端补张拉。

同一束预应力筋,应采用相应吨位的千斤顶整束张拉,直线形或扁管内平行排放的预应力筋,当各根预应力筋不受叠压时可采用小型千斤顶逐根张拉。

特殊预应力构件或预应力筋,应根据要求采用专门的张拉工艺,如分段张拉、分批张拉、分级张拉、分期张拉、变角张拉等。

(3)张拉工艺为:工作锚具安装→千斤顶安装→千斤顶进油张拉→伸长值校核→持荷顶压→卸荷锚固→记录。

(4)预应力张拉施工中,质量控制以应力控制为主,测量张拉伸长值作校核。预应力筋张拉理论计算伸长值按下式计算:

$$\Delta L = \frac{N_P L_T}{A_P E_s} \tag{4-1}$$

式中:N_P为预应力筋的平均张拉力,取张拉端拉力扣除孔道摩擦损失后的拉力平均值;L_T为预应力筋实际长度;A_P为预应力筋截面面积;E_s为预应力筋实测弹性模量。

由多段弯曲线段组成的曲线束,应分段计算,然后叠加,结果较准确。

预应力筋张拉伸长值的量测,在建立预应力后进行,其实际伸长值为:

$$\Delta L = \Delta L_1 + \Delta L_2 + \Delta L_C \tag{4-2}$$

式中:ΔL_1为从初应力至最大张拉力之间实测伸长值;ΔL_2为初应力以下的推算值,可根据弹性范围内张拉力与伸长值成正比的关系推算确定;ΔL_C为施加预应力时,后张法预应力构件的弹性压缩值和固定端锚具楔紧引起的预应力筋内缩值,初应力宜为0.10~0.15σ_{con}。

张拉预应力筋的理论伸长值与实际伸长值的允许偏差值控制在±6%以内,如超出范围,应查明原因并采取措施予以调整,方可继续张拉。

设计无具体要求时,一次张拉端锚固程序可采用:0→10%σ_{con}→105%σ_{con}(持荷2 min)→σ_{con}→锚固,或0→10%σ_{con}→103%σ_{con}→锚固。

每级张拉完成后,观察1 h,确定无异常情况后,再进行第二级张拉。体外束张拉时,除要控制张拉力和钢束伸长量外,还必须对结构主要断面的应变及整体挠度情况进行监控,边张拉边观察。

7)封锚

张拉后,用砂轮切割机切掉张拉端多余的预应力筋,预应力筋的外露长度不宜小于其直径的1.5倍,且不宜小于30 mm。为便于在体外索松弛后进行二次张拉,锚头部分可采用玻璃丝布缠包油脂的方法或其他有效方法进行保护。

8) 施工监控

施工监控,主要在体外束张拉的过程中对构件的应力和变形情况进行控制。监控的内容根据施工的具体情况确定。

2. 预应力锚索、锚杆施工

预应力锚索、锚杆适用于对水闸闸墩、闸室或翼墙进行加固,其施工工序基本相同。施工工序为:施工准备→钻孔及清孔→锚索、锚杆制作→锚索、锚杆安装→锚固段灌浆(一次注浆)→锚墩浇筑→预应力张拉→自由段灌浆(二次注浆)→封锚。

预应力锚索结构简图见图 4.11,预应力锚杆结构简图见图 4.12,锚杆张拉锁定简图见图 4.13。

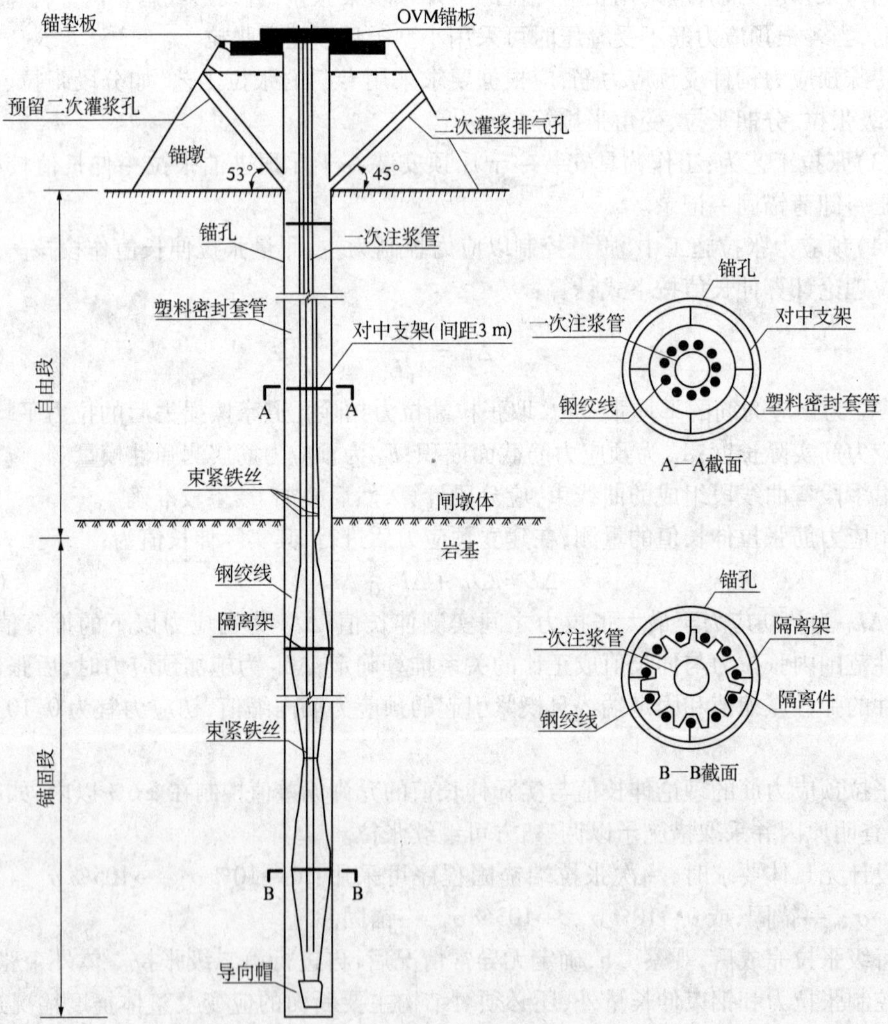

图 4.11　预应力锚索结构简图

1) 施工准备

施工前应制定详细的施工方案,准备施工材料、人员及相关机械设备。

2) 钻孔及清孔

施工时必须严格按照设计位置和方向钻孔,钻孔深度应大于设计孔深约 30 cm。钻

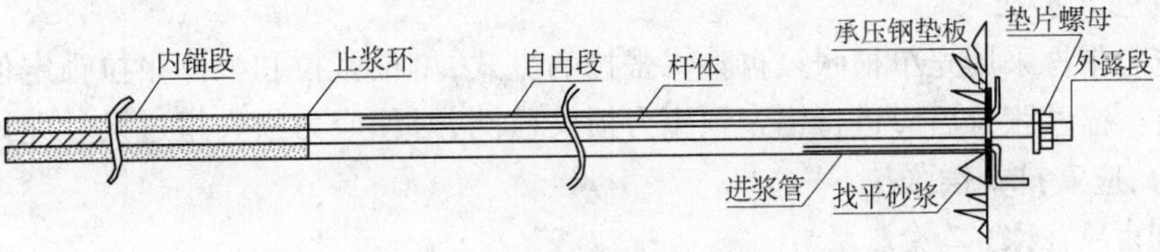

图 4.12　预应力锚杆结构简图

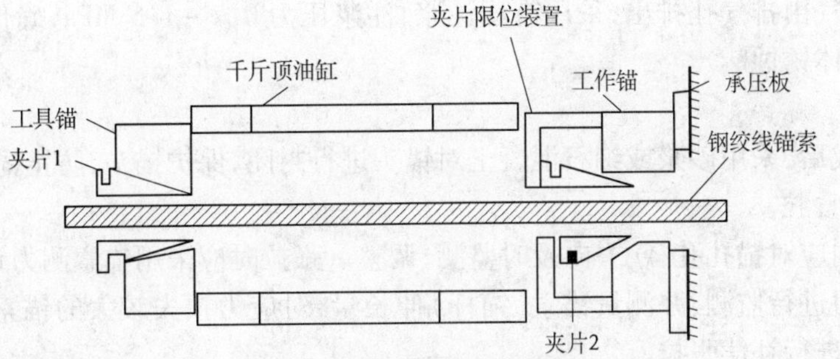

图 4.13　锚杆张拉锁定简图

孔完成后，清除孔内岩屑等杂质。钻孔过程中随时检查钻杆的方向，防止锚孔倾斜。在土体中钻孔时应采取适当措施避免出现塌孔、缩孔现象，可采用泥浆护壁；成孔过程中一般不得停顿，取岩芯或下放锚索、锚杆时也要不断返浆，以保持泥浆一定的比重。对特别难以成孔的地段，可采用钢套筒护壁钻进法。

3）锚索、锚杆制作

锚索一般由一条或数条钢绞线编索组成，编索前检查钢绞线质量，剔除有磨损、锈蚀等缺陷的钢绞线。锚杆制作前同样应剔除有磨损、锈蚀等缺陷的部分。锚索、锚杆自由段外涂防锈油，并由塑料套管套封，靠近锚固段一端用铁丝扎紧，确保锚固段灌浆时塑料密封套管内不进浆。锚索锚固段每隔一段距离绑扎隔离支架，锚杆锚固端焊接导向支架，支架起对中和增大锚固力的作用。锚索、锚杆自由段也要安装隔离支架和对中支架，一次灌浆管从隔离支架和对中支架中心穿过，其端部距导向帽约 30 cm。

4）锚索、锚杆安装

锚索、锚杆绑扎焊接完成后，将锚索或锚杆连同灌浆管一同下到孔中，遇阻力活动锚杆并转动锚杆方向；锚杆下到孔底后，用水泵通过注浆管向孔底注入清水，清洗孔壁泥皮，使锚孔内泥浆比重减小。如孔内泥浆较多，则用高压洗孔，即“气水排渣法”，在孔内放满清水，用高压风吹出，清洗孔内沉渣和泥浆，使孔内通畅，孔壁光滑。

5）锚固段注浆（一次注浆）

一次注浆应按设计要求注入水泥浆或其他灌浆材料。注浆采用自然排气法，无压注浆，确保锚固段锚固长度和自由段传递荷载能力。

6）锚墩浇筑

锚墩浇筑前，须对锚墩与待锚固混凝土构件接触面进行凿毛处理，锚墩上表面（锚垫板）必须与锚索、锚杆轴线垂直，待混凝土浇筑并达到设计强度的 80% 后张拉锚固。锚墩浇筑时应预留二次注浆孔和排气孔。

7)预应力张拉

预应力张拉采用先单根张拉再整体张拉的方式,单根张拉和整体张拉锁定值应通过计算确定。锚索张拉后应进行锚索预应力损失监测,对预应力损失超过设计允许值的锚索(锚杆),应安排补偿张拉。

8)自由段注浆(二次注浆)

自由段注浆应按设计要求注入水泥浆或其他灌浆材料。灌浆管从预留的二次注浆孔插入锚孔,空气由排气孔排出,采用有压注浆,注浆压力 0.7 ~1.5 MPa,确保自由段注浆密实,防止索体锈蚀。

9)封锚

张拉完成后,采用砂浆或细石混凝土对锚头进行封闭,保护锚头,防止锚具锈蚀。

10)施工监控

施工期内应对锚孔孔径、方向及时监测、调整。张拉时应采用锚索测力计对选定的锚索或锚杆应力进行监测,并测量锚索(锚杆)伸长量,对应力损失较大的锚索(锚杆)应分析原因,及时进行补偿张拉。

五、粘钢加固技术

粘钢加固是混凝土结构工程常用的加固技术,用特制的结构胶粘剂,将钢板或型钢粘贴在钢筋混凝土结构的表面,补充构件内部的配筋不足,达到增强原结构强度和刚度的目的。粘钢加固适用于钢筋混凝土结构受弯、受拉和受压构件的加固。按施工工艺的不同可分为直接涂胶粘钢法和湿包钢灌注粘钢法。直接涂胶粘钢法是将黏结剂直接涂抹在钢板表面,再粘贴在混凝土构件表面的方法;湿包钢灌注粘钢法是先将钢板逐块安装在构件表面,焊接成一个整体,最后将黏结剂灌入钢板和混凝土构件的缝隙内的一种加固方法,其主要是针对复杂构件的加固和加固过程中需对钢板进行焊接操作的工程。

粘钢加固法与其他加固方法比较,有许多独特的优点和先进性:其技术可靠,工艺简便;可在不停产情况下施工,工期短;不影响结构外观尺寸,不需特殊空间,结构重量增加很少;加固效果明显,经济效益显著。但粘钢加固法也存在局限与不足,在应用中必须针对不同情况区别对待。

(一)加固设计原则

1)加固方案

在考虑是否应用粘钢加固方案时,首先通过现场观测调查或检测,分析结构现状并解剖原设计意图,弄清结构的受力途径、材料性能以及原施工的年限、方法、质量等,其次通过相关的计算,判断被加固结构或构件是否能满足安全要求,进而根据加固施工的可行性和经济性比较,最后确定适宜的加固方法。

2)加固构件的计算

(1)受弯构件加固时,经试验研究表明钢板与被加固构件之间在受力时将产生滑移,截面应变并不完全满足平截面假定,但是根据平截面假定计算的加固构件承载力与试验值相差不大,故加固计算中平面假定仍然适用。受拉区加固钢筋混凝土矩形、T形截面受弯构件的正截面承载力计算仍按二阶受力构件考虑,不同受力阶段的构件截面变形满足平面假定。在正截面承载力极限状态,构件加固后截面受压边缘混凝土的压应变达到极限压应变,圆构件截面受拉钢筋屈服。钢板的应力由其应变确定,但应小于其抗拉强度设计值。采用钢板加固受弯构件,钢板应具有足够的锚固黏结长度,传递钢板与被加固构件界面之间的黏结剪应力。在计算长度的基础上,应将锚固黏结长度增加一定的富余量,以消除施工误差影响,保证黏结剪应力的有效传递。

(2)受压构件加固时,对大、小偏心受压构件,在截面受压较大边缘粘贴的钢板,其应力可取钢板的抗压强度设计值。截面受拉边或受压较小边原构件纵向普通钢筋应力应考虑加固后构件是大偏心受压还是小偏心受压。若加固后构件是大偏心受压,则受拉边构件纵向普通钢筋应力取设计值;若加固后是小偏心受压,则截面受拉边或受压较小边原构件普通钢筋应力应根据平截面假定确定,其计算方法可参考相关规范。

(3)受拉构件正截面加固时,加固计算中钢板应力计算应考虑分阶段受力的特点。

钢筋混凝土受弯构件、受压构件、受拉构件的加固计算,应满足《水工混凝土结构设计规范》(SL 191—2008)的相关规定。

(二)粘钢加固应注意的问题

(1)采用直接涂胶粘钢法的钢板厚度不应大于 6 mm;钢板厚度大于 6 mm 时,应采用湿包钢灌注粘钢法。

(2)粘贴的钢板应留有足够的锚固黏结长度,当钢板伸至支座边缘仍不满足锚固黏结长度的要求时,对梁应在延伸长度范围内均匀设置 U 形箍,且应在延伸长度的端部设置一道加强箍。U 形箍应伸至梁翼缘板底面。U 形箍的宽度,对端箍不应小于 200 mm;对中间箍不应小于受弯加固钢板宽度的 1/2,且不应小于 100 mm。U 形箍的厚度不应小于受弯加固钢板厚度的 1/2。U 形箍的上端应设置纵向钢压条,压条下面的空隙应加胶粘钢垫块填平,当梁的截面高度(或腹板高度)大于等于 600 mm 时应增加一条压条。对板或其他构件,应在延伸长度范围内通长设置垂直于受力钢板方向的压条。压条应在延伸长度范围内均匀布置,且应在延伸长度的端部设置一道。钢压条的宽度不应小于受弯加固钢板宽度的 3/5,钢压条的厚度不应小于受弯加固钢板厚度的 1/2。

(3)当采用钢板对受弯构件负弯矩区进行正截面承载力加固时,钢板应在负弯矩包络图范围内连续粘贴;其延伸长度应满足锚固黏结长度的要求。对无法延伸的一侧,应粘贴钢板压条进行锚固。钢压条下面的空隙应粘钢垫块填平。当加固的受弯构件需粘贴一层以上钢板时,相邻两层钢板的接缝位置应错开一定距离,错开的距离不小于 300 mm,并应在截断处设 U 形箍(对梁)或横向压条(对板或其他构件)进行锚固。

(4)当采用钢板进行斜截面承载力加固时,应粘贴成斜向钢板、U 形箍或 L 形箍。斜向钢板和 U 形箍、L 形箍的上端应粘贴纵向钢压条予以锚固。钢板抗剪箍及其粘贴方式示意图见图 4.14。

(5)采用直接涂胶粘贴钢板宜使用锚固螺栓,锚固深度不应小于 6 倍螺栓直径。螺栓中心最大间距为 24 倍钢板厚度,最小间距为 3 倍螺栓孔径。螺栓中心距钢板边缘最大距离为 8 倍钢板厚度或 120 mm 的较小者,最小距离为 2 倍螺栓孔径。如果螺栓只用于钢板定位或粘贴加压,不受上述条件限制。梁粘贴钢板端部锚固措施示意图见图 4.15。

(6)采用湿包钢灌注粘钢时应先将钢板剪裁成设计形状,然后逐块用螺栓固定安装

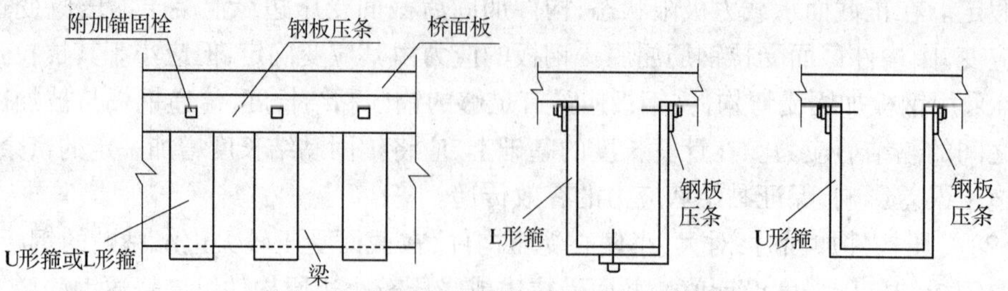

图 4.14　钢板抗剪箍及其粘贴方式示意图

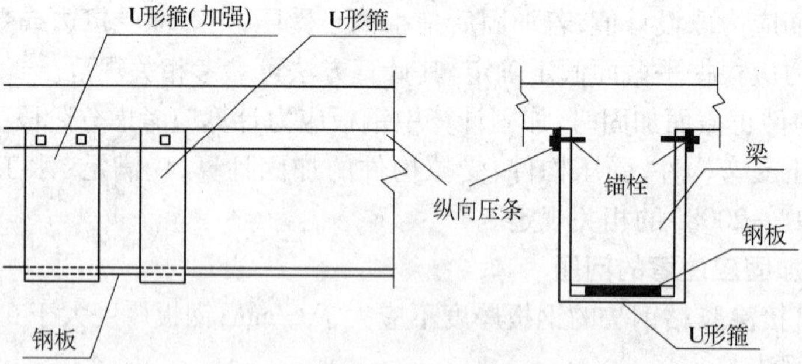

图 4.15　梁粘贴钢板端部锚固措施示意图

在混凝土结构表面,最后将钢板焊接在一起,焊接质量应符合 JGJ 81—2002《建筑钢结构焊接技术规程》的相关质量要求。胶液灌注后不应再对钢板进行焊接,以免灼伤黏结剂,影响加固效果。

(7)采用粘钢法加固混凝土构件要求构件的使用环境温度不超过 60 ℃,相对湿度不超过 70%,否则应采取相应的保护措施。

(三)粘钢加固施工工艺

粘钢加固法按施工工艺的不同可分为直接涂胶粘钢法和湿包钢灌注粘钢法。下面分别介绍这两种方法的施工工艺。

1. 直接涂胶粘钢法

直接涂胶粘钢法的施工工序为:施工准备→钢板制作、焊接→混凝土结合面打磨→钢板打磨除锈→基面清理→结构胶配制→钢板粘贴、加压固定→质量检查→防腐。

1)施工准备

施工前应制定详细的施工方案,准备施工材料、人员、劳保用品及相关机械设备。

2)钢板制作、焊接

将钢板裁剪加工成设计要求的钢板条,并按加固构件的尺寸将钢板条焊接,焊接要求双面对焊,焊接后将钢板与混凝土黏结面打磨平整。

3)混凝土结合面打磨

用角向磨光机将混凝土构件表面钢板粘贴部位打磨至新鲜混凝土,打磨厚度为 0.5 ~ 1 mm,去除混凝土表面浮浆层。对混凝土表面有较大凸起的部位要打磨平整,对较大的孔洞、坑槽要用高强砂浆或结构胶修补平整后再打磨平整。混凝土有裂缝时应采取相应措施修补后打磨平整。

4）钢板打磨除锈

钢板打磨除锈可采用砂轮片打磨，钢板量较大时也可采用喷砂除锈等其他方法，钢板除锈等级应满足《涂装前钢材表面锈蚀等级和除锈等级》（GB 8923—88）要求。一般情况下，为保证黏结剂黏结强度，应采用砂轮片打磨至呈现金属光泽，打磨纹路与钢板设计受力方向垂直。

5）基面清理

钢板和混凝土表面处理完成后，在粘贴钢板前用高压空气将表面灰渣清除，并用干净抹布蘸丙酮、二甲苯或其他挥发性强的有机溶剂擦拭混凝土构件和钢板粘贴表面。

6）结构胶配制

目前市场上的粘钢用结构胶种类很多，使用时应选取材料性能标准符合要求的材料，按说明书的比例配制。每次配制的数量不能太多，以 30 min 内使用完为准，结构胶失去黏性变硬后应立即停止使用。

7）钢板粘贴、加压固定

结构胶配制后，将结构胶均匀地涂抹在打磨后的钢板表面，厚度在 3 ~ 5 mm，中间略厚、两边略薄。人工对正钢板后粘贴在混凝土构件表面，采用螺栓或方木配专用卡具加压固定，将钢板紧紧粘贴在混凝土表面，胶液应从钢板的缝隙间挤出，保证粘贴密实。24 h 后取下加压方木，螺栓固定后不再取出。

8）质量检查

钢板粘贴后应立即用小锤敲击钢板表面，发现空鼓应立即修补。钢板粘贴非锚固区空鼓面积不能超过 10%，锚固区空鼓面积不能超过 5%，单块空鼓面积不能超过 10 cm^2。修补可采用压力注胶的方法或重新粘贴。

9）防腐

粘贴完成后，常温下胶液 24 h 可自然固化，72 h 后可受力使用。冬季固化时间略长，但不应超过 72 h。钢板外露部分应采用防腐材料进行防腐处理，有抗冲刷要求的还应作抗冲刷保护层处理。

2. 湿包钢灌注粘钢法

湿包钢灌注粘钢法适合于复杂构件或大体积构件表面的粘钢加固施工。其一般施工程序为：施工准备→钢板块制作→混凝土结合面打磨→钢板打磨除锈→基面清理→钢板安装、焊接→封堵缝隙、安装注胶嘴→结构胶灌注→质量检查→防腐。

1）施工准备

施工前应制定详细的施工方案，准备施工材料、人员、劳保用品及相关机械设备。

2）钢板块制作

将钢板裁剪加工成设计要求的钢板块，并按设计要求在钢板上钻孔待用。钻孔孔径和部位根据设计要求确定。

3）混凝土结合面打磨

钢板打磨除锈及基面清理方法与直接涂胶粘钢法的相关步骤相同。

4）钢板安装、焊接

将打磨、钻孔完毕的钢板编号，自下而上依次安装在设计粘贴钢板的混凝土表面。安装时在钢板钻孔部位混凝土上套打螺栓孔。在设计对固定钢板螺栓无要求时，钻孔直径应比钢板孔径小2～4 mm，以便于螺栓安装。钻孔完成后按植筋或锚栓锚固技术要求在孔内植入螺栓，待锚栓固定牢固后将螺帽拧紧，固定钢板。钢板厚度超过6 mm，安装时接缝位置应按相关规范要求打坡口，钢板拼接缝间隙为1～2 mm。设计时一般不考虑螺栓的锚固和抗剪影响，螺栓只起固定钢板的作用。

钢板与螺栓宜采用焊接工艺连接。为方便螺栓和钢板的焊接，种植螺栓材料优先选用耐高温的黏结剂或无机锚固剂。若种植螺栓材料不能耐受高温，则螺栓和钢板连接部位不能焊接，胶液灌注前应采用结构胶将螺栓和钢板连接处缝隙封堵严密，防止灌注胶液时漏胶。施工时优先选用焊接工艺。

钢板焊接时应将钢板撬动，使之离混凝土有一定距离，以免混凝土受高温崩裂，同时避免焊药污染混凝土表面。钢板和螺栓的焊接质量应符合《建筑钢结构焊接技术规程》(JGJ 81—2002)的相关质量要求。

5)封堵缝隙、安装注胶嘴

钢板安装完毕，所有焊接工序完成通过检查后，采用专用封缝胶或普通粘钢用结构胶，将钢板与混凝土连接部位周边缝隙、未焊接的螺栓与钢板连接部位缝隙进行封堵。封堵时应用力将胶体尽量压入钢板与混凝土间缝隙内，避免注胶时压力过大将封堵缝隙胀裂，造成胶液渗漏。注胶嘴可采用橡胶管或专用注胶嘴，封堵缝隙时应将注胶嘴一并用专用封缝胶或普通粘钢用结构胶粘贴在钢板和混凝土缝隙处，若钢板面积较大应在钢板加工时在钢板上钻注胶孔，并在注胶孔上套丝后安装专用注胶嘴。注胶嘴安装的水平间距不应超过50 cm，垂直间距不应超过30 cm，注胶嘴宜采用梅花状布置，加固构件最高处应埋设一处注胶嘴，作为排气孔。

缝隙封堵完毕，待胶液固化后(常温下约24 h，冬季气温较低时应适当延长)，留下一处压气，封闭其余注胶嘴。从预留注胶嘴处压入空气检查封闭情况，空气压力不应超过0.4 MPa，压气过程中用肥皂水涂抹封闭的缝隙，通过观察气泡判断是否封堵严密，发现漏气及时修补。

6)结构胶灌注

经压气检查并修补后，可开始结构胶灌注作业。灌注用的结构胶是专用结构胶，流动性较好。按说明书要求配置胶液，配制时应采用较为精确的电子秤，严禁采用精度低于50 g的台秤、杆秤等。结构胶一般分A、B两组分，两组分颜色有较大差别，称量完成后搅拌至色泽均匀即可使用。

胶液的配制量根据注胶速度调整，一次最大不宜超过5 kg。胶液灌注时采用专用设备压力灌注，灌注压力0.2～0.4 MPa，胶液灌注速度控制在0.5 kg/min为宜，有可靠经验或条件允许时可适当增大胶液灌注速度，避免发生包气空鼓现象。

胶液灌注时应将所有注胶嘴全部打开，其灌注顺序为水平向自左向右(沿同一方向灌注即可)，垂直方向自下而上，严禁自上而下灌注。在灌注时上部注胶嘴充当排气孔，当在下部灌注时，应在上部注胶嘴有胶液流出时停止下部灌浆，关闭下部注胶嘴，从有胶液流出的注胶嘴继续灌注。

灌注过程中应及时检查胶液灌注密实情况，采用小锤轻敲钢板，通过声音的变化判断胶液到达的高度。若灌注速度较快出现上部注胶嘴出胶，但在水平方向上胶液高度有较大倾斜角度，应暂停灌注一段时间（3～5 min 即可）；同时用小锤敲击钢板，待胶液在重力作用下达到同一高度后继续灌注，此时灌注应减小灌注压力、降低胶液灌注速度，避免包气现象发生。

胶液灌注宜连续进行，但加固构件高度超过 3 m 时应分两次灌注，防止连续灌注时下部钢板压力过大封堵缝隙胀裂，造成胶液渗漏。两次间隔时间（胶液初凝，失去流动性的时间）应通过现场试验确定。试验时配置少量胶液放置在柔软的透明容器内，胶液自配制后至失去流动性的时间间隔（手触仍粘手）即为两次灌注间隔时间。两次灌注时液面高度位置应选择在适当高度处某一注胶嘴下部 5 cm 左右部位。

灌注至最高处注胶嘴出胶后，应在最高处注胶嘴继续注胶 5 min，进行闭浆，闭浆压力应比灌注压力略低。胶液固化后将注胶嘴割除并打磨平整。

在冬季气温较低时胶液会变得黏稠，灌注性能降低。此时可采用水浴加热胶液 A 组分（用量较大的组分），恢复胶液灌注性，严禁对 B 组分（固化剂）进行加热，加热时水温不能超过 60 ℃，以防止 A、B 组分混合后反应速度过快出现发泡现象。结构胶的固化反应是放热反应，灌注过程中若出现注胶罐过热现象，应立即停止灌注，检查胶液是否发泡，若发泡则应将胶液倒入废液桶中重新配制。

注胶作业时应保持良好通风，操作工人必须配戴安全帽、护目镜、口罩等劳保用品，防止作业时受到伤害。

7）质量检查

湿包钢灌注粘钢法的质量检查方法和直接涂胶粘钢法相同，若存在较大面积的缺陷，应根据缺陷形状和面积大小，采用手电钻在缺陷下部和上部适当部位钻孔，重新安装注胶嘴进行灌注修补。

8）防腐

粘贴完成后，常温下胶液 24 h 可自然固化，72 h 后可受力使用。冬季固化时间略长，但不应超过 72 h。钢板外露部分应采用防腐材料进行防腐处理，有抗冲刷要求的还应采取其他特殊措施处理。

六、粘贴纤维复合材料加固技术

纤维复合材料是一种单向受力材料，它具有抗拉强度高、质量轻、施工简便等优点。纤维复合材料主要有碳纤维、芳纶纤维及玻璃复合纤维等。目前，混凝土结构加固应用最广泛的是碳纤维材料。

纤维复合材料适用于钢筋混凝土受压、受拉和受弯构件的加固，不适用于素混凝土构件，包括纵向配筋率小于《水工混凝土结构设计规范》（SL 191—2008）规定最小配筋率的构件加固。在实际工程中，若构件混凝土强度过低，它与纤维片材的黏结强度也较低，易发生剥离破坏，纤维复合材料不能充分发挥作用，因此对采用纤维复合材料加固的钢筋混凝土构件的强度等级不宜低于 C15。

（一）加固设计原则

（1）受压构件加固时，采用环向围束法加固受压构件最为有效，特别是圆形截面构件。环向围束对混凝土起到约束作用，使其抗压强度得到提高，其原理与配置螺旋箍筋的轴心受压构件相同。受压柱的长细比过大时，过大的纵向变形使其约束作用丧失，因此还应对柱的稳定性进行验算。在采用粘贴纤维复合材料加固矩形等其他形状截面受压构件时，截面棱角必须进行圆化打磨，以防止纤维复合材料因应力集中而破坏。

(2)受拉构件加固计算时，可不考虑混凝土的抗拉作用，仅计算钢筋和粘贴纤维复合材料的抗拉强度。受弯构件加固时，应遵守《水工混凝土结构设计规范》(SL 191—2008)正截面承载力计算的基本假定。

(3)试验研究表明，受弯构件在受拉面粘贴纤维复合材料进行抗弯加固时，截面应变分布仍符合平截面假定。在梁侧面受拉区粘贴碳纤维复合材料进行加固时，仍可按照平截面假定来确定纤维复合材料应变分布。纤维复合材料距受拉区边缘越远，应变越小，越不能发挥作用。采用纤维复合材料对钢筋混凝土适筋截面进行抗弯加固时，加固构件斜截面抗剪的截面尺寸限制条件应满足《水工混凝土结构设计规范》(SL 191—2008)的相关规定。

(二)粘贴纤维复合材料加固构件应注意的问题

(1)纤维复合材料是单向受力材料，加固时只能考虑其受拉作用。由于纤维复合材料的抗拉强度极限值很大，往往是钢材的10倍以上，当采用纤维复合材料对钢筋混凝土适筋截面进行加固时，原结构钢筋和纤维复合材料的应变不协调，其承载能力提高幅度有限，当需要提高较大幅度时，往往需要粘贴多层纤维复合材料，其使用率较低、不经济。因此，一般若无特殊要求，当构件承载能力需要提高较大幅度时，应优先考虑其他加固方法。

(2)纤维复合材料宜粘贴成条带状，在非围束加固时，板材不宜超过2层，布材不宜超过3层。

(3)当采用围束法加固受压构件时，纤维复合材料条带应粘贴成环形箍，且纤维受力方向与受压构件纵轴线垂直。

(4)纤维复合材料沿纤维受力方向的搭接长度不应小于100 mm。当采用多条或多层纤维复合材料加固时，其搭接位置应相互错开；当采用纤维板材加固时，一般不应搭接，应按设计尺寸一次下料完成。

(5)当纤维复合材料加固构件有外倒角(阳角)时，构件表面棱角应进行圆化处理，圆化半径一般不小于25 mm(见图4.16)。对主要受力纤维复合材料不宜绕过内倒角(阴角)。

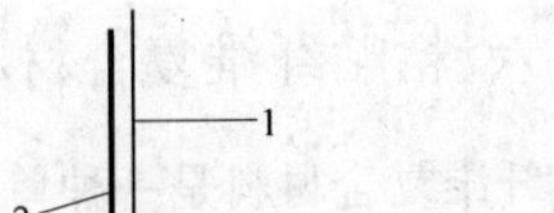

1—构件；2—纤维复合材料

图4.16 构件外倒角粘贴示意图

(6)采用纤维复合材料对钢筋混凝土柱或梁的斜截面承载力进行加固时，宜选用环形箍或加锚固的U形箍。U形箍的纤维受力方向应与构件轴向垂直。在梁上粘贴U形箍时，应在梁中部增设一条纵向压条。

(7)当多层粘贴时宜将纤维复合材料粘贴成内短外长的形式，每层截断处外侧加压条(见图4.17)。内短外长的构造更有利于纤维复合材料的黏结，截断点之间要留有一定的距离，以免纤维复合材料的固传力在混凝土基层表面形成叠加，造成黏结失效。

抗弯加固时纤维复合材料端部附加锚固措施示意图见图4.18。

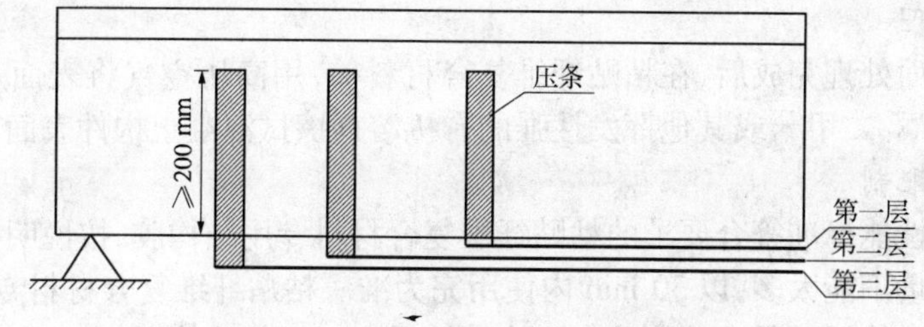

图 4.17　多层纤维复合材料粘贴构造

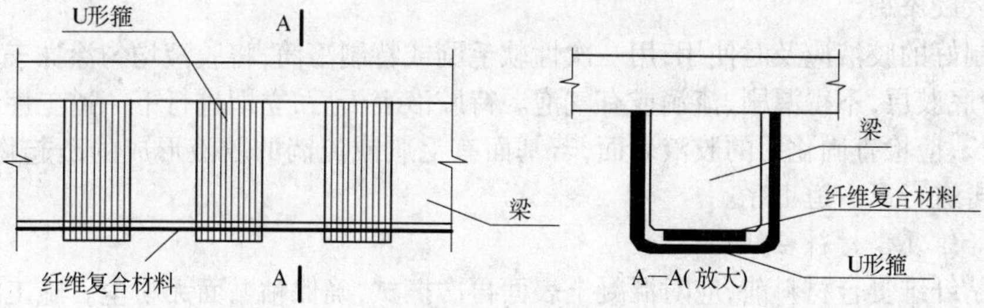

(a) U形箍

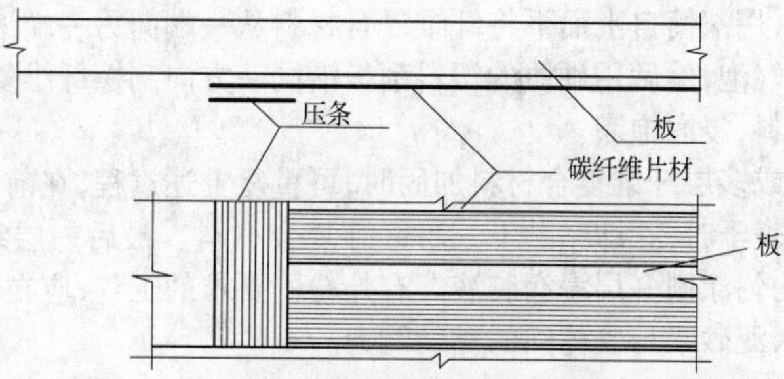

(b) 纤维复合材料压条

图 4.18　抗弯加固时纤维复合材料端部附加锚固措施示意图

(三)粘贴纤维复合材料加固施工工艺

粘贴纤维复合材料加固法施工工序为:施工准备→纤维复合材料裁剪→混凝土结合面打磨→基面清理→结构胶配制→底胶涂刷→纤维复合材料粘贴→质量检查→隐蔽。

1. 施工准备

施工前应制定详细的施工方案,准备施工材料、人员、劳保用品及相关机械设备。

2. 纤维复合材料裁剪

根据设计要求将纤维复合材料裁剪成适合的长度,裁剪时应注意预留搭接长度,材料剪裁后卷成卷状,编号存放。

3. 混凝土结合面打磨

用角向磨光机将混凝土构件表面纤维复合材料粘贴部位打磨至新鲜混凝土,打磨厚度为 0.5 ~1 mm,去除混凝土表面浮浆层。对混凝土表面有较大凸起的部位要打磨平整,对较大的孔洞、坑槽要用高强砂浆或结构胶修补平整后再打磨平整。混凝土有裂缝时应采取相应措施修补后打磨平整。粘贴处阳角应打磨成圆弧状,阴角用修补材料修补成圆弧倒角,圆弧半径一般不小于 25 mm。

4. 基面清理

混凝土表面处理完成后，在粘贴纤维复合材料前，用高压空气将表面灰渣清除，并用干净抹布蘸丙酮、二甲苯或其他挥发性强的有机溶剂擦拭混凝土构件表面。

5. 结构胶配制

选取材料性能标准符合要求的粘贴纤维复合材料专用结构胶，按说明书的比例配制。每次配制的数量不能太多，以 30 min 内使用完为准。粘贴纤维复合材料专用结构胶流动性强、渗透性好，使用过程中结构胶失去流动性后应立即停止使用。

6. 底胶涂刷

配制好的胶液应及时使用，用一次性软毛刷或特制滚筒，将胶液均匀涂抹于混凝土表面，作为底胶层，不得漏刷、流淌或有气泡。待胶液表干后，立即进行下一道工序。若时间间隔较长，应检查固化后的胶液表面，若基面有毛刺或流淌的胶液形成的凸起物，应打磨平整后再进行下一道工序。

7. 纤维复合材料粘贴

粘贴纤维复合材料前，应对混凝土表面再次擦拭，确保粘贴面无粉尘。施工时用一次性软毛刷或特制滚筒将胶液均匀涂抹于混凝土表面，不得漏刷、流淌或有气泡，涂刷均匀。胶液涂刷完毕后，用滚筒自上而下将纤维复合材料从一端向另一端滚压，除去胶体与纤维复合材料之间的气泡，然后用硬质的塑料刮板沿同一方向刮擦纤维复合材料表面，使胶体渗入纤维复合材料，浸润饱满。

当采用多条或多层纤维复合材料加固时，可重复上述过程，在前一层纤维复合材料表面渗透出的胶液表干时，立即粘贴下一层纤维复合材料。最后一层纤维复合材料施工结束后，在其表面均匀涂刷一层浸润胶液。有外粉刷要求的工程，应在最后一层浸润胶液表面撒粗砂，增加水泥砂浆与胶体间的黏结能力。

8. 质量检查

纤维复合材料粘贴完成后，应及时对粘贴质量进行检查，主要检查有无空鼓现象，若发现空鼓现象，应在施工中用硬质的塑料刮板反复刮压，直到除去气泡，否则应重新粘贴。纤维复合材料与混凝土面的黏结质量可用专用设备检测。

碳纤维片材现场检查质量示意图见图 4.19。

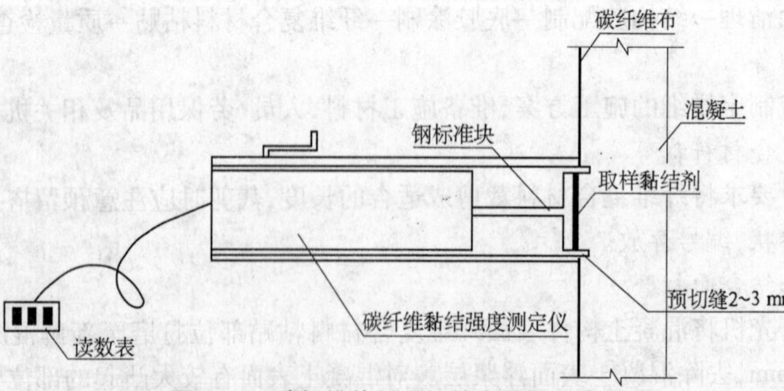

图 4.19 碳纤维片材现场检查质量示意图

9. 隐蔽

质量检查完成后，让胶液自然硬化，常温下一般 36 h 即可完全固化。冬季气温较低时，胶液固化时间较长，但不应超过96 h。有外粉刷要求的，应在胶液完全固化后进行隐蔽粉刷。

七、植筋和锚栓锚固技术

植筋和锚栓锚固技术都是在既有钢筋混凝土构件上新增构件的连接和锚固技术。植筋技术适合在既有钢筋混凝土构件上新增现浇钢筋混凝土构件的连接和锚固；锚栓锚固技术适合新增钢构件的连接和锚固。

（一）植筋技术

1.植筋技术的概念

植筋技术是将钢筋用专用黏结剂种植在混凝土结构中，使被种植钢筋与原钢筋混凝土结构有效连接的一种加固技术，其施工工艺简单，质量容易控制，在加固工程中应用非常广泛。

2.植筋材料的类别

植筋材料有两大类：一类是树脂高分子材料，其原理是依靠植筋材料的黏结和握裹作用，将钢筋固定在混凝土结构中；另一类为水泥基材料，其实际上是一种微膨胀高强砂浆（抗压强度一般在60 MPa以上），依靠材料的膨胀性能，握裹钢筋并固定在混凝土结构中。这两类材料在实际加固工程中都得到了广泛应用。

植筋形式示意图见图4.20。

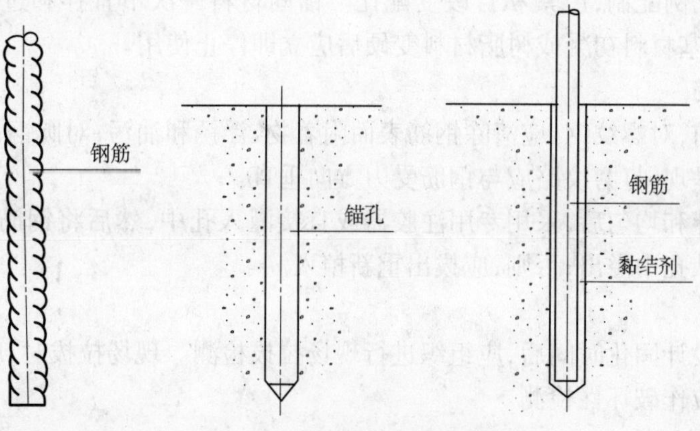

图4.20 植筋形式示意图

3.植筋技术的适用条件

植筋技术适用于钢筋混凝土结构构件的锚固，不适用于素混凝土构件，包括纵向配筋率小于《水工混凝土结构设计规范》（SL 191—2008）规定的最小配筋率构件的锚固。采用植筋技术时，混凝土构件的强度等级一般不小于C20，在有可靠工程经验，同时增加锚固深度的情况下，最低不应低于C15。当锚固部位混凝土有局部缺陷时，应先进行补强加固处理后再植筋。当采用树脂高分子材料作为植筋材料时，结构长期适用环境温度不应高于60 ℃。

4.植筋设计的计算

植筋设计应在计算和构造上防止混凝土发生劈裂破坏。有抗震设防要求的水闸，应用植筋技术时,其锚固深度应考虑位移的延性要求进行修正。

5. 植筋技术施工工艺

植筋技术施工工序为:施工准备→放线、定位→造孔→清孔→锚固材料拌和→种植钢筋→检验。

1)施工准备

施工前应制定详细的施工方案,准备施工材料、人员及相关机械设备。

2)放线、定位及造孔

依据设计要求在混凝土结构表面标明造孔部位,同时采用钢筋保护层厚度测定仪对设计造孔部位进行探测。若设计部位有钢筋,应避开原结构钢筋,在邻近设计部位造孔至设计深度,避免废孔率过高造成混凝土构件局部破坏;对于废孔应及时用结构胶或高强度水泥砂浆填充。

3)清孔

造孔完成后应及时清孔,对采用树脂胶作为锚固材料的,应采用柱状细毛刷反复刷孔,然后用高压空气吹净孔内灰渣,最后用干净棉布蘸丙酮、二甲苯等强有机溶剂擦拭孔壁,若检查不干净应重复以上操作。对采用水泥基锚固材料的,可直接用高压水清洗,然后用棉布把明水吸干即可。

4)锚固材料拌和

锚固材料无论是树脂材料还是水泥基材料都应采用精度在 10 g 以上的电子秤称量,按厂家提供的比例配制,严禁私自改变配比。锚固材料一次不宜拌和过多,应在 30 min 内使用完,水泥基材料初凝或树脂材料变硬后应立即停止使用。

5)种植钢筋

钢筋种植前,对螺纹钢,应清除钢筋表面附着物、浮锈和油污;对圆钢,应彻底除锈,打磨至金属光泽呈现,打磨纹路应与钢筋受力方向垂直。

锚固材料拌和均匀后,采用专用注胶器或直接灌入孔中,然后将钢筋插至孔底部,同时锚固材料应从孔中溢出;否则,应拔出重新植入。

6)检验

材料达到设计固化时间后,应组织进行现场拉拔检测。现场拉拔时,应以设计值为指标。严禁在原位作破坏性检测。

(二)锚栓锚固技术

1. 锚栓技术的概念

锚栓锚固技术都是在既有钢筋混凝土构件上新增构件的连接和锚固技术,锚栓锚固技术适用于在混凝土结构上锚固安装钢构件。

2. 锚栓的分类

混凝土结构所用的锚栓,根据锚栓材质可分为碳素钢锚栓、不锈钢锚栓和合金钢锚栓,使用时应根据环境条件的差异及耐久性要求,选用相应品种。根据锚固形式可分为机械锚固式锚栓和化学锚栓。机械式锚栓又可分为膨胀型锚栓和扩底锚栓,其性能应符合《混凝土用膨胀型、扩孔型建筑锚栓》(JG 160—2004)的相关要求;化学锚栓根据植入工艺的不同又可分为管装式、机械注入式和现场配制式等。

不同锚栓的受力形式和使用功能各有差异，使用时应根据现场条件、锚固构件是否承重及锚固构件的重要性来确定合适的锚栓类型。

各类锚栓示意图见图 4.21 ~ 图 4.26。

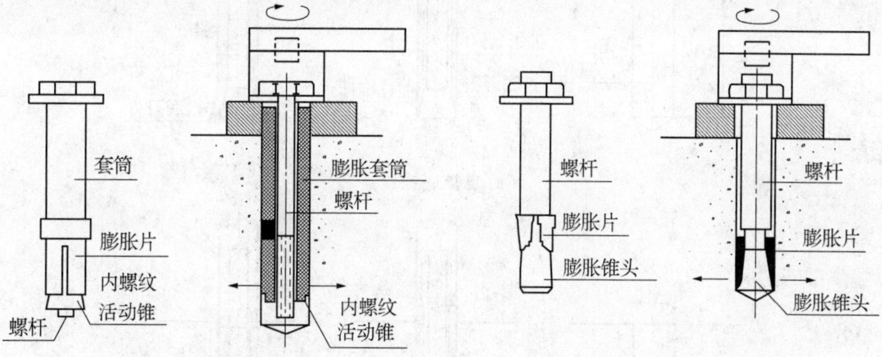

(a) 套筒式(壳式)　　(b) 膨胀片式(光杆式)

图 4.21　扭矩控制式膨胀型锚栓示意图

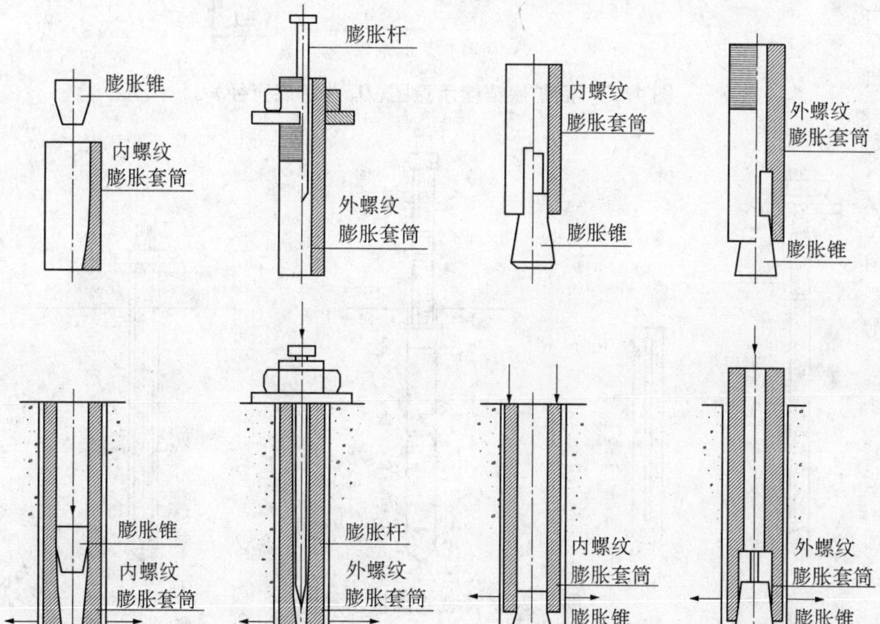

(a) 锥下型(内塞)　(b) 杆下型(穿透式)　(c) 套下型(外塞)　(d) 套下型(穿透式)

图 4.22　位移控制式膨胀型锚栓示意图

3. 锚栓的适用条件

锚栓锚固技术适合于普通混凝土结构，不适合严重风化的混凝土结构。水闸混凝土结构采用锚栓加固时，主要构件混凝土强度等级不应低于 C30，一般结构不应低于 C20。承重构件使用的锚栓宜采用机械锁键效应的后扩底锚栓，也可采用适应开裂混凝土性能的化学锚栓。当采用定型化学锚栓时，其有效锚固深度，对承重受拉的锚栓不得小于 $8d$

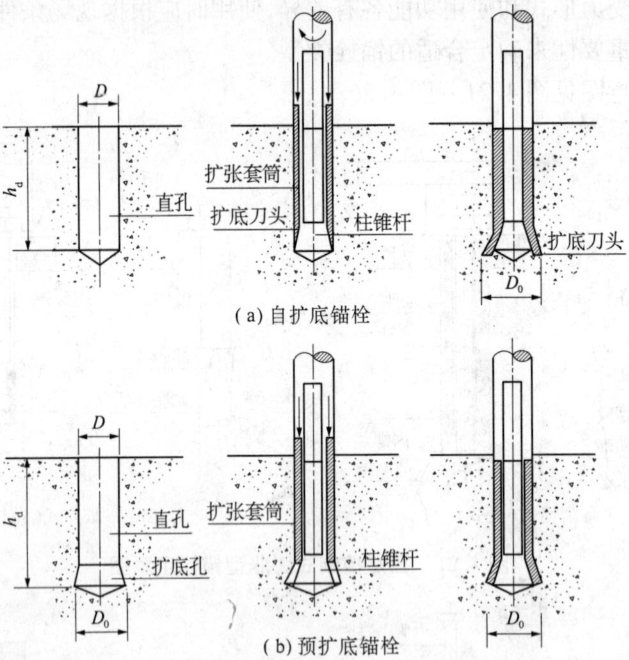

图 4.23　后扩底锚栓示意图(D_0 为扩底直径)

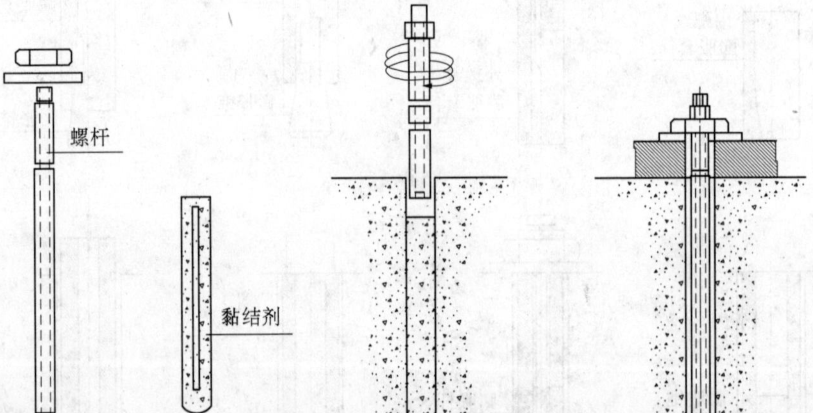

图 4.24　管装式锚栓示意图

(d 为锚栓公称直径),对承受剪力的锚栓不得小于 6.5d。如无特殊要求,不得使用普通膨胀型锚栓作为主要承重构件的连接件。有抗震设防要求的水闸建筑,使用锚栓加固时,应采用加长型后扩底锚栓,且仅允许用于设防烈度不高于 8 度的水闸。定型化学锚栓仅允许用于设防烈度不高于 7 度的水闸。锚栓的受力分析应符合《混凝土结构加固设计规范》(GB 50367—2006)附录 M 的规定。

应用锚栓锚固技术时,混凝土结构的最小厚度不应小于 100 mm。用于承重结构的锚栓,其公称直径不得小于 12 mm。按构造要求确定的锚固深度不应小于 80 mm,且不应小于混凝土保护层厚度。

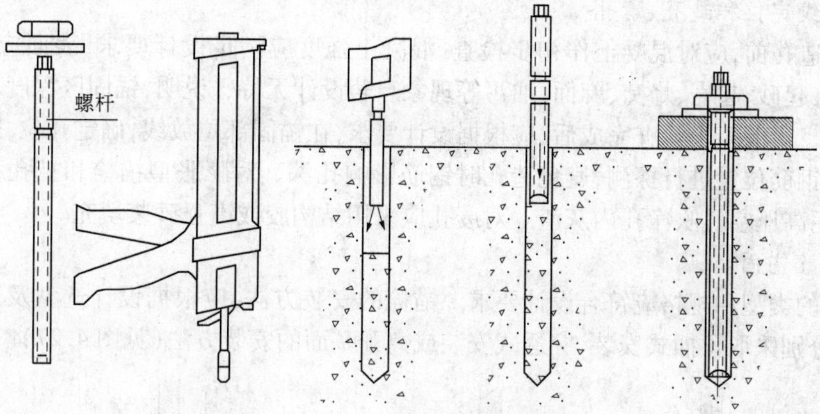

图 4.25　机械注入式锚栓示意图

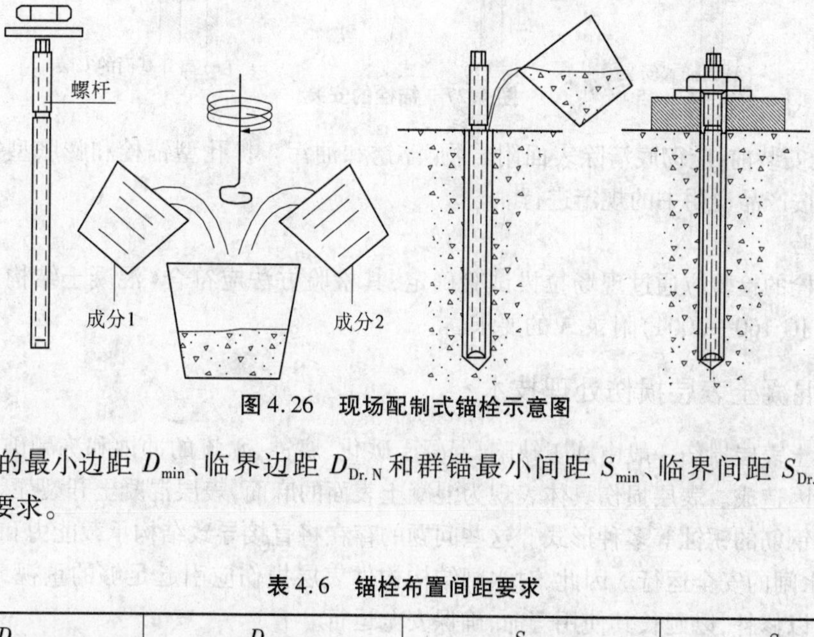

图 4.26　现场配制式锚栓示意图

锚栓的最小边距 D_{min}、临界边距 $D_{Dr.N}$ 和群锚最小间距 S_{min}、临界间距 $S_{Dr.N}$ 应符合表4.6的要求。

表 4.6　锚栓布置间距要求

D_{min}	$D_{Dr.N}$	S_{min}	$S_{Dr.N}$
$\geqslant 0.8h_d$	$\geqslant 1.5h_d$	$\geqslant 1.0h_d$	$\geqslant 3.0h_d$

注：h_d 为锚栓的有效锚固长度(mm)，按定型产品说明书的推荐值取用。

有抗震设防要求的水闸，使用锚栓的实际锚固深度，应在计算值的基础上乘以适当的修正系数。锚栓的防腐标准应高于被加固构件的防腐标准。

4. 锚栓的施工工艺

化学锚栓的施工工艺与植筋工艺基本相同，本节仅就机械锚固型锚栓的施工工艺加以介绍。机械锚固型锚栓施工工序为：施工准备→放线定位→造孔、清孔→锚栓锚固→检验。

1) 施工准备

施工前应制定详细的施工方案，准备施工材料、人员及相关机械设备。

2)放线定位和造孔、清孔

定位造孔前,应对混凝土作初步检查,混凝土强度应满足设计要求,表面应坚实、平整,不应有起砂、起壳、蜂窝、麻面、油污等现象。若设计无特殊说明,锚固区深度范围内应基本干燥。对混凝土检查完成后,应根据设计要求,在锚固部位放线,确定孔位,同时对混凝土内部钢筋位置进行探测,避免造孔时钢筋影响孔深。对膨胀型锚栓和扩孔型锚栓的施工,应用高压空气吹净孔内灰渣。对废孔应采用结构胶或高强砂浆填充。

3)锚栓锚固

锚栓的类型和规格应符合设计要求。锚栓的安装方法,应根据设计选型及连接构造的不同,分别采取预插式安装、穿透式安装或离开基面的安装方法(见图4.27)。

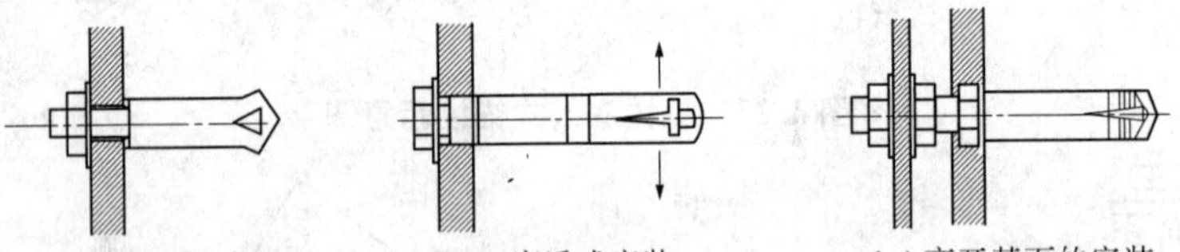

(a)预插式安装　(b)穿透式安装　(c)离开基面的安装

图4.27　锚栓的安装

锚栓安装前,应彻底清除表面附着物、浮锈和油污。扩孔型锚栓和膨胀型锚栓的锚固操作应按产品说明书的规定进行。

4)检验

对锚栓的检验应通过现场拉拔试验确定,其检验方法应符合《混凝土结构后锚固技术规程》(JG 160—2004)附录A的要求。

八、混凝土表层损伤处理技术

混凝土表层损伤一般由施工缺陷、混凝土碳化、腐蚀、水流的冲蚀和冻融破坏等一种或多种原因造成。表层损伤具体表现为混凝土表面的麻面,表层混凝土开裂、酥松甚至剥落及内部钢筋的锈蚀等多种形式。这些问题的存在将直接导致结构承载能力和稳定性下降,危及水闸的安全运行。因此,对水闸结构构件表层损伤应引起足够的重视,发现损伤要及时予以修补,以延长其使用寿命,确保安全运行。

根据混凝土表层损伤的程度、部位不同,一般可采用混凝土表层置换修补及混凝土表面封闭等方法进行处理。对损伤深度大于钢筋保护层厚度或损伤层混凝土酥松剥落的构件,应首先凿除损伤层,然后粉刷高强砂浆或浇筑高强混凝土及其他有机复合材料进行置换修补;对钢筋锈蚀严重的,应在修补前除锈,并根据锈蚀情况和结构需要加补钢筋。对一般部位(不包括混凝土结构变形缝部位),损伤深度小于混凝土保护层厚度且损伤层混凝土仍满足工程要求的,可采用表面涂层封闭法进行处理(例如混凝土表面防碳化处理、抗冲磨处理)。修补完成后,为预防混凝土中的钢筋锈蚀,可采取一定的电化学措施进行防护。

(一)混凝土表层置换修补技术

混凝土表层置换修补技术是对存在缺陷的表层混凝土凿除后,采用修补材料将其修补至原截面的一种技术。该技术适用于因混凝土表面化学侵蚀、机械磨蚀、冻融破坏及施工缺陷所引起的表层酥松、孔洞、麻面等表层缺陷的修复。

1. 混凝土表层损伤置换修复的原则

混凝土表层置换修补技术应按照“凿旧补新”的原则进行修补，即将受损伤的混凝土全部凿除，回填修补材料。对于混凝土表面破损的修补，应从表层强化入手，切实分析研究混凝土表面破损的原因，充分利用原结构的刚度和剩余强度，根据环境、作业面的不同情况，本着“环境友好，施工简便，经济合理”的原则选择材料及处理措施。

2. 施工工艺

混凝土表层损伤修复施工工序为：损伤混凝土清除→锈蚀钢筋处理→结合面处理→混凝土修补→养护。

1）损伤混凝土清除

确定清除混凝土的范围，彻底清除酥松混凝土，直至露出新鲜混凝土，以保证修补材料与原混凝土基面良好结合。凿除酥松混凝土时应避免损伤原混凝土结构。

2）锈蚀钢筋处理

对于锈蚀严重、有效面积减少的钢筋，应彻底除锈，并对钢筋进行补强，使之满足原设计及相关规范要求。钢筋的补强可采用焊接、帮条、粘钢加固、挂钢筋网加固等方法。具体的加固方法可参考本书相关章节。

3）结合面处理

混凝土凿除后，清除表面浮渣、粉尘、油污，为增强修补体与原混凝土结合面的黏结强度，根据修补材料的不同，在结合面涂刷相应的界面剂或增设锚筋。

4）混凝土修补

混凝土修补对于构件截面损失较小（深度 <5 cm）的情况，采用压抹普通砂浆或细石混凝土的方法进行修补，宜采用分层施工，每层厚度一般为 2 ~ 3 cm；对于截面损失较大（深度 ≥ 5 cm）的情况，可以按照普通混凝土浇筑工艺进行，其施工工艺应符合《水工混凝土施工规范》（DL/T 5144—2001）。

5）养护

修补完成后，为避免修补材料凝固收缩造成界面开裂或后浇层龟裂，应根据修补材料的性能和工程环境进行养护。

（二）混凝土表面涂层封闭技术

混凝土表面涂层封闭技术是在混凝土结构表面喷涂密闭涂层，提高混凝土耐侵蚀能力的技术。该技术适用于防止混凝土受外界有害介质（CO_2、Cl^-、SO_4^{2-}等）的侵蚀及混凝土表面裂缝宽度不大于 0.3 mm 的修复。

目前，用于混凝土表层封闭的材料主要有环氧树脂类、聚合物类、水泥基类。各类材料的施工工艺大致相同。本节仅以环氧树脂类材料中的环氧厚浆涂料为例，对混凝土表面涂层封闭技术的施工工艺进行介绍。环氧厚浆涂料是由环氧基料、增韧剂、防锈剂、防锈防渗填料及固化剂等多种成分组成的环氧树脂类材料。

1. 施工工艺

环氧厚浆涂料的施工工序为：表面处理→涂料配置→涂装施工→质量检查。

1）表面处理

施工处理前，应清除混凝土表面的浮尘、锈斑、油污等。一般采用高压水清洗，对于油污可用有机溶剂擦洗。为了增强涂层和混凝土的结合能力，可用钢丝刷或喷砂将混凝土表面糙化。对于裂缝宽度大于 0.3 mm 的，参见本书中混凝土裂缝修复相关方法进行处理。

2）涂料配置

涂料应严格按照产品使用说明书的要求进行配制。配料量根据涂装面积、施工机械、施工人数及天气等情况确定，一次配料应在 30 ~ 40 min 内用完。

3）涂装施工

涂料施工分人工涂刷和高压喷涂两种方法。

人工涂刷第一遍时应在基面上往返纵横涂刷，遇到细微缝隙、气孔、粗糙表面要旋转毛刷揉搓，往返多次，使涂料渗入表面气孔或细微裂缝，严防漏刷。每次涂膜要求厚薄均匀，不流挂，不漏底，一层一层喷涂。

高压喷涂是借助喷涂机将涂料呈雾状喷出，分散在混凝土基面上。喷嘴口径 4 ~ 5 mm，空气压力以 0.3 ~ 0.5 MPa 为宜，喷嘴角度基本垂直于混凝土基面，距离基面 30 ~ 50 cm，喷枪移动速度约为 0.5 m/s，喷涂顺序为竖→横→竖→横。每次涂膜要求厚薄均匀，不流挂，不漏底，一层一层喷涂。

4）质量检查

混凝土涂层的表面应平整均匀，不得有漏涂、起皮、鼓泡、针孔、裂缝等缺陷。在结构的边角部位应加涂两道涂料增强，以确保涂层质量。涂层的厚度按照设计要求，以每平方米的涂料用量来控制，也可用涂膜厚度仪检查。

2. 注意事项

（1）处理后的混凝土表面要平整密实，并且粗糙程度适宜。

（2）涂装适宜温度为 10 ~ 30 ℃，温度不宜过高或过低。

（3）涂刷施工层间间隔时间根据气温而定，一般不少于 6 h，每次再涂前，以上一层表干为准。

（4）涂装完毕，24 h 内防止与水接触，在 3 ~ 5 d 内不宜浸入水中。

（三）电化学防护技术

电化学防护是通过外加电流影响或改变混凝土、钢筋、钢筋与混凝土接触面的特性以及混凝土内部的液体流动系统，对钢筋混凝土进行主动防护的技术。电化学防护技术主要包括阴极保护法、混凝土再碱化技术、混凝土电化学除氯技术。

1. 阴极保护法

阴极保护法是将外加直流电源的负极与被保护的金属相连接，通过外加电源使被保护的金属成为阴极，并发生极化（金属阴极的电位向负方向移动）；或通过外加牺牲阳极（比保护金属的电位更负），使被保护金属的整体成为阴极，从而保护其免遭腐蚀。外加电源式电化学防护系统包括直流电源、控制系统及一个通常沿混凝土表面分布的永久性外加阳极（辅助阳极）。系统的外加辅助阳极与直流电源的正极相连，混凝土结构中的钢筋则与直流电源的负极相连。这样，全部钢筋就变成腐蚀微电池中的阴极而被保护起来。

阴极保护所需的电流密度取决于金属及其周围环境。一般情况下，外加电流密度控制在 5 ~ 15 mA/m^2，最大不宜大于 110 mA/m^2。在特殊环境下，对潮湿混凝土外加电流密度可根据实际情况控制在 50 ~ 270 mA/m^2 的范围内。

阴极保护法原理见图 4.28。

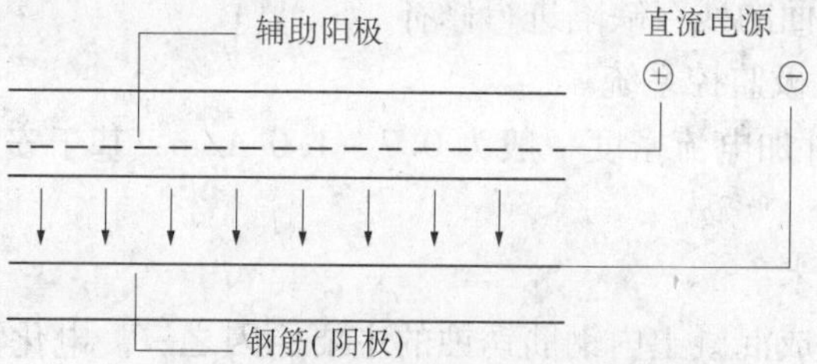

图 4.28　阴极保护法原理示意图

针对不同的混凝土结构，在设计其阴极保护系统前应注意以下几个问题：

(1)保护层不均匀的钢筋混凝土，将导致外加电流的不均匀分布，影响保护效果。

(2)混凝土碳化深度。

(3)未与整体钢筋网架连接的钢筋将得不到保护，且直流电的效应有可能加剧这些钢筋的锈蚀，因此应采取适当的措施将这些钢筋连接起来。

(4)不均匀的导电性能，将导致外加电流的不均匀分部，因此受保护的混凝土结构中不应有较大的裂缝或修补区域等具有较高电阻的部位，如存在这些问题，则必须在采用保护控制系统的过程中加以必要的调整和控制。

(5)任何一种电化学防护控制措施都将提高钢筋周围混凝土的碱性，因此需要在采取控制措施前对混凝土内集料的活性反应能力进行测试。

(6)由于电化学控制措施的负极化，在预应力钢筋表面将产生大量氢气，易产生脆性(氢裂)破坏，对于阴极保护法及电化学除氯法应尤其注意这一问题。

2. 混凝土再碱化法

混凝土再碱化法是在混凝土表面涂刷碱性电解质溶液，并通过加在钢筋及混凝土表面的电极输入外加电流，提高混凝土内部液体的碱性，使混凝土保持其保护钢筋能力的一种方法。

混凝土碱度降低，造成混凝土内钢筋钝化能力降低，不能再对钢筋提供保护，导致钢筋锈蚀。混凝土再碱化技术主要用于阻止混凝土中钢筋锈蚀。一般采用钢网片电极及 1 mol浓度的碳酸钠溶液作为电解质，也可采用碳酸钠溶液和纸纤维的混合浆体作为电解质。处理时间一般为 3 ~ 7 d。

混凝土再碱化处理过程主要遵循以下步骤：

(1)损坏混凝土部位的修复。

(2)混凝土表面的清理。

(3)连接独立钢筋以保证结构内部钢筋良好的导电性能。

(4)安装钢筋与外加电源间的导线。

(5)在混凝土表面安装木制板条。

(6)在木板上安装阳极网片。

(7)阳极网片电源导线的安装。

(8)喷洒纸纤维电解质以覆盖阳极网片。

(9)钢筋接阳极网片导线与电源的连接,并开始通电处理。

(10)处理后,关电源,解除导线,清理混凝土表面木板条、阳极网片及电解质,并用清水清洗。对混凝土表面的残存缺陷进行修补。

(11)建立参考电极监控系统。

在处理过程中,外加电流密度一般为0.7~1.0 A/m^2,基于安全方面的考虑,电压一般不超过50 V。

3. 电化学除氯技术

氯离子侵蚀是造成混凝土内钢筋锈蚀的主要原因之一。电化学除氯技术是限制氯离子进入或排除已进入混凝土中氯离子的一种有效的防护法。

电化学除氯法与阴极保护法类似,将阳极系统敷设于被保护的钢筋混凝土表面,用比阴极保护法较高的电压、较大的保护电流密度,对被保护混凝土构件的钢筋在较短的时间内实施外加电流,使被保护的钢筋周围混凝土中的氯离子浓度大大降低,而提高氢氧根离子浓度。当钢筋表面恢复为原来状态时,可以停止阴极保护,撤去阴极系统,并在混凝土表面涂抹覆盖层,防止氯离子进一步渗入。

第四节　金属结构补强修复技术

水闸金属结构主要是指钢闸门及部分钢制结构。钢结构经可靠性鉴定需要加固时,应根据鉴定结论和委托方提出的要求,由专业技术人员进行加固设计。加固设计的内容和范围,可以是整体结构,亦可以是制定的区段、特定的构件或部位。加固后的钢结构安全等级应根据结构破坏后果的严重程度、结构的重要性和下一个使用期的具体要求,按实际情况确定。

钢结构加固设计应与实际施工方法紧密结合,并采取有效措施,保证新增截面、构件和部件与原结构可靠连接,形成整体共同工作,并应避免对未加固的部分或构件造成不利影响。

对于腐蚀、振动、地基不均匀沉降等原因造成的结构损坏,应提出相应的处理对策后再进行加固。钢结构的加固应综合考虑其经济效益,并不损伤原结构,避免不必要的拆除或更换。

水闸金属结构的加固宜采用增加截面的方法,当有可靠工程经验时可采用其他方法加固。其连接方式一般采用焊接、铆接、黏结和摩擦型高强螺栓连接。

采用焊接加固件加固构件时,可将加固件与被加固件沿全长相互压紧,用长20~30 mm的间断焊缝定位焊接(焊缝间隔300~500 mm),再由加固件端部向内分区段(每段不大于70 mm)施焊所需的连接焊缝,一次施焊区段焊缝应间歇2~5 min。有对称焊缝时,应平行施焊;有多条焊缝时,应交错顺序施焊。对两面有加固件的截面,应先施焊受拉侧的加固件,然后施焊受压侧的加固件。当采用螺栓连接加固时,加固件与被加固构件相互压紧后,应从加固件端部向中间逐次做孔并安装紧定螺栓(或铆钉),尽可能减少加固过程中对截面的过大削弱。

金属结构构件截面加固形式见图 4.29 ~ 图 4.32。

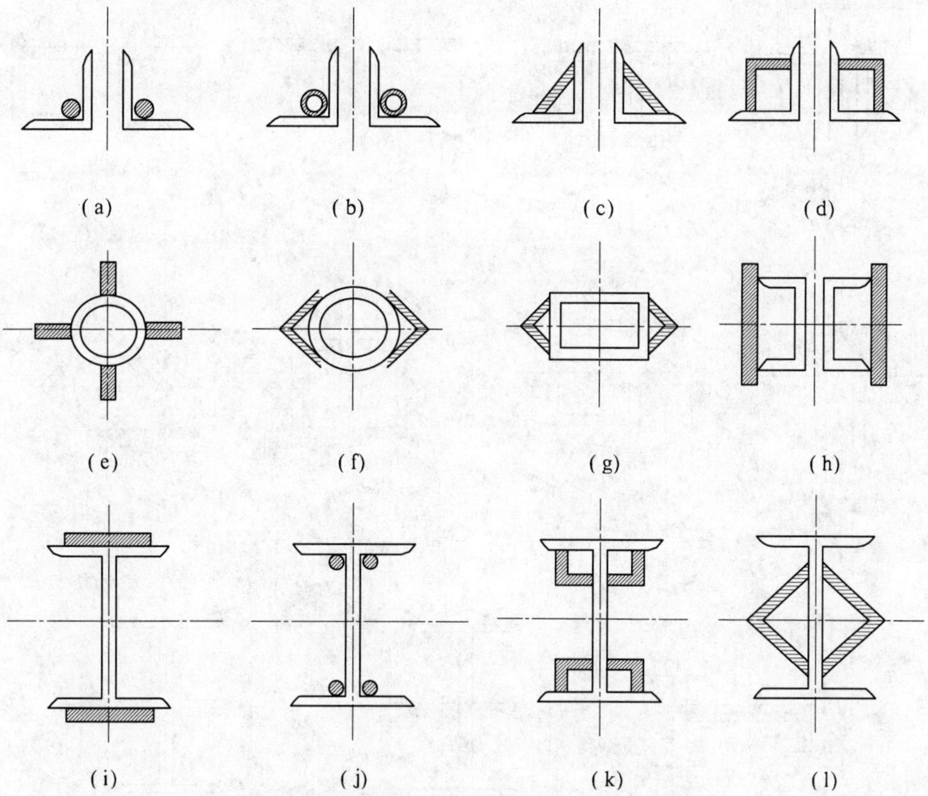

图 4.29　轴心受拉构件截面加固形式

一、加固构件的连接

钢结构加固连接方法的选择,应根据结构加固的原因、目的、受力状态、构造及施工条件,并考虑结构原有的连接方法确定。在同一受力部位连接的加固中,不宜采用焊缝与铆钉或普通螺栓共同受力的混合连接方法,但仅考虑其中一种连接方式(如焊缝)承受全部作用力时除外。

焊缝连接加固可采用增加焊缝长度、有效厚度或两者同时增加的办法实现。新增加固角焊缝的长度和焊脚尺寸或熔焊层的厚度,应由连接处结构加固前后设计受力改变的差值,并考虑原有连接实际可能的承载力计算确定。计算时应对焊缝的受力重新进行分析并考虑加固前后焊缝的共同工作受力状态的改变。负荷下用焊缝加固结构时应尽量避免采用长度垂直于受力方向的横向焊缝,否则应采取专门的技术措施和施焊工艺以确保结构施工时的安全。

螺栓或铆钉需要更换或新增加固连接时,应首先考虑采用适宜直径的高强度螺栓连接。当负荷下进行结构加固需要拆除结构原有受力螺栓、铆钉或增加扩大钉孔时,除应设计计算结构原有和加固连接件的承载能力外,还必须校核板件的净截面面积。

当用摩擦型高强度螺栓部分更换结构连接的铆钉,从而组成高强度螺栓和铆钉的混

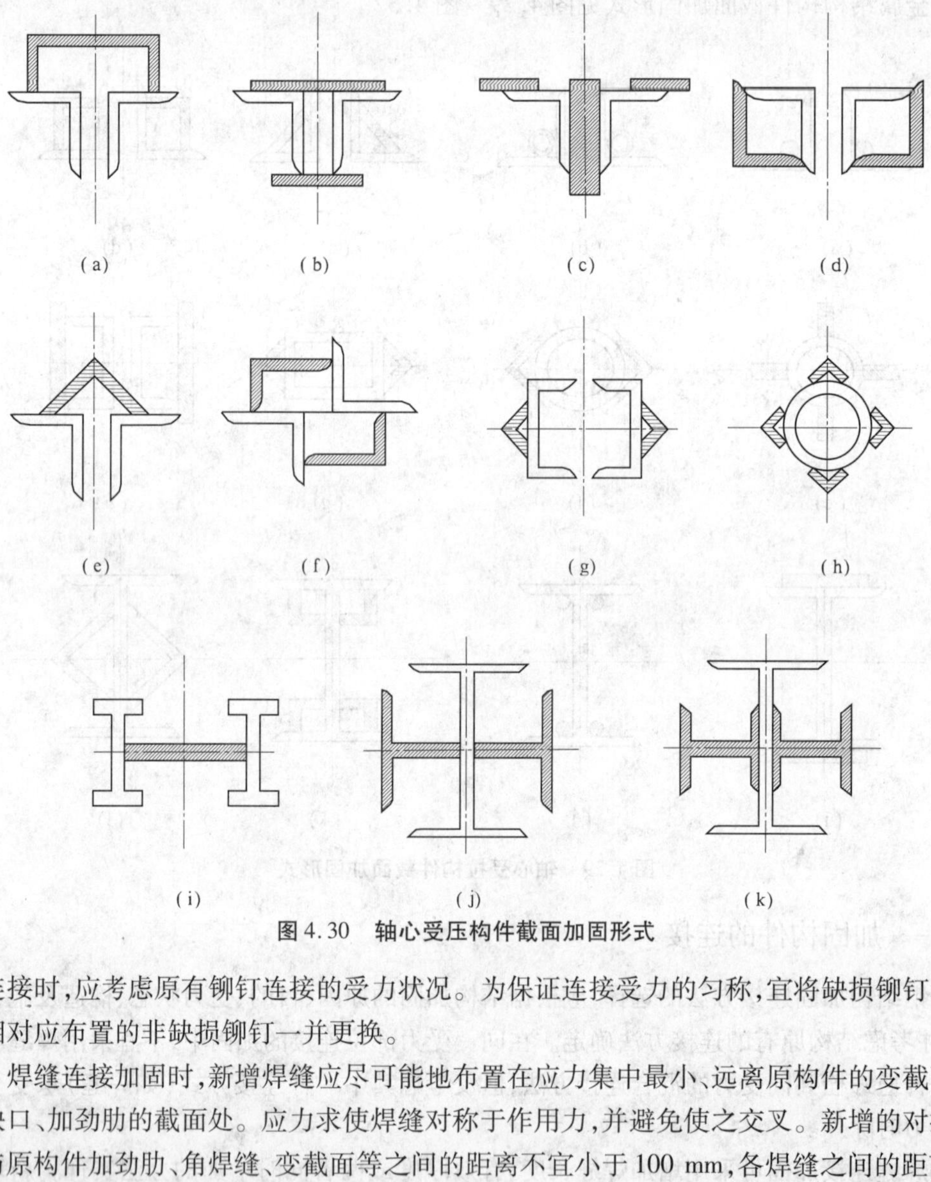

图 4.30　轴心受压构件截面加固形式

合连接时,应考虑原有铆钉连接的受力状况。为保证连接受力的匀称,宜将缺损铆钉和与其相对应布置的非缺损铆钉一并更换。

焊缝连接加固时,新增焊缝应尽可能地布置在应力集中最小、远离原构件的变截面以及缺口、加劲肋的截面处。应力求使焊缝对称于作用力,并避免使之交叉。新增的对接焊缝与原构件加劲肋、角焊缝、变截面等之间的距离不宜小于 100 mm,各焊缝之间的距离不应小于被加固板件厚度的 4.5 倍。

结构的焊接加固必须由具备高焊接技术级别的焊工施焊。施焊镇静钢板的厚度不大于 30 mm 时,环境空气温度不应低于 -15 ℃;当厚度超过 30 mm 时,温度不应低于 0 ℃。

二、裂纹的修复与加固

结构因荷载反复作用及材料选择、制造、施工安装不当等产生具有扩展性或脆断倾向性裂纹损伤时,应设法修复。在修复前必须分析产生裂纹的原因及其影响的严重性,有针对性地采取改善结构实际工作状态的加固措施,对不宜采用修复加固的构件应予拆除更换。在对裂纹构件修复加固时应按《钢结构设计规范》(GB 50017—2003)和《水利水电工

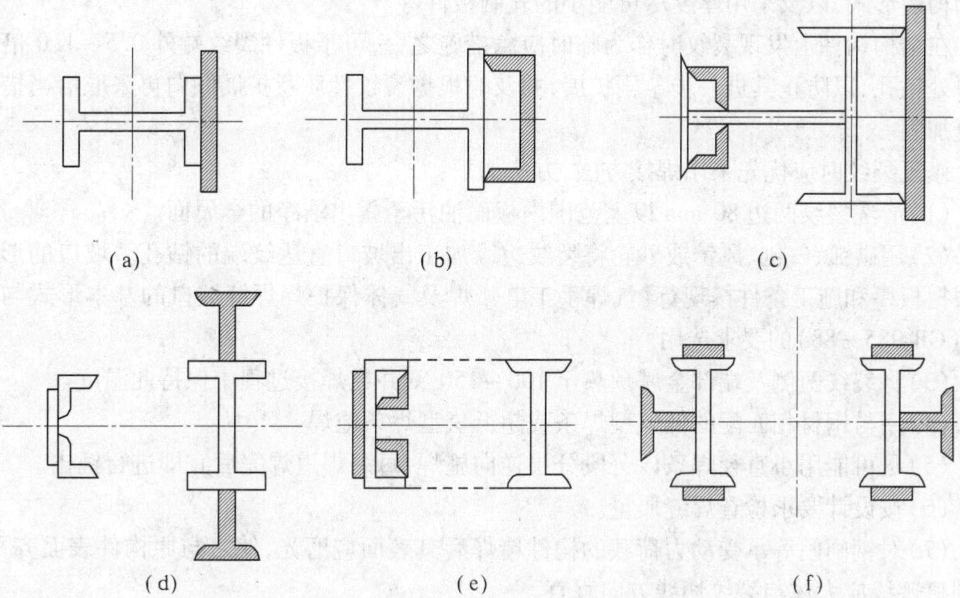

图 4.31　偏心受压构件截面加固形式

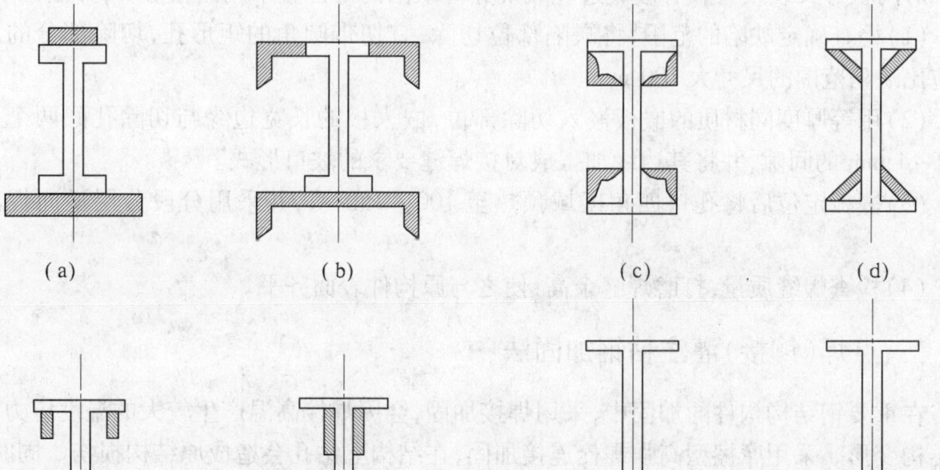

图 4.32　受弯构件截面加固形式

程钢闸门设计规范》(SL 74—95)的相关要求进行。

为提高结构的抗脆性断裂和疲劳破坏的性能,在结构加固的构造设计和制造工艺方面应遵循下列原则:

降低应力集中程度,避免和减少各类加工缺陷,选择不产生较大残余拉应力的制作工艺和构造形式，以及采用厚度尽可能小的轧制板件等。

在结构构件上发现裂纹时作为临时应急措施之一，可于板件裂纹端外0.5～1.0倍板件厚处钻孔，以防止其进一步急剧扩展，并及时根据裂纹性质及扩展倾向再采取恰当措施修复加固。

修复裂纹时应优先采用焊接方法，方法如下：

(1)清洗裂纹两边80 mm以上范围内板面油污至露出洁净的金属面。

(2)用碳弧、气刨、风铲或砂轮将裂纹边缘加工出坡口直达纹端的钻孔。坡口的形式应根据板厚和施工条件按现行《气焊手工电弧焊及气体保护焊焊缝坡口的基本形式与尺寸》(GB 985—88)的要求选用。

(3)将裂纹两侧及端部金属预热至100～150 ℃并在焊接过程中保持此温度。

(4)用与钢材相匹配的低氢型焊条或超低氢型焊条施焊。

(5)尽可能用小直径焊条以分段分层逆向施焊，每一焊道焊完后宜即进行锤击。

(6)按设计要求检查焊缝质量。

(7)对钢闸门等承受动力荷载的构件堵焊后其表面应磨光，使之与原构件表面齐平，磨削痕迹线应大体与裂纹切线方向垂直。

(8)对重要结构或厚板构件堵焊后应立即进行退火处理。

对网状分叉裂纹区和有破裂过烧或烧穿等缺陷的部位宜采用嵌板修补，方法如下：

(1)检查确定缺陷的范围，将缺陷部位切除，宜切带圆角的矩形孔，切除部分的尺寸均应比缺陷范围的尺寸大100 mm。

(2)用等厚度同材质的嵌板嵌入切除部位，嵌入板的长宽边缘与切除孔间两个边应留2～4 mm的间隙，并将其边缘加工成对接焊缝要求的坡口形式。

(3)嵌板定位后将孔口四角区域预热至100～150 ℃，并采用分段分层逆向焊法施焊。

(4)检查焊缝质量，打磨焊缝余高，使之与原构件表面齐平。

三、点焊(铆接)灌注粘钢加固法

在重要钢结构构件的加固中，采用焊接加固，会因焊接高温产生较大的温度应力而造成结构变形。采用摩擦型高强螺栓连接加固，在结构上钻孔会造成原结构损伤。同时，这两种方法还有一个共同的缺点，就是构件之间仅通过焊缝或螺栓连接，不能构成联合工作的整体，而要想达到理想的加固效果，必须增加加固件的截面面积，造成材料浪费。黏结加固是通过结构胶将加固件与被加固件黏结在一起的加固方法。但由于结构胶的强度与钢材相比较低，完全靠结构胶黏结可能会出现剥离现象，因此一般黏结连接加固会结合焊缝连接或摩擦型高强螺栓连接共同进行。点焊(铆接)黏结法加固钢结构避免了焊接产生的温度应力，对结构损伤小。

点焊(铆接)灌注粘钢加固法示意图见图4.33。

点焊与铆接黏结加固法施工工序为：施工准备→钢板块制作→钢板打磨除锈→基面清理→钢板安装、焊接→缝隙封堵、注胶嘴安装→结构胶灌注→质量检查→防腐。

点焊与铆接黏结加固法和湿包钢灌注粘钢法的工艺基本相同，同时也可应用于预埋

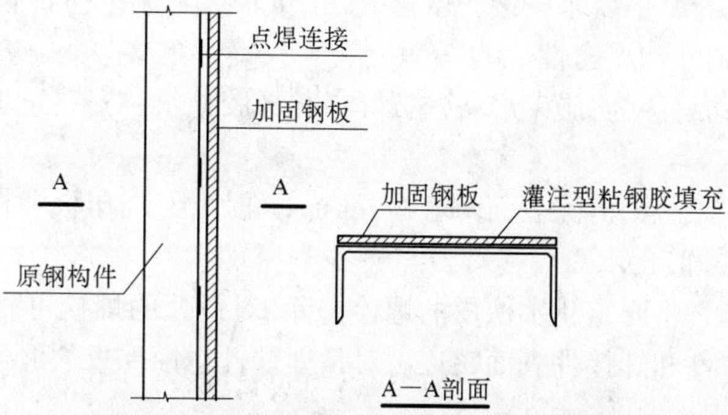

图 4.33　点焊（铆接）灌注粘钢加固法示意图

铁件修复加固，实施过程中应注意以下几点：

（1）加固件安装时，应将加固件与被加固件重叠放置在一起，构件之间保留 2 mm 左右的缝隙，在被加固件周边间隔点焊，即焊接一段空一段，一般间隔 300 ~ 500 mm 焊接 20 ~ 30 mm。若加固件黏结面积较大，可适当在加固件中间逐次做孔和安装拧紧螺栓（或铆钉），螺栓（或铆钉）的数量和间距根据现场实际情况确定。

（2）加固件安装完成后应采用结构胶封堵加固件与被加固件之间的缝隙，埋设灌胶嘴。压气检查后，采用压力注胶注入灌注型粘钢胶，灌注压力根据吃浆量控制，一般不超过0.4 MPa。

第五节　闸门止水修复技术

止水的作用是阻止闸门和门槽埋件之间漏水，止水装置一般安装在闸门门叶上，也有部分闸门将止水安装在埋件上。

闸门止水按安装部位不同分为顶止水、侧止水、底止水和节间止水。露顶闸门只有侧止水和底止水，潜孔闸门还需设置顶止水，分节的闸门还应设置节间止水。闸门各部位的止水装置应具有连续性和严密性，止水密闭效果不好会造成闸门渗漏及一系列复杂的工程问题，影响水闸的安全运行。止水座板应与止水座紧密连接在一起，采用不锈钢板制作顶、侧止水座板时，其厚度不应小于 4 mm。

止水材料要求富有弹性并有足够的强度，一般采用橡皮，木材、金属等其他材料也可用做止水材料。木材止水寿命短，且效果不理想，一般不推荐使用。

根据安全鉴定结论认为需要更换止水的闸门应予以更换，需拆除重建的闸门，止水按新建处理。

一、混凝土闸门止水更换

混凝土闸门止水多采用橡胶止水或金属止水。橡胶止水采用较多的是橡皮，侧止水和顶止水一般采用 P 形（或 Ω 形）橡皮，底止水一般采用条形橡皮；金属止水采用较多的为铸铁止水。止水更换时可将原损坏止水更换为橡胶止水，也可更换为铸铁止水。橡胶止水更换简单、工作量小，但易老化，运行中需经常更换；铸铁止水效果好，可长期使用，无特殊原因不需再次更换，但要求安装精度高、工作量较大。无论何种止水，安装时都应注意各部位止水的连续性和严密性。

橡胶止水更换的程序为：施工准备→拆除老化橡胶止水→安装止水橡皮→防腐。

（一）施工准备

将闸门提至检修平台，清除表面附着物，准备好止水橡皮、压板和相应安装工具。

（二）拆除老化橡胶止水

做好施工准备后，将固定止水橡皮的螺栓去除，对锈死的螺栓可直接割除，取下老化止水橡皮，并清理埋件和焊接件表面锈迹。对预埋铁件锈蚀严重的混凝土闸门，在止水安装前应先加固更新埋件。

（三）安装止水橡皮

止水橡皮的安装顺序为：先安装侧止水再安装底止水和顶止水。将止水橡皮用钢板压紧，紧固螺栓时应注意从中间向两端依次拧紧，侧止水与顶止水、底止水通过角止水橡皮连接。连接时应注意止水橡皮连接部位的连续性和严密性。

（四）防腐

根据设计要求应对埋件、压板、焊接构件进行防腐处理。其标准应符合 SL 105—2007《水工金属结构防腐蚀规范》要求。

二、钢闸门止水更换

钢闸门止水一般采用橡皮止水，其更换方法与混凝土闸门橡皮止水更换方法基本相同。

（一）止水更换

橡皮止水更换程序为：施工准备→老化止水拆除→安装橡皮止水→防腐。

1. 施工准备

将闸门升起至一定高度，清除闸门、门槽表面附着物，准备好止水橡皮和相应安装工具。

2. 老化止水拆除

拆掉侧轮，松卸固定止水橡皮的螺母，将螺栓顶出。因锈蚀严重无法卸掉的，可用扁铲螺母将螺母铲掉，也可以用氧、乙炔割枪将其割除，然后将螺栓冲出。止水拆除时会遇到闸门与侧墙间隙过小，止水橡皮无法取出的现象，此时可用千斤顶增大闸门与侧墙间隙，以方便止水的拆除和安装。

3. 安装止水橡皮

止水橡皮的安装顺序为：先安装侧止水再安装底止水和顶止水。将侧止水橡皮上端用绳索拉紧系牢，自下而上将侧止水橡皮打入侧墙导板至侧止水橡皮顶板之间的空隙内并贴紧闸门面板，把压板放于侧止水橡皮上面，将螺栓插入螺孔，自中间向两端进行预紧，最后逐个紧固。底止水和顶止水的安装方法与侧止水基本相同。

4. 防腐

为了方便止水橡皮的再次更换并增加止水橡皮的密封性能，防止螺栓锈蚀，在止水更换完成后应对螺栓外露部分进行防锈处理，其标准应符合《水工金属结构防腐蚀规范》（SL 105—2007）要求。

（二）止水橡皮连接

止水橡皮应保证连续性和严密性，以避免止水橡皮连接不严密引起的闸门渗漏。在同一部位的止水橡皮一般采用一整条止水橡皮，中间不设连接缝。侧止水与顶止水、底止水通过角止水橡皮连接。将侧止水橡皮下端与角止水橡皮上端连接处的两个对应面用锋利的刀垂直于止水橡皮平面割深 10 mm，在长度方向割除 60 mm、深 10 mm（指止水橡皮平面尺寸）。修出呈直角平面的两个结合面，用锉刀削或在砂轮机上平磨。用黏合剂将两个结合面对正贴合。角止水与底止水、顶止水的连接方式和角止水与侧止水的连接方式相同。

钢闸门止水结构见图 4.34 ~ 图 4.36。

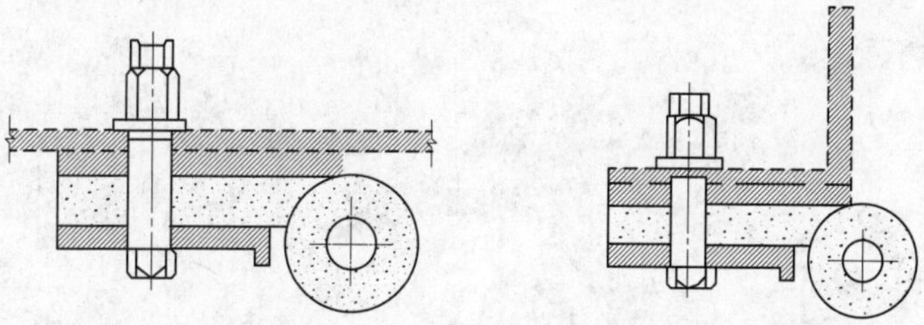

(a)　　　　(b)

图 4.34　钢闸门侧止水结构

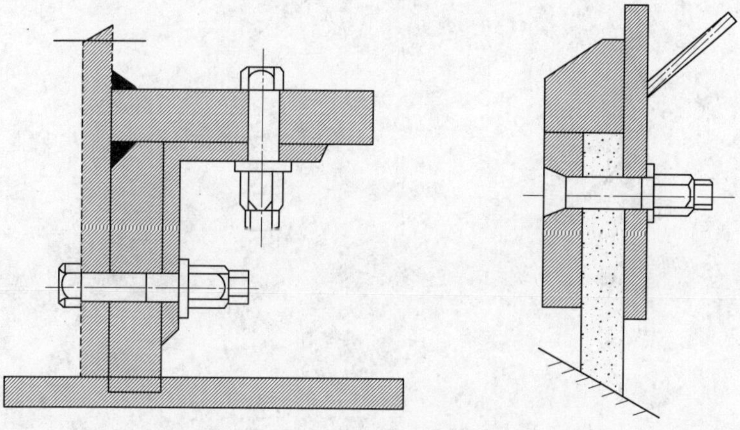

(a)　　　　(b)

图 4.35　钢闸门底止水结构

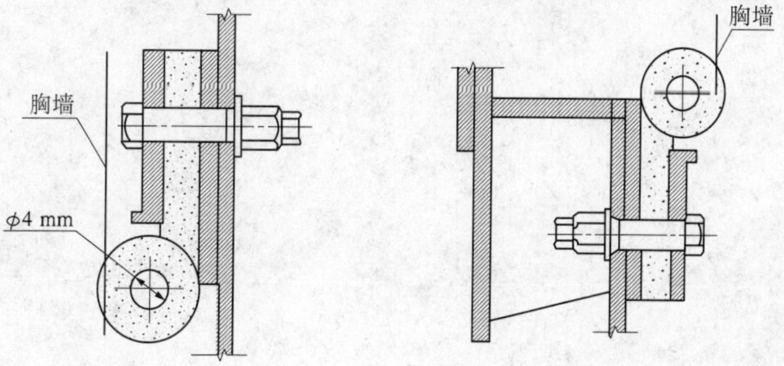

图 4.36　钢闸门顶止水结构

第二部分　工程实例

第一章　赵口引黄闸除险加固初步设计

一、除险加固缘由

（一）工程概况

黄河下游赵口引黄闸（以下简称赵口闸）位于黄河南岸大堤上，始建于1970年，为Ⅰ级水工建筑物。该闸为16孔箱涵式水闸，共分三联，边联各5孔，中联6孔；闸室段长12 m，涵洞段分2节，总长26 m。涵洞孔口尺寸为：宽3.0 m，高2.5 m。设钢木平板闸门，15 t手摇电动两用螺杆启闭机。闸基土主要为重壤土并有粉质砂壤土夹层。设计引水流量210 m^3/s，设计灌溉面积14.67万 hm^2。

由于黄河河床逐年淤积，洪水位相应升高，致使赵口闸渗径不足，且原闸上堤身单薄，涵洞结构强度偏低，遂于1981年10月进行改建。改建内容主要包括：旧洞加固补强，即沿旧洞顺水流向增加中隔墙，墙体厚0.3 m；按原涵洞断面自旧洞出口向下游接长涵洞30.57 m；闸门更换为钢筋混凝土平板闸门；启闭机更换为30 t手摇电动两用螺杆启闭机；重建工作桥、交通便桥和启闭机房；为提高基础承载能力，新接涵洞基础采用换土处理。

改建设计流量210 m^3/s，设计引水位85.6 m（黄海高程，下同）；设计防洪水位91.30 m，校核水位92.30 m，底板高程为81.50 m。改建后建筑物总长144.1 m，其中闸室和涵洞段共长68.57 m。闸身宽度为55.0 m。上游铺盖段长9.7 m，下游消能防冲段长20.8 m，海漫段长40 m。

赵口闸布置形式如附图1.1所示。

（二）安全鉴定情况

依据《水闸安全鉴定规定》（SL 214—98），2009年对赵口闸进行安全鉴定，安全鉴定情况如下。

1. 现场调查情况

由《黄河下游赵口引黄闸工程现状调查分析报告》知，该闸目前主要存在以下几方面的问题：

（1）在运用过程中，止水磨损脱落，造成闸门漏水严重。

（2）在关闭闸门时，闸门有卡阻现象，在启闭时闸门振动严重；第5孔闸门自1981年改建后就被卡死，一直不能使用。

（3）1981年改建时发现闸室有不均匀沉陷产生，当时修复后至今未进行清淤检查，造成工程带病运行，影响正常使用。

（4）该闸供电系统为改建时架设，部分为涵闸始建时配置，在使用过程中多次出现操纵失灵，闸门不能正常关闭的情况；一遇阴雨天气，供电线路多次发生短路起火，造成设备损坏，不能正常运行。

（5）涵洞内泥沙淤积严重，影响过流能力。

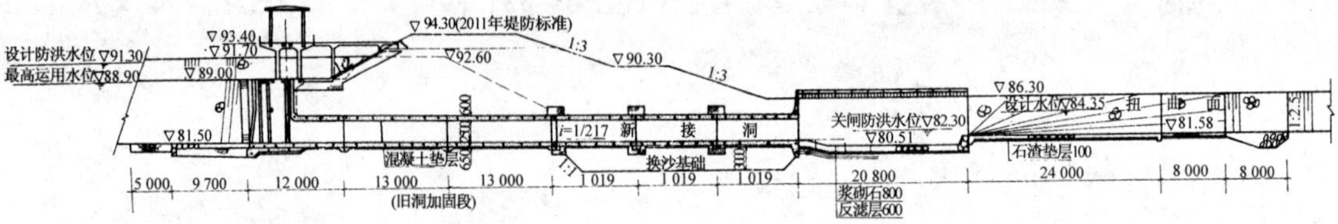

(a) 纵剖面图

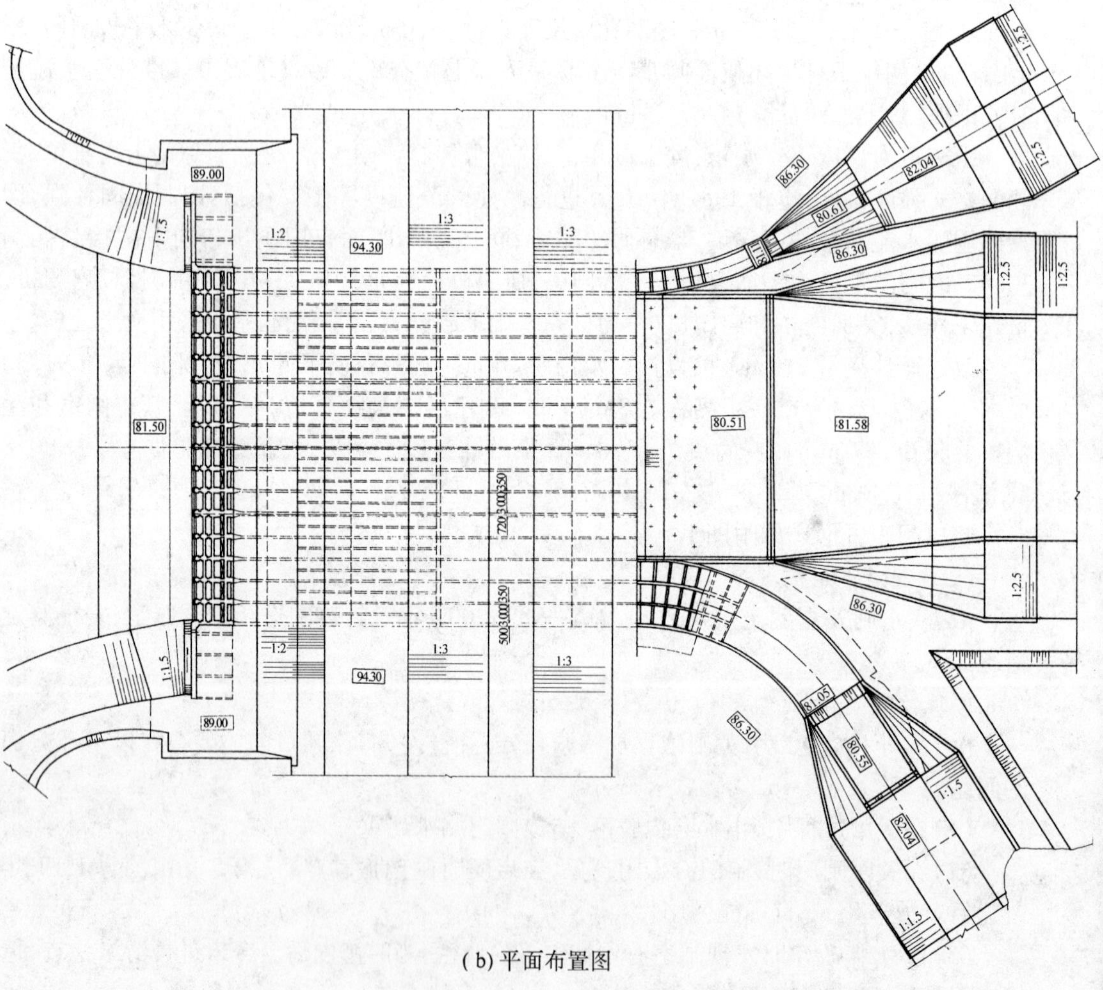

(b) 平面布置图

附图 1.1　赵口闸布置图　(单位:mm)

针对闸门强烈震动的问题,1997年由河南河务局、郑州河务局及华北水利水电学院、天津大学组成的专家小组对此进行了分析研究,结果认为振动原因主要有:胶木滑块质量差,严重磨损;轨道不平直,弯曲变形;闸门吊耳耳孔加工粗糙,有些耳孔是气割而成;启闭机螺杆前后摆动等。由于闸门及门槽均在淤沙水中,因此对水下部分没有进行测试,振动问题延续至今。

2. 安全检测情况

由《黄河下游赵口引黄闸工程安全评价总报告》知,安全检测情况如下。

1)闸室段

闸室段各构件外观质量总体较好,具体检测情况见附表1.1;各构件混凝土性能检测见附表1.2。

附表1.1　闸室段各构件外观质量检测一览表

部位	检测结果	分布率	评定意见
闸墩	闸墩与涵洞段第一节的伸缩缝处局部沥青衫板脱落,未脱落沥青衫板也已老化,部分钢板弯曲变形、固定螺丝脱落,金属埋件锈蚀严重	92.3%	建议对止水进行处理
底板	闸底板与涵洞段第一节的伸缩缝处局部沥青衫板脱落,未脱落沥青衫板也已老化,部分钢板弯曲变形、固定螺丝脱落,金属埋件锈蚀严重	69.2%	建议对止水进行处理
	裂缝	23.1%	建议对裂缝进行处理
顶板	与涵洞段连接处沥青衫板均有不同的龟裂、老化现象	100%	建议对止水进行处理
闸门	金属埋件锈蚀,止水橡皮老化龟裂、破损,闸门在运行过程中振动严重	100%	建议更换
胸墙	外观质量良好		
工作桥	混凝土剥落、露筋及桥面板断裂	30.8%	建议更换桥面板

注:上述分布率指有问题的构件占同类总构件的百分数。

附表1.2　闸室段各构件混凝土性能检测一览表

测试部位	混凝土强度评定意见	保护层		碳化深度		碳化速度系数	钢筋状态
		厚度 c (mm)	均方差	h(mm)	$h/c\geq1$ 的测点百分数		
闸墩	满足	57.0	8.2	1.3	0	0.068~0.372	完好
底板	满足	96~115		0.6	0	0.084~0.270	完好
顶板	满足	54.0	9.4	1.3	0	0.101~0.372	完好
闸门	满足	26.4	3.3	1.2	0	0.101~0.253	完好
胸墙	满足	48.5	3.2	1.6	0	0.220~0.321	完好
工作桥	满足						

从上述检测结果看，赵口闸闸室段混凝土结构主要表现为外观质量上的缺陷。

2）涵洞段

涵洞段各构件外观质量总体较好，具体检测情况见附表1.3；各构件混凝土性能检测见附表1.4。

附表1.3　涵洞段各构件外观质量检测一览表

部位	检测结果	分布率	评定意见
侧墙	侧墙间伸缩缝处局部沥青衫板脱落，未脱落沥青衫板也已老化，部分钢板弯曲变形、固定螺丝脱落，金属埋件锈蚀严重	92.3%	建议对止水进行处理
底板	各节间的伸缩缝处局部沥青衫板脱落，未脱落沥青衫板也已老化，部分钢板弯曲变形、固定螺丝脱落，金属埋件锈蚀严重	76.9%	建议对止水进行处理
顶板	各段接头处沥青衫板龟裂、老化	100%	建议对止水进行处理
撑墙	外观质量较好		

注：上述分布率指有问题的构件占同类总构件的百分数。

附表1.4　涵洞段各构件混凝土性能检测一览表

测试部位	混凝土强度评定意见	保护层厚度 c（mm）	碳化深度		碳化速度系数	钢筋状态
			h（mm）	$h/c \geq 1$ 的测点百分数		
侧墙	满足	48.4～58.7	0.8～2.4（前2节） 0.2～1.8（后3节）	0	0.135～0.405（前2节） 0.041～0.367（后3节）	完好
底板	满足	96～115	0.7	0	0.101～0.135	完好
顶板	满足	43.5～63.4	0.4～2.0（前2节） 0.3～1.3（后3节）	0	0.068～0.338（前2节） 0.061～0.265（后3节）	完好 完好
撑墙	满足					

从上述检测结果看，赵口闸涵洞段混凝土结构主要表现为外观质量上的缺陷。

3）上游连接段

（1）上游两岸护坡外观质量良好，护坡砂浆强度满足要求。

（2）上游混凝土铺盖混凝土密实性较差，沉陷缝内止水失效，缝内填充的沥青已老化变质，在距闸底板前沿附近，铺盖有一孔缝冒水严重。

4）下游连接段

（1）下游两岸护坡外观质量良好，护坡砂浆强度满足要求。

(2)第16孔出口处浆砌石翼墙存在多处渗漏的现象。

(3)消力池和消力坎上有大量裂缝,且冒水严重。

(4)海漫外观质量良好。

5)启闭机及电气控制系统

16孔启闭机机箱都存在漏油现象,且已超过标准使用年限,第13、15、16孔启闭机机箱断裂。根据《水利水电工程金属结构报废标准》(SL 226—98)中的规定,铸造机座和箱体产生裂纹必须报废,若机座(箱体)报废则应整机报废。

电气控制系统和设备陈旧老化,操纵失灵。供电线路多次发生短路起火,造成设备损坏,不能正常运行。电机属国家早已明令淘汰的JZ系列电动机,耗能高、效率低、性能差,电气元件陈旧。

6)栏杆

赵口闸上、下游混凝土栏杆均有混凝土脱落、裂缝、露筋且严重锈蚀的现象。下游左边孔出口盖板底面混凝土脱落、露筋且严重锈蚀。

机架桥钢栏杆外观质量良好。

3.复核计算

由《黄河下游赵口引黄闸工程安全评价总报告》之《黄河下游赵口引黄闸工程复核计算报告》知,复核计算分析结果如下:

(1)该闸的防洪标准能够满足要求。

(2)赵口闸的闸身断面能够满足设计流量下的过流能力要求。

(3)消力池长度及深度满足要求,海漫长度满足要求。

(4)该闸实际渗径长度不满足规范要求;各种工况下,该闸的水平段、出口段的渗透坡降值均满足规范的要求。

(5)在各种工况下,闸室的最大基底应力、平均基底应力及抗滑稳定安全系数都满足规范要求。

(6)根据闸室段现场检测结果及对应的复核计算,闸室段各构件强度、裂缝开展宽度均满足现行规范要求。

(7)涵洞段现场检测结果及复核计算表明,引水涵洞段各构件强度、裂缝开展宽度满足现行规范要求。

(8)闸门复核结果表明,闸门的强度满足现行规范要求,抗裂不满足现行规范要求,闸门的裂缝开展宽度满足现行规范限裂要求。

(9)地震工况下,机架桥排架立柱强度不满足要求。

4.安全鉴定结果

由《河南黄河赵口引黄水闸安全鉴定报告书》知,安全鉴定结果如下:

(1)该闸防洪水位满足设防标准。

(2)在各种工况下,闸室的最大基底应力和平均基底应力及抗滑稳定安全系数都满足规范要求。

(3)该闸实际渗径长度不满足规范要求;各种工况下,该闸的水平段、出口段的渗透坡降值均满足规范要求。

(4)地震工况下,闸室最大基底应力、平均基底应力及抗滑稳定安全系数都符合规范要求;机架桥排架立柱强度不满足要求。

(5)该闸消能防冲满足要求。

(6)该闸过流能力满足要求。

(7)闸室段第10、12、13孔底板存在未贯通裂缝,深度为160~270 mm、缝宽0.1~0.3 mm。

(8)闸门金属埋件锈蚀,止水橡皮老化龟裂、破损;启闭闸门时,闸门振动严重,有卡阻现象,已超过标准使用年限。

(9)启闭设备已超过标准使用年限,部分零部件属淘汰产品,机箱有断裂现象。

(10)电气控制系统和设备陈旧老化。

(11)沉降观测设施良好,测压管大部分损坏。

综合以上情况,该闸评定为三类闸。

(三)项目缘由

黄河下游赵口引黄闸始建于1970年,Ⅰ级水工建筑物,设计流量为210 m^3/s。1981年10月进行改建,改建后工程等级和规模均没有变化。该闸自1981年改建后运行已近30年,一直为郑州和开封两市灌区提供灌溉用水,为当地农业的发展提供了保证。

根据《水闸安全鉴定规定》(SL 214—98)要求,2009年对该闸进行安全鉴定,评定该闸为三类闸。根据安全鉴定结果,赵口闸主要问题包括:渗径长度不足;地震工况下,机架桥排架立柱强度不满足要求;第10、12、13孔底板存在未贯通裂缝;闸门金属埋件锈蚀,止水橡皮老化龟裂、破损;启闭闸门时,闸门振动严重,且有卡阻现象;启闭设备已超过标准使用年限,部分零部件属淘汰产品,机箱有断裂现象;电气控制系统和设备陈旧老化等。为保证该闸的运行安全,需要对其进行除险加固设计。

二、除险加固设计的依据和原则

(一)设计依据

(1)《防洪标准》(GB 50201—94);

(2)《中华人民共和国水法》;

(3)《中华人民共和国防洪法》;

(4)《中华人民共和国河道管理条例》;

(5)《水闸设计规范》(SL 265—2001);

(6)《灌溉与排水工程设计规范》(GB 50288—99);

(7)《水闸工程管理设计规范》(SL 170—96);

(8)《水利水电工程设计防火规范》(SDJ 278—90);

(9)《水工建筑物抗震设计规范》(DL 5073—2000);

(10)《水工混凝土结构设计规范》(SL 191—2008);

(11)《黄河下游现状临黄大堤过洪能力复核报告》(黄河水利委员会勘测规划设计研究院);

(12)《河南黄河赵口引黄水闸安全鉴定报告书》(黄河水利委员会,2009年5月);

(13)《黄河下游赵口引黄闸工程安全评价总报告》(黄河水利委员会黄河水利科学研究院,2009 年 3 月)。

(二)设计原则

根据赵口闸存在的实际问题,除险加固设计原则如下:

(1)应严格按水闸除险加固规划和批准文件的要求和内容进行设计;

(2)应执行现行国家和水利水电行业有关规范、规程;

(3)水闸规模、防洪标准等与流域相关的主要参数应遵从水闸所在流域规划的要求;

(4)应依据水闸原设计图、竣工资料及安全鉴定成果进行除险加固设计,并进行现场核对;

(5)应根据水闸安全鉴定结果和拟加固的项目,有针对性地对水闸的防洪标准、过流能力、抗渗能力、抗滑稳定性、消能防冲、结构承载能力及抗震等方面进行复核计算;

(6)水闸除险加固设计计算应考虑结构病害影响、原结构材料劣化、新旧材料结合性能及材料差异等因素;

(7)应考虑工程以前各施工阶段构件强度、稳定性及结构变形的影响;

(8)应对需除险加固工程的环境、使用年限有明确的界定;

(9)应有必要的方案比选,以确保加固方案的经济合理,且环境评价可行。

三、工程补充勘察

赵口闸除险加固工程全部在原有工程区内,工程地质可以参考原有资料,不需要进行工程补充勘察。

根据赵口闸原设计地质报告,该水闸闸址地质属于第四纪河流冲积层。勘探资料表明,闸址处地基层次复杂,大的土层可划分为四层。第一层即与基础接触层为重粉质砂壤土,层底标高为 78.80 ~ 73.80 m;第二层为重粉质壤土层,层底标高 75.80 ~ 71.80 m;第三层为较细的黏土,层底标高 70.80 ~ 67.30 m;第四层为细砂及中砂层,细砂层底标高 67.80 ~ 63.80 m,中砂层底标高在 60.80 m 以下(此层未打穿)。各层物理力学指标详见附表 1.5。

总体看来,地基比较松软;闸室及后两节涵洞部位是 1970 年以前的老大堤部分,已经过长期预压,有相当程度的固结,相比之下闸下游部分比较软弱。

第一层的地基承载力为 120 kPa。

附表 1.5　地基土各层物理力学指标

项目		土层			
		一	二	三	四
土的名称		重粉质砂壤土	壤土	黏土	细砂中砂
土层标高		80 ~ 75 m	77 ~ 73 m	72 ~ 68.5 m	68.5 m 以下
含水量(%)		29	26.1	40.7	
干密度(g/cm^3)		1.485	1.585	1.315	
饱和快剪指标	C_{uu}(kPa)	20.0	10.0	28.0	
	F_{uu}(°)	32.2	31	9.1	

续附表 1.5

项目		土层			
		一	二	三	四
固结快剪指标	C_{cu}(kPa)	2.0	5.0	10.0	
	F_{cu}(°)	34.6°	31.7°	16.7°	
比重		2.7	2.72	2.74	
液限(%)		36	35	42	
塑限(%)		23	20	23.2	
塑限指数		13	14.5	18.8	
渗透系数(cm/s)		3.04×10^{-5}	4.67×10^{-6}	3.97×10^{-7}	
压缩系数(cm^2/kg)		0.02	0.02	0.081	

四、工程任务和规模

(一)工程任务、等级划分和洪水标准

赵口闸的主要任务是向中牟、开封两引黄灌区供水,灌溉面积约 14.67 万 hm^2。近年来,灌区面积逐步减少,据 2004 年统计,赵口闸实际灌溉面积约 1 万多 hm^2。该闸穿越黄河堤防,当大河水位超越最高运用水位时,需关闭防洪。

赵口闸依黄河大堤修建,为Ⅰ级水工建筑物。本次除险加固设计仅对工程的部分建筑物进行加固改造,不改变其工程等级。

赵口闸修建在黄河大堤上,其防洪标准同相应黄河堤防,即防御相应花园口 22 000 m^3/s 流量洪水。

赵口引黄闸位于黄河小浪底水利枢纽的下游,近年来由于小浪底水库的运用,黄河主河道呈冲刷下切趋势,因此须对赵口闸的特征水位进行复核。

(二)除险加固内容

根据安全鉴定结果,赵口闸除险加固的主要内容有:复核水闸的特征水位及工程规模;解决水闸渗径不足的问题;对机架桥进行改建加固;对闸门及止水进行维修更换;更换启闭设备和电气控制系统;更换测压管。

(三)水闸特征水位复核

1. 设计防洪水位

赵口闸原设计防洪水位为 91.30 m。

本次除险加固工程设计,该闸防洪标准仍为防御花园口水文站 22 000 m^3/s 流量洪水,对应闸址处的相应水位即为该闸的设计防洪水位。根据黄河水利委员会勘测规划设计研究院编写的《黄河下游现状临黄大堤过洪能力复核报告》,黄河右岸大堤 42+000 和 43+000 处的防洪水位分别为 89.91 m 和 89.76 m,赵口闸闸址处相应黄河大堤桩号为 42+675,内插得工程所在位置的设计防洪水位为 89.82 m。

校核防洪水位为设计防洪水位加 1.0 m,即 90.82 m。

2. 最高运用水位

现有水闸的最高运用水位,是以工程处 1981 年改建时大河流量 10 000 m^3/s 对应水

位加上 20 年的水位升高得出的，即 88.90 m。

本次设计以工程处现在大河流量 10 000 m^3/s 对应水位为最高运用水位，点绘工程处水位流量关系曲线，查得对应大河流量 10 000 m^3/s 时的水位为 87.37 m。

3. 设计引水位

设计引水位与工程所处河段黄委规定设计引水时的大河流量有关。本工程所处河段上游为花园口水文站，下游为夹河滩水文站。根据黄工字(1980)第 5 号文中规定，设计引水时相应大河流量花园口站为 600 m^3/s、夹河滩站为 500 m^3/s，内插得赵口闸闸址处设计引水对应的大河流量为 580 m^3/s。

1981 年改建时，闸址处对应大河流量 580 m^3/s 时的水位为 85.60 m。

根据小浪底水利枢纽的运用方式，初期运用阶段，即 2000 ~ 2014 年间，其下游河道处于冲刷下切阶段，在此期间，水闸的设计引水位必然要降低。点绘工程处 2003 ~ 2007 年水位流量关系曲线，查得流量为 580 m^3/s 时，相应大河水位为 83.01 m，即赵口闸的设计引水位为 83.01 m。

(四)设计引水规模复核

本次除险加固设计，没有对现有工程进行整体上的改动。经水位复核计算，赵口闸设计引水位较现状设计引水位降低了 2.59 m，需对该闸的设计引水规模进行复核。

1. 过流能力复核

该闸为钢筋混凝土箱式涵洞，共 16 孔，分三联，边联各 5 孔，中联 6 孔。每孔宽 3.0 m，高 2.5 m。闸底板高程为 81.50 m，涵洞底坡 $i = 1/217$。水闸的设计引水位 83.01 m。以中孔为例计算过流能力，下游渠道底高程为 81.58 m。

1)流态的判别

上游水深 H_0 为 1.51 m，洞高 D 为 2.5 m，$H_0/D = 0.604 < 1.2$，故涵洞内水流为无压流。假定涵洞底坡为陡坡，涵洞按短洞进行水力计算。

2)涵洞过流能力计算

假设 $Q = 60\ m^3/s$，下游渠道通过 60 m^3/s 时的水深为 1.3 m，涵洞出口处水深 h_t 为 1.67 m，$\frac{h_t - iL}{H_0} = 0.933 > 0.75$，故涵洞为淹没出流。

$$Q = \sigma m B\sqrt{2g}H_0^{3/2}$$

式中：Q 为流量；σ 为淹没系数，查表得 0.624；m 为流量系数，一般取 0.32 ~ 0.36；B 为洞宽；g 为重力加速度；H_0 为包括行近流速水头在内的进口水深。

计算得：$Q = 62\ m^3/s$。

根据同样方法算得左边孔流量为 5 m^3/s，右边三孔流量为 10 m^3/s，总流量为 77 m^3/s。

3)坡度判别

$$h_k = \sqrt[3]{\frac{q^2}{g}}$$

$$i_k = \frac{g\chi_k}{\alpha C_k^2 B_k}$$

式中：h_k 为临界水深；q 为单宽流量；g 为重力加速度；i_k 为临界底坡；χ_k 为水深为临界水

深时的湿周；C_k 为水深为临界水深时的谢才系数；B_k 为水深为临界水深时的水面宽；α 为动能修正系数，取 1.0。

经计算得，$i_k=0.0041$，涵洞的实际底坡为 $i=0.0046>i_k$，故涵洞底坡为陡坡的假定是正确的。

根据过水能力复核，赵口闸的设计引水流量为 75 m^3/s。

2. 消能防冲复核

计算工况：按最高运用水位 87.37 m 下过流 100 m^3/s，相应下游水位 82.30 m，以中部 12 孔过流情况进行复核。

1）计算总能头 T_0

T_0 是以涵洞出口渠底为基准面的涵洞出口总能头。

$$T_0 = H + \frac{\alpha v_1^2}{2g} - (\xi_1 + \xi_2 + \xi_3 + \xi_5)\frac{\alpha v^2}{2g} - \frac{\alpha v^2 L}{C^2 R} + iL + P$$

式中：H 为从进口洞底算起的进口水深；L 为涵洞长度；i 为洞底纵坡；P 为出口洞底至消力池底的跌差；v_1 为上游行近流速；v 为与出口端断面水深相应的出口端断面流速；α 为水流动能校正系数，可采用 1.0～1.05；R 为涵洞水力半径；C 为谢才系数；ξ_1 为进口损失系数；ξ_2 为拦污栅损失系数；ξ_3 为闸门槽损失系数；ξ_5 为进口渐变段损失系数。

经计算得，$T_0=6.55$ m。

2）消力池深度的确定

消力池的池深 d 可根据以下公式计算：

$$d = \sigma_0 h''_c - h'_s - \Delta z$$

其中

$$h''_c = \frac{h_c}{2}\left(\sqrt{1 + \frac{8\alpha q^2}{g h_c^3}} - 1\right)\left(\frac{b_1}{b_2}\right)^{0.25}$$

$$h_c^3 - T_0 h_c^2 + \frac{\alpha q^2}{2g\varphi^2} = 0$$

$$\Delta z = \frac{\alpha q^2}{2g\varphi^2 h_s'^2} - \frac{\alpha q^2}{2g h_c''^2}$$

式中：d 为消力池深度，m；σ_0 为水跃淹没系数，可取 1.05～1.10；h''_c 为跃后水深，m；h_c 为收缩水深，m；α 为水流动能校正系数，可取 1.0～1.05；q 为过闸单宽流量，$m^3/(s\cdot m)$；b_1 为消力池首端宽度，m；b_2 为消力池末端宽度，m；T_0 为由消力池底板顶面算起的总势能，m；Δz 为出池落差，m；h'_s 为出池河床水深，m；φ 为流速系数，取 0.95。

通过试算得消力池深度为 0.62 m，现状消力池深度为 0.70 m，故满足要求。

3）消力池长度计算复核

消力池长度按下式计算：

$$L_{sj} = L_s + \beta L_j$$

其中

$$L_j = 6.9(h''_c - h_c)$$

式中：L_{sj}为消力池长度，m；L_s 为消力池斜坡段水平投影长度，与斜坡段的坡度有关，为防止在斜坡段产生负压，要求消力池斜坡段的坡度不得陡于 1∶4；β 为水跃长度校正系数，可采用0.7～0.8；L_j 为自由水跃长度，m。

经计算得，$L_{sj}=16.9\sim18.74$ m，现状消力池长20.8 m，故满足要求。

4）海漫长度复核计算

海漫长度按下式估算：

$$L_p = K_s\sqrt{q_s\sqrt{\Delta H'}}$$

$$q_s = \frac{Q}{B'}$$

式中：L_p 为海漫长度，m；K_s 为海漫长度计算系数，视土质而定，该处取 $K_s=12$；q_s 为消力池末端单宽流量，$m^3/(s\cdot m)$；B'为下游平均水面宽度，m；Q 为过闸流量，m^3/s；$\Delta H'$为闸孔泄水时的上下游水位差，m。

经计算得 $L_p=29.8$ m，现状海漫长为40.0 m，故满足要求。

五、工程布置及主要建筑物加固设计

（一）工程布置

除险加固设计仅对部分建筑物进行改建、维修和更换部分设备，工程的总体布置没有改变。

赵口闸为16孔箱涵式水闸，闸室段长12 m，涵洞段长56.57 m，左边孔下游连接东漳渠道，右边孔连接三刘寨干渠，中间12孔下游渠道通往开封县。

（二）防渗排水设计

1. 闸基防渗排水布置分析

该水闸设计防洪水位为89.82 m，关门防洪相应下游水位为82.30 m，闸室底板高程81.50 m，涵洞全长为68.57 m，上游设9.7 m长的防渗铺盖。上游铺盖、闸室段及涵洞段共同组成防渗系统，防渗轮廓线总长78.27 m，上下游水头差7.52 m。

水闸地基为重粉质砂壤土，按渗径系数法初估基础防渗轮廓线长度，即：

$$L = C\cdot\Delta H$$

式中：L 为基础防渗轮廓线长度，m；ΔH 为上、下游水位差，m；C 为允许渗径系数。

赵口闸在设计防洪水位下，其上下游水位差 $\Delta H=7.52$ m，渗流出口处设置反滤层，查规范其允许渗径系数 $C=7\sim11$，计算得基础防渗长度应为52.64～82.72 m。从现场检测情况来看，由于上游混凝土铺盖止水破坏且严重渗水，已起不到防渗作用，使该闸现渗径缩短为78.27－9.7＝68.57（m），因此该闸实际渗径长度不满足规范要求。

除险加固处理设计考虑两个方案。

方案一是拆除重建现有上游铺盖，并向上游延长。新建上游铺盖采用C20钢筋混凝土结构，厚度30 cm，顺水流方向长20 m，垂直水流方向与闸室宽度相同。上游铺盖在垂直水流方向设伸缩缝一道，缝宽2.0 cm，缝内设三层止水。新建上游铺盖后，工程实际防渗轮廓线长度达到88.57 m，大于基础防渗长度82.72 m，满足规范要求。铺盖两侧翼墙采用圆弧形扶臂式钢筋混凝土挡土墙。

方案二是上游铺盖保持现状，下游接长两节10 m长的涵洞，重建下游消能防冲段和海漫段。接长20 m涵洞后，工程实际防渗轮廓线长度达到88.57 m，大于基础防渗长度

82.72 m,满足规范要求。

经综合比较,方案一相应投资较小,施工难度较小,因此本次除险加固设计采用方案一。

2. 闸基渗透稳定计算

该水闸闸基实际防渗轮廓线长度为88.57 m,闸室及旧洞两节基础为重粉质砂壤土,涵洞段后三节为换砂基础。

闸基渗透压力计算方法采用改进阻力系数法,改进阻力系数法计算简图见附图1.2。

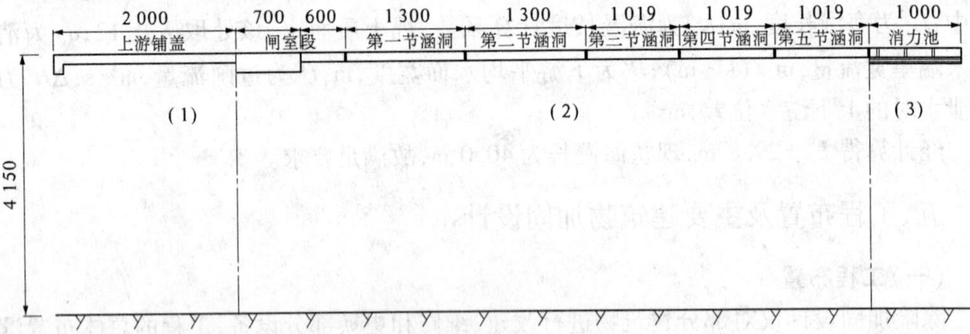

附图1.2 改进阻力系数法计算简图(设计情况) (单位:cm)

1)土基上水闸的地基有效深度计算

土基上水闸的地基有效深度按下式计算:

当$\frac{L_0}{S_0} \geqslant 5$时　　　　$T_e = 0.5L_0$

当$\frac{L_0}{S_0} < 5$时　　　　$T_e = \dfrac{5L_0}{1.6\frac{L_0}{S_0} + 2}$

式中:T_e为土基上水闸的地基有效深度,m;L_0为地下轮廓的水平投影长度,m,本例$L_0 = 88.56$ m;S_0为地下轮廓的垂直投影长度,m,本例$S_0 = 2.2$ m。

因$\frac{L_0}{S_0} = 40.25 > 5$,故$T_e = 0.5L_0 = 44.28$ m。

查阅所有以往有关该闸设计、施工方面的资料,赵口闸的地基实有深度为41.50 m,小于计算的有效深度,因此该闸地基透水层深度取41.50 m。

2)分段阻力系数计算

分段阻力系数的计算采用如下公式:

进出口段　　$\xi_0 = 1.5\left(\frac{S}{T}\right)^{3/2} + 0.441$

内部垂直段　　$\xi_y = \frac{2}{\pi}\ln\cot\left[\frac{\pi}{4}\left(1 - \frac{S}{T}\right)\right]$

水平段　　$\xi_x = \dfrac{L_x - 0.7(S_1 + S_2)}{T}$

式中:ξ_0、ξ_y、ξ_x分别为进出口段、内部垂直段、水平段的阻力系数;S为齿墙或板桩的入土深度,m;T为地基有效深度或实际深度,m;L_x为水平段的长度,m;S_1、S_2分别为进出口段齿墙或板桩的入土深度，m。

3）各分段水头损失的计算

各分段水头损失按下式计算：

$$h_i = \frac{\xi_i}{\sum_{i=1}^{n} \xi_i} \Delta H$$

式中：h_i 为各分段水头损失，m；ξ_i 为各分段的阻力系数；n 为总分段数；ΔH 为水闸的上下游水位差，m。

4）各分段水头损失值的修正

各段水头损失值和渗透压力分布图形可按下列方法进行局部修正。

进、出口段修正后的水头损失值按下式计算：

$$h'_0 = \beta' h_0$$

其中

$$\beta' = 1.21 - \frac{1}{\left[12\left(\frac{T'}{T}\right)^2 + 2\right]\left(\frac{S'}{T} + 0.059\right)}$$

式中：h'_0 为进、出口段修正后的水头损失值，m；h_0 为进、出口段水头损失值，m；β'为阻力修正系数，当$\beta' \geqslant 1$ 时，取 1.0；S'为底板埋深和板桩入土深度之和，m；T'为板桩另一侧地基透水层深度，m。

修正后水头损失的减小值 Δh 按下式计算：

$$\Delta h = (1 - \beta') h_0$$

根据以上计算步骤，计算得各流段的水头损失值，以直线连接各分段计算点的水头值，即可绘出渗透压力的分布图形，见附图 1.3。

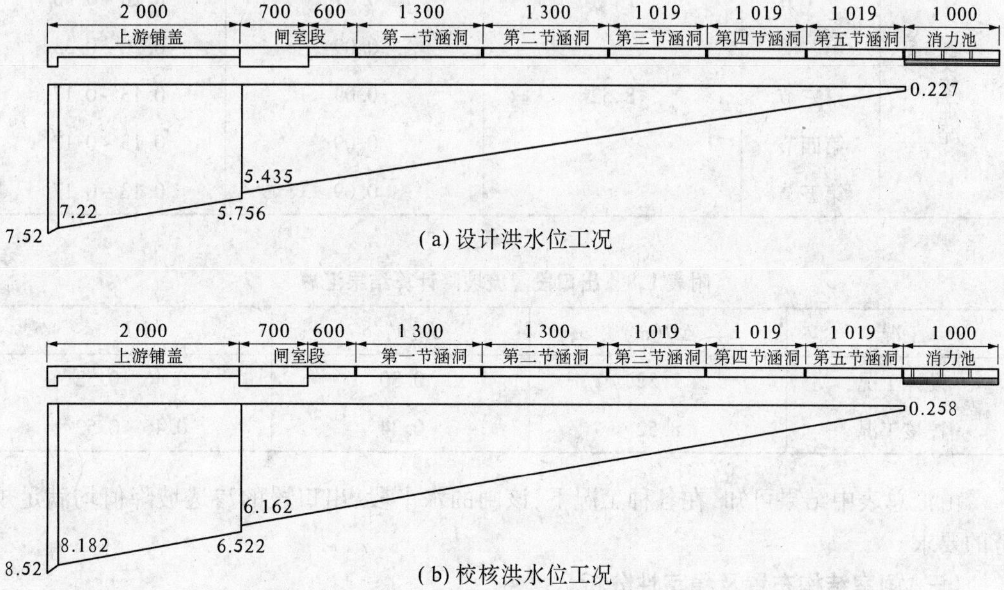

附图 1.3　各种工况下渗透压力的分布　（单位：m）

5)抗渗稳定复核计算

水平段及出口段渗流坡降值按下式计算：

水平段 $$J_x=\frac{h'_x}{L_x}$$

出口段 $$J_0=\frac{h'_0}{S'}$$

式中：J_x、J_0 分别为水平段和出口段的渗流坡降值；h'_x、h'_0 分别为水平段和出口段的水头损失值，m。

由此计算得出各分段的渗流坡降值结果见附表1.6～附表1.8。

附表1.6 闸室底板水平段渗流坡降计算结果汇总

工况	ΔH(m)	$J=h'_i/L$	[J]
设计工况	7.52	0.08	0.20～0.33
校核工况	8.52	0.09	0.20～0.33

附表1.7 涵洞底板水平段渗流坡降计算结果汇总

工况		ΔH(m)	$J=h'_i/L$	[J]
设计工况	第一节	7.52	0.08	0.20～0.33
	第二节		0.08	0.20～0.33
	第三节		0.08	0.13～0.17
	第四节		0.08	0.13～0.17
	第五节		0.08	0.13～0.17
校核工况	第一节	8.52	0.09	0.20～0.33
	第二节		0.09	0.20～0.33
	第三节		0.09	0.13～0.17
	第四节		0.09	0.13～0.17
	第五节		0.09	0.13～0.17

附表1.8 出口段渗流坡降计算结果汇总

工况	ΔH(m)	$J=h'_i/S$	[J]
设计工况	7.52	0.30	0.46～0.52
校核工况	8.52	0.34	0.46～0.52

由汇总表中结果可知，在各种工况下，该闸的水平段、出口段的渗透坡降值均满足规范的要求。

(三)闸室结构布置及稳定性分析

本次除险加固设计不涉及闸室段，故闸室结构布置不变。由于设计水位发生变化，因此需对其稳定性进行复核。

1. 荷载组合

按照《水闸设计规范》(SL 265—2001)的要求,闸室稳定计算宜取两相邻顺水流向永久缝之间的闸段作为计算单元。因此,闸室稳定计算取中联6孔闸段作为计算单元,闸室长为12.0 m,中联闸段宽度为20.45 m。

根据《水工建筑物抗震设计规范》(SL 203—97),该闸位于7度地震区,该闸为Ⅰ级水工建筑物。

稳定计算基本资料如下:设计防洪水位为89.82 m,关门防洪相应下游水位为82.30 m,校核防洪水位为90.82 m,关门防洪相应下游水位为82.30 m,闸底板高程为81.50 m,闸后填土容重为17.7 kN/m^3,地基允许承载力为120 kPa。

将荷载组合分为基本组合和特殊组合两类。基本组合的计算为设计防洪水位,特殊组合的计算情况为校核防洪水位和设计防洪水位+地震情况两种,其荷载组合见附表1.9。

附表1.9　计算工况及荷载组合

荷载组合	计算工况	荷载					
		自重	静水压力	扬压力	土压力	淤沙压力	地震荷载
基本组合	设计防洪水位	√	√	√	√	√	
特殊组合	校核防洪水位	√	√	√	√	√	
	设计防洪水位+地震情况	√	√	√	√	√	√

2. 荷载计算

外力计算包括水闸自重、静水压力、闸室浮托力、渗透压力、闸后填土压力、地震惯性力、动水压力等。

力的符号规定,竖直力:↓(+)↑(-),水平力:→(+)←(-)。

力矩的符号规定,先求出闸基础底面形心的位置,然后所有荷载都对闸基础底面垂直水流向的形心轴求矩,顺时针向力矩为正值,逆时针向力矩为负值。

计算得出的各工况下闸室所受荷载汇总如附表1.10所示。

附表1.10　计算工况荷载汇总

工况	外力名称	竖直力(kN)	水平力(kN)	力矩(kN·m)	
				竖直力	水平力
设计洪水位	自重	15 885.56		1 410.33	
	上、下游水重	13 046.14		-8 821.70	
	上、下游水推力		9 229.27		32 854.87
	浮托力	-1 963.20		-1 930.20	
	渗透压力	-16 041.08		-13 968.24	
	土压力	9 731.07	-4 046.91	29 728.41	-21 956.75
	合计	20 658.48	5 182.35	17 283.72	

续附表 1.10

工况	外力名称	竖直力(kN)	水平力(kN)	力矩(kN·m)	
				竖直力	水平力
校核洪水位	自重	15 885.56		1 410.33	
	上、下游水重	15 525.96		−7 165.43	
	上、下游水推力		10 763.02		39 480.67
	浮托力	−1 963.20		1 963.20	
	渗透压力	−17 431.99		−14 982.56	
	土压力	9 731.07	−4 738.12	29 728.41	−26 014.15
	合计	21 747.40	6 024.90	20 494.09	
设计洪水位+地震情况	自重	15 885.56		1 410.33	
	上、下游水重	13 046.14		−8 821.70	
	上、下游水推力		9 229.27		32 854.87
	浮托力	−1 963.20		−1 930.20	
	渗透压力	−16 041.08		−13 968.24	
	土压力	9 731.07	−4 046.91	29 728.41	−21 956.75
	地震惯性力		680.16		3 641.26
	动水压力		366.37		1 582.74
	合计	20 658.48	6 228.89	22 507.73	

3.计算内容

对于结构和受力都对称的单元,闸室基底应力按下列公式计算:

$$P_{\substack{max \\ min}} = \frac{\sum G}{A} \pm \frac{\sum M}{W}$$

式中:$P_{\substack{max \\ min}}$为闸室基底应力的最大值和最小值,kPa;$\sum G$ 为作用在闸室上的全部竖向荷载(包括扬压力),kN;$\sum M$ 为作用在闸室上的竖向和水平向荷载对基础底面垂直水流方向形心轴的力矩,kN·m;A 为闸室基底面的面积,m^2;W 为闸室基底面对于该底面垂直水流方向的形心轴的截面矩,m^3。

闸室抗滑稳定安全系数计算公式为:

$$K_c = \frac{\tan\varphi_0 \sum G + C_0 A}{\sum H}$$

式中:K_c 为沿闸室基底面的抗滑稳定安全系数;$\sum H$ 为作用在闸室上的全部水平向荷载,kN;φ_0 为闸室基础底面与土质地基之间的摩擦角,(°);C_0为闸室基础底面与土质地基之间的黏结力,kPa。

4.稳定计算结果

根据以上计算内容,闸室基底应力计算结果见附表 1.11,稳定复核计算结果见附表 1.12。

附表 1.11　闸室基底应力计算结果

荷载组合		计算工况	指标	计算结果	规范要求
基本组合		设计 防洪水位	P_{max} $(P_{max}+P_{min})/2$	122.27 84.25	<144×(120×1.2) <120
特殊组合	1	校核 防洪水位	P_{max} $(P_{max}+P_{min})/2$	133.77 88.69	<144×(120×1.2) <120
	2	设防+地震	P_{max} $(P_{max}+P_{min})/2$	133.19 84.25	<144×(120×1.2) <120

附表 1.12　抗滑稳定复核计算结果

荷载组合	设计防洪水位	校核防洪水位	设防+地震
抗滑稳定安全系数计算值	2.25	2.03	1.87
规范要求	>1.35	>1.20	>1.10

复核计算结果表明：

(1)在各种工况下闸室最大基底应力、平均基底应力都符合规范要求。

(2)三种工况下，抗滑稳定安全系数都满足规范要求。

(四)结构设计

经复核计算，闸室底板、闸墩、胸墙、涵洞等部位结构强度均满足要求，计算内容不再赘述。

1.机架桥

根据《黄河下游赵口引黄闸工程安全评价总报告》，机架桥立柱强度在地震工况下不满足规范要求。本次设计对机架桥的除险加固措施提出三个方案：

方案一：外包钢筋混凝土方案。将原排架柱结构表面凿毛清洗干净，按强度要求增补钢筋混凝土，增补混凝土采用C30。顺水流方向由50 cm增补至60 cm，垂直水流方向由32 cm增补至45 cm，方能满足技术要求。该方案施工麻烦，施工质量难以保证。

方案二：外包钢板方案。将原排架柱结构表面整平处理，外粘贴钢板，采用改性环氧树脂胶粘剂灌注排架柱，采用角钢厚度10 mm、边长150 mm，缀板厚度10 mm，缀板与角钢焊接。该方案施工工艺复杂，施工质量难以保证。

方案三：拆除重建方案。将原排架结构全部拆除，按规范要求重建。重建后机架桥整体稳定和结构承载力都将满足工程要求。但该方案工程量大，工期长，投资较大，且施工时对水闸引水有较大影响。

机架桥是保证水闸正常运行的重要构件。经以上方案比较，出于安全设计，采用拆除重建方案。

2.上游翼墙

挡土墙的平面布置为圆形，半径为20 m。挡土墙高8.5 m，底板长度为7 m，前趾板长1.5 m、踵板长5 m，墙面板厚0.5 m，底板厚1 m，扶臂厚0.7 m，跨度为6 m。

挡土墙受力计算简图见附图1.4。

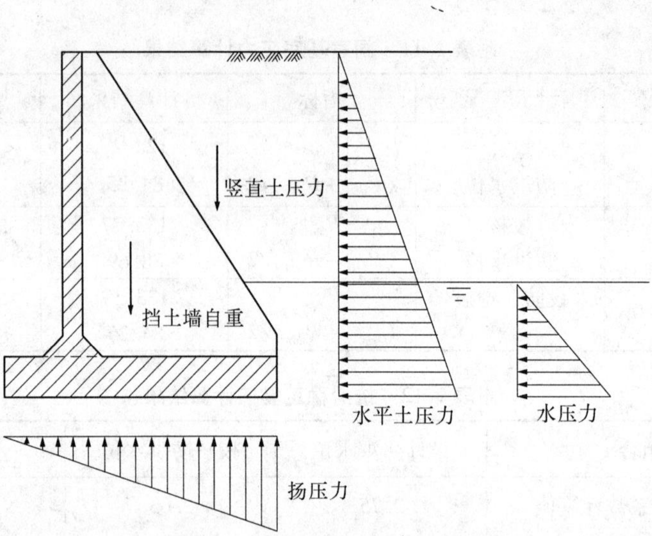

附图 1.4　挡土墙受力计算简图

根据下列公式对挡土墙进行基底应力、抗倾和抗滑稳定计算：

$$P_{\substack{max\\min}} = \frac{\sum G}{A} \pm \frac{\sum M}{W}$$

$$\eta = P_{max}/P_{min} \leqslant [\eta]$$

$$K_c = \frac{f\sum G}{\sum H}$$

$$K_0 = \frac{\sum M_V}{\sum M_H}$$

式中：$P_{\substack{max\\min}}$为挡土墙基底应力的最大值和最小值，kPa；$\sum G$ 为作用在挡土墙上的全部竖向荷载（包括扬压力），kN；$\sum M$ 为作用在挡土墙上的竖向和水平向荷载对基础底面垂直水流方向形心轴的力矩，kN·m；A 为挡土墙基底面的面积，m^2；W 为挡土墙基底面对于该底面垂直水流方向的形心轴的截面矩，m^3；K_c 为沿挡土墙基底面的抗滑稳定安全系数；$\sum H$ 为作用在挡土墙上的全部水平向荷载，kN；f 为挡土墙底面与地基间的摩擦系数；K_0 为挡土墙抗倾覆稳定安全系数；$\sum M_V$ 为对挡土墙前趾的抗倾覆力矩，kN·m；$\sum M_H$ 为对挡土墙前趾的倾覆力矩，kN·m。

计算结果见附表 1.13。

附表 1.13　基底应力、抗倾和抗滑稳定计算结果

计算工况	K_c	$[K_c]$	K_0	$[K_0]$	P_{max} (kPa)	P_{min} (kPa)	$[P]$ (kPa)	η	$[\eta]$
完建情况	1.46	1.35	6.73	1.5	146	114	120	1.28	2.0

计算结果表明，挡土墙基底应力不均匀系数、抗滑和抗倾覆稳定系数均满足要求，但基底应力大于地基承载力，需要对基础进行处理。

（五）地基处理及设计

本次除险加固工程除了上游防渗铺盖和两岸翼墙外，没有对工程基础进行开挖，不影响现有工程的地基稳定。仅需要对上游铺盖和两岸翼墙进行基底应力分析，看是否需要进行地基处理。

上游铺盖基底应力较低，不需要进行地基处理。

两侧翼墙为圆弧形钢筋混凝土扶臂式挡土墙，其基底应力 $P_{max}=146$ kPa，大于地基承载力 120 kPa，故需要对挡土墙进行地基处理。

为提高地基承载能力，对挡土墙下地基土进行换土处理，挖除挡土墙下 3 m 深的土，回填砂壤土，并进行夯实。

对换土层以下砂壤土及黏壤土层进行承载能力验算，验算结果小于各层承载力。

六、闸门与启闭机

（一）闸门

现状水闸的闸门运行近 30 年，闸门上存在多处非贯穿裂缝，闸门及闸门槽内的金属埋件多处锈蚀严重，闸门止水大多老化脱落破损。闸门及闸门槽的病险情况已经影响到闸门的启闭，对工程的安全产生了威胁。

本次除险加固拟采用环氧砂浆对钢筋混凝土闸门上的裂缝进行处理，对闸门及闸门槽内的金属埋件进行拆除更换，闸门止水全部进行更新。

（二）启闭机

赵口闸启闭机及电气设备已经运行了近 30 年，多数设备已经老化，不能满足水闸的正常运行。机架桥重建后对其上的启闭机房进行重建，同时对启闭设备进行更换，相关电气设备也进行更新。

七、观测设计

根据赵口闸安全鉴定中对观测设施的检测发现，该闸的沉降观测点无脱落、损坏现象。赵口闸原设计有 42 个测压管，经检测现在能够继续使用的仅有 17 个，其余 25 个均出现问题。安全鉴定报告中建议重新恢复测压管，以确保该闸渗透压力的正常观测。

除险加固观测设计拟重新埋设渗压计，形成独立的渗压观测系统。

（一）渗压计的位置

拟定在赵口闸左右两边孔自上游铺盖起始端至下游涵洞出口处埋设两组渗压计，每组包含 5 个渗压计，分别埋设在上游铺盖始端、闸室始端、闸室末端、第二节涵洞末端以及涵洞出口处。

（二）渗压计的埋设

对水闸上游铺盖处的下部渗压计进行埋设，可采用坑式埋设法。当地基面填筑高程超出测点埋设高程约 0.3 m 时，在测点位挖坑，坑深约 0.4 m，采用砂包裹体的方法，将渗压计就地埋设。砂包裹体由中粗砂组成，并以水饱和。然后采用薄层铺料、专门压实的方法，回填原开挖料。埋设后的渗压力计，以上的填方安全覆盖厚度应不小于 1 m。

对于闸底板、涵洞下部的渗压计的埋设，应采用钻孔埋设法，钻孔孔径依据该孔中埋设的仪器数量而定，一般采用 108 ~ 146 mm，成孔后应在孔底铺设中粗砂垫层，厚约 20 cm。

（三）渗压计与外部电缆的连接

渗压计的连接电缆必须以软管套护，并铺以铅丝与测头相连。埋设时，应自下而上依次进行，并依次以中粗砂封埋测头。钻孔要采用膨润土干泥球逐段封孔。回填料、封孔料应分段捣实。

渗压计埋设与封孔过程中应随时进行检测，严禁损坏仪器测头与连接电缆，一旦发现，必须及时处理或重新埋设。

（四）渗流压力的观测阶段及测次

渗流压力的观测阶段及测次为：施工阶段 4 ~ 10 次/月，运行阶段 3 ~ 6 次/月。

八、工程施工组织设计

（一）施工条件

赵口闸位于郑州市中牟县境内，黄河南岸大堤上，属穿堤建筑物。

项目区堤顶道路已经铺设完毕，附近县与乡、乡与村、村与村的道路均能与省道和国道相通，对外交通十分便利，建筑材料和设备可直接运送至施工现场。

赵口闸除险加固工程位置处场地开阔，具有布置施工临时生产生活设施的良好条件，且工程距黄河主槽近，施工用水可以直接引取黄河水，生活用水可以在滩区就近打井抽取。施工用电以自发电为主。

赵口闸除险加固工程以混凝土浇筑、砌石修筑、土方填筑为主，主要建筑材料为水泥、石料、砂、钢材等。工程区地处平原，天然建筑材料缺乏，主要从郑州市、中牟县购入。汽油、柴油可就地在石油部门购买，运距 20 km。石料购自新郑市泰山，运距 80 km。

本工程与黄河大堤交叉，与黄河防洪密切相关。因此，需要确定安全可靠的施工方案，进行周密部署及各方密切合作，确保工程顺利实施和防洪安全。

（二）施工导流

1. 导流时段的确定

黄河下游主汛期为 7 ~ 9 月，水闸除险加固施工期安排在非汛期，因此导流时段为非汛期，即整个工程施工持续时间。

2. 导流标准的确定

该引水闸为Ⅰ级水工建筑物，根据《水利水电工程施工组织设计规范》（SL 303—2004）规定的导流建筑物划分标准，确定本工程导流建筑物为Ⅳ级。对于土石围堰相应洪水重现期为 10 ~ 20 年。该工程在非汛期施工，期间小浪底水库控制下泄流量较小，风险较小，因此选定导流建筑物洪水标准为 10 年一遇。

3. 导流设计流量及围堰设计水位确定

2000 年小浪底水库投入运用，对天然径流进行调蓄分配，直接影响了下游河段的径流量。整理分析 2001 ~ 2008 年小浪底水库运用以来花园口站非汛期流量系列，经频率计算得洪水重现期为 10 年的设计流量为 1 000 m^3/s。为保证工程的防洪安全和施工安全，赵口引黄闸除险加固施工应在一个非汛期时段完成。整理分析赵口闸河道断面处流量水位关系，该流量相应水位为86.73 m。

4. 围堰设计与施工

根据除险加固方案，结合施工交通，拟采用闸前修筑围堰挡水的导流方式。施工围堰设计顶高程超高设计水位0.5 m，即87.23 m。堰顶宽6 m，长152 m。迎水面、背水面边坡均为1:2，其中迎水面利用编织袋装土护坡防护，顶宽1.0 m，两端与水闸两侧渠堤顺接。

围堰填筑采用汽车运土，推土机整平稳压，拖拉机分层压实。

（三）料场选择与开采

1. 土料要求

穿堤闸回填土方宜选用亚黏土，黏粒含量宜为15%～30%，塑性指数宜为10～20，且不得含植物根茎、砖瓦、垃圾等杂物。

2. 料场选择

本着就近取土的原则，根据工程位置和河滩现状，取土场选在黄河滩地上，运距2.0 km，每公顷壤土出土量7 500 m^3，黏土出土量4 500 m^3。土场土料质量和储量均可满足堤防填筑要求。

3. 料场开采

料场上部的覆盖层清理用1.0 m^3挖掘机开挖，由74 kW推土机推至料场未开挖的地方，待料场开采后再进行回填。覆盖层清理与土料开采平行作业，直至料场开采结束。

（四）除险加固工程施工

1. 土方工程

水闸前铺盖的土方清淤量不大，均采用人工挖装，胶轮车运输，可用于水闸前临时围堰的填筑。两侧挡土墙施工完毕后，利用挖掘机配合自卸车运土，分层填于挡土墙后，人工进行整平，以蛙式打夯机逐层夯实。

2. 拆除工程

本工程主要拆除工程量为闸前铺盖及两侧挡土墙。拆除结构简单，可采用机械配合人工的方式施工，同时应采取必要的防护措施，尽量避免对临近建筑物产生破坏。拆除后的废料运至弃渣场。

3. 钢筋混凝土工程

水闸闸前铺盖及两侧挡土墙均为拆除新建，可按常规钢筋混凝土施工方法施工，施工中应严格遵守《水工混凝土施工规范》（DL/T 5144—2001）相关规定，此处不再赘述。施工中还应注意与原有建筑物连接部位的处理。

4. 其他

对于施工缝止水的更换，先沿原缝凿槽，槽宽32 cm、深15 cm，槽口要顺直。清槽后填水泥砂浆（或环氧砂浆），厚3 cm；再铺塑料止水带并压紧；然后在槽中部（止水带中间）安装2 cm厚闭孔泡沫塑料板并在槽内浇筑混凝土。混凝土要振捣密实，表面要反复压光，标号要比原混凝土提高1级。

对于锈蚀的闸门金属埋件，其更换可参照止水更换的施工顺序。清槽后将旧埋件拆下，更换新的埋件，要求与构件内原有钢筋连接（绑扎或焊接）。最后利用高标号混凝土砂浆振捣填充。

按设计要求进行启闭设备的更换,电气控制系统进行重新配置。

(五)施工总布置

工程施工总布置方案拟定时,应遵循因地制宜、有利于生产、方便生活、易于管理、安全可靠、经济合理的原则。施工总布置应紧凑、合理,节约用地,应尽量利用工程现有场地,少占耕地。

该工程施工生产、生活设施可就近布置于护堤地内。

(六)施工总进度

工程施工场地有限,根据工程量分析和工期要求,施工时按照以中、小型机械为主,人工为辅的原则,并考虑机械在整个施工过程中的连续使用和通用的可能性。为确保在一个非汛期主体工程完工,施工时应合理组织施工、加强管理,确保工期落实可靠。

本着积极稳妥的原则,施工计划留有余地,尽可能使工程施工连续进行,施工强度均衡,充分发挥机械设备的作用和效率,使整个工程施工在技术上可行、经济上合理。根据建设工期要求,主体施工定于10月下旬开始施工,以利于尽快发挥工程效益。

1. 施工准备期

主要完成施工期临时交通道路修建,施工场地平整,施工临建房屋及施工工厂建设及施工围堰、施工供水供电设施施工等。施工准备期半个月,汛后10月份开工。由于工期较紧,因此考虑各单项工程准备工作同时进行,准备工作完成后即可进行主体工程的施工。

2. 主体工程施工期

主体施工定于10月下旬。为保证工程防洪,安全度汛,必须在次年汛前完工。

计划设计批准后第二年5月底工程全部竣工,总工期为7.5个月。

3. 关键线路

本工程施工进度关键线路为围堰填筑、原闸铺盖及挡土墙拆除重建、土方回填及施工围堰的拆除。

九、工程永久占地

工程永久占地主要包括工程占地、管理范围占地和弃土占地;临时占地主要为临时道路占地和取土场占地。施工道路宽6 m,加影响带宽8 m,临时占地在施工结束后要及时进行复耕,恢复成可耕作状态。

本次赵口闸除险加固工程只是向前接长防渗铺盖,占地均位于水闸管理范围内,不增加新的永久占地。

十、环境保护设计

工程对环境的不利影响,主要发生在施工期间,包括施工人员生活垃圾、施工机械弃油、废气排放、工程占地和施工占压等影响。

(一)施工期对环境的影响

经初步分析,工程施工期环境影响主要有以下内容:

(1)除险加固工程位于黄河大堤,工程建设对黄河该河段的河势、防洪的影响是工程环境影响的主要方面之一;

(2)工程建设将临时占用部分黄河滩地,对工程地区土地利用将产生一定的影响;

(3)工程临时占地及施工活动将破坏或占压一定面积的植被,从而对工程地区的生态环境产生短期不利影响;

(4)施工取土、弃渣及临时道路建设,如不采取保护措施,极易产生新的水土流失;

(5)施工生产废水、生活污水及生活垃圾如任意排放将对工程区水环境产生一定的不利影响;

(6)建筑材料运输、施工过程中产生的粉尘、烟气、噪声会影响周围居民点和施工人员的正常生活及健康。

(二)运行期对环境的影响

除险加固工程建成后对河道河势和河道冲淤没有不利影响;引水闸管理人员的生活废弃物对周围环境影响不大。

(三)结论

(1)本次除险加固工程属于社会公益性项目,完成后将提高赵口闸抗洪能力,消除堤防隐患;

(2)工程施工期对环境的影响以短期不利影响为主,主要表现为施工占地、取土弃渣、材料运输等施工活动。由于工程量较小,因此影响程度均较小。

十一、水土保持设计

针对水土流失可能产生的区域,采取相应的措施进行保护,见附表1.14。

附表1.14 水土保持措施

分区	环境保护措施
弃渣场	(1)渣体压实、按边坡1:2堆放; (2)建设挡土墙,渣场周围设排水沟; (3)施工结束后,清理渣场,翻松、恢复植被
施工道路	(1)道路硬化,两侧排水,两侧栽植树木; (2)施工结束后场地翻松,恢复植被
生产生活区	(1)场地硬化,周边排水,尽量种植树木; (2)施工结束后翻松、绿化土地,交还使用
料场区	(1)施工期应有临时挡栏、排水沟等设施; (2)施工结束后,应用表土回填夯实,表面翻松绿化
主体工程区	场区绿化,压实堆土,并在输水渠道两侧采取绿化等措施,防止因植被破坏产生新的水土流失

十二、工程管理设计

赵口闸除险加固工程位于中牟县境内，闸身坐落在黄河大堤上，工程的管理运用涉及防洪工程的正常管理和安全防洪。

赵口闸除险加固后，建筑物级别仍为Ⅰ级，按照《水利工程管理体制改革实施意见》（水建管[2002] 429号）等文件精神，根据《水利工程管理单位定岗标准（试点）》（水办[2004]307号文）和《水闸工程管理设计规范》（SL 170—96）的规定，赵口闸工程管理岗位维持原规模不变。

根据《水闸工程管理设计规范》（SL 170—96）的规定，划分赵口闸的管理范围如下：

（1）上游防冲槽至涵洞进口的水闸进口段、涵洞出口至下游防冲槽的水闸出口段以及建筑物上下游外轮廓线外300 m范围内。

（2）两侧为建筑物、渠道坡脚向外100 m范围内。

赵口闸调度运用必须服从黄河水资源的统一调度。

在除险加固工程施工期间，建议由管理单位中牟县黄河河务局作为项目法人，负责工程建设管理。依据水闸管理单位机构和定员人数以及施工期间实际需要，配备项目管理人员。为有效地对本次除险加固工程质量、投资及进度进行控制，工程建设应实行项目法人责任制、招标投标制和工程建设监理制，同时进行质量监督管理。在施工收尾阶段，对工程管理范围内和料场的环境开展恢复和完善绿化工作，为加固工程的验收做好准备工作。

十三、工程概算

工程概算编制按水利部颁布的《水利工程设计概（估）算编制规定》（水总[2002]116号）（以下简称《编制规定》）执行。编制标准按《编制规定》中引水及河道工程计取。

水闸除险加固工程概算编制依据的定额如下：

（1）《水利建筑工程概算定额》（水总[2002]116号）；

（2）《水利水电设备安装工程概算定额》（水建管[1999]523号）；

（3）《水利工程施工机械台时费定额》（水总[2002]116号）；

（4）《水利工程概算补充定额》（水总[2005]389号）；

（5）有关行业主管部门颁发的定额。

十四、经济评价

对于赵口闸除险加固项目，就是计算除险加固后给国民经济带来的净贡献增量大小，评价其经济合理性。

第二章　红旗引黄闸除险加固初步设计

一、基本情况

（一）工程概况

黄河下游北岸红旗引黄闸始建于1958年，为三孔开敞式钢筋混凝土闸。每孔净宽10 m，孔高5.0 m，设弧形钢闸门，2×15 t双吊点卷扬式启闭机。设计防洪水位84.97 m（黄海高程，下同），设计引水流量280 m^3/s，加大引水流量350 m^3/s。闸室顺水流方向长20 m，上游铺盖长50 m，下游消力池长25 m，建筑物总长149 m。

黄河河床淤积，使得洪水位逐年增高，1977～1979年曾对该闸进行过改造。加高闸墩、胸墙，两侧岸厢加宽、加高，又新接一节7 m长的L形岸厢；边孔底板抬高3.12 m，孔口宽10 m、高3.5 m；中孔底板抬高1.62 m，孔口宽10 m、高3.38 m；上游铺盖上增加浆砌石护面；抬高闸门支铰，改建交通桥，扩建启闭机房和更换启闭机。

该水闸纵剖面图及平面布置图如附图2.1所示。

（二）安全鉴定情况

2000年对该闸进行安全鉴定，由鉴定报告知，该闸存在的主要问题有：

（1）胸墙顶标高不满足防洪超高要求。1977年改造后的胸墙顶标高（86.60 m）高于设计防洪水位标高（84.97 m）1.63 m，不能满足防洪超高3.0 m的要求。

（2）闸室抗滑稳定不满足要求。阻滑板止水破坏，其上荷载减小，阻滑效果降低。在设计洪水位和校核洪水位条件下，该闸室的抗滑稳定安全系数分别为1.04和0.93，均不满足《水闸设计规范》（SL 265—2001）规定的1.35和1.20的要求。

（3）闸室的地基应力不均匀系数不满足要求。在不同计算工况下，闸室的地基应力不均匀系数在1.26～4.94，总体上大于规范允许值2.0，不符合规范要求。

（4）混凝土外观缺陷十分明显。裂缝、露石露砂、局部破碎已十分严重；老的横梁、闸墩及胸墙三类构件以上测区强度小于25 MPa，同一构件不同测区强度测量值离散性较大，离散系数大于5，强度不均匀，质量状况较差；工作桥梁保护层明显偏薄，老胸墙的横向筋及东侧翼墙的竖向筋的保护层小于40 mm；工作桥梁的碳化深度已达到或超过其保护层厚度；老胸墙及新工作桥梁的最大碳化深度已接近钢筋，将很快导致其中钢筋锈蚀；老工作桥梁的横向筋及竖向筋均已不同程度出现锈蚀，竖向筋最大截面积损失率已达60%，且横梁多处断裂，已失去原有作用。

（5）闸门、启闭机损毁严重。除中孔闸门为1997年更换，现已有轻微腐蚀外，东西两孔闸门为1957年制造，钢闸门及门槽埋件锈蚀严重，部分穿透，需要更换的承重构件杆件占总数的58%。三台启闭机为1958年制造，均已大大超过折旧年限。

（6）原交通桥标准低。该闸原交通桥按汽10 t、挂60标准设计施工，标准过低，致使附近黄河防洪工程抢险时车辆不能通过，满足不了工程抢险需要。

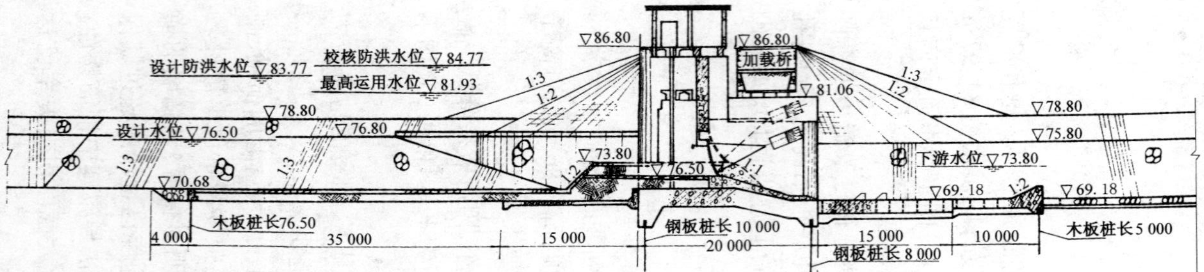

(a) 纵剖面图

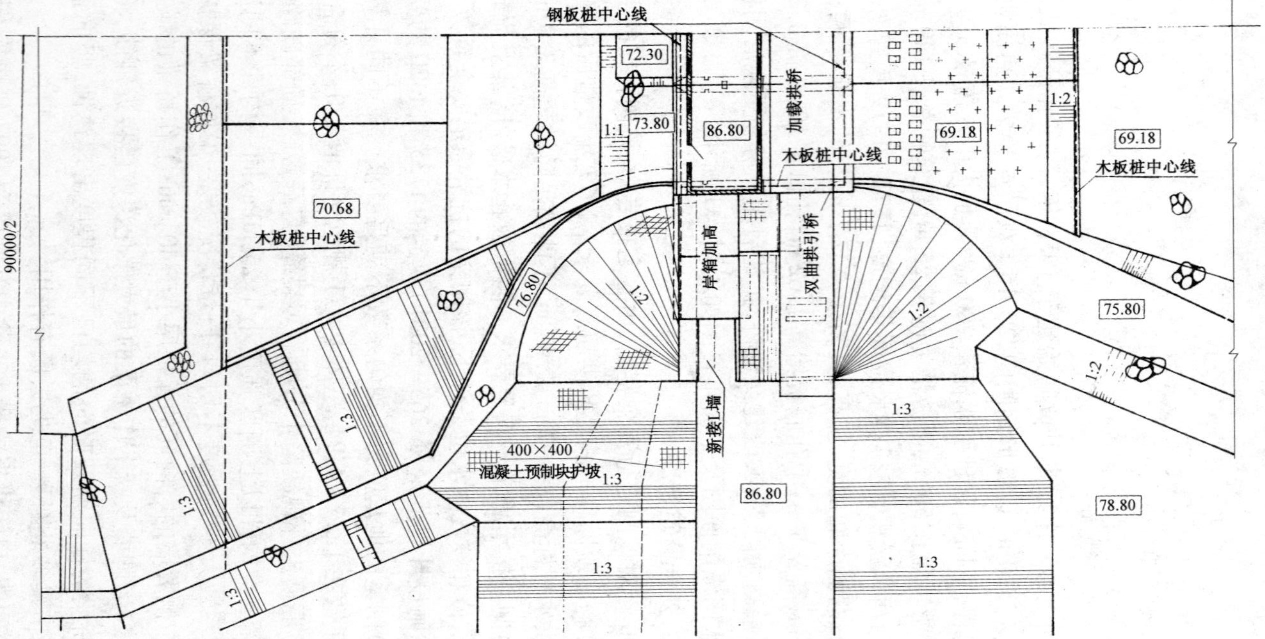

(b) 平面布置图

附图 2.1　红旗引黄闸布置图　（单位:mm）

(7)1977 年改建时,将闸底板抬高,加上防洪水位的抬高,改变了原设计条件,闸室的稳定性大大降低。如因闸基不均匀沉降造成机房墙壁裂缝最大宽度达 45 mm,不满足安全运用要求。

根据以上鉴定结果,该闸被鉴定为四类闸。

二、重建工程设计

(一)水文气象

1. 水文

封丘红旗闸位于黄河花园口至夹河滩河段,其水文、泥沙分析资料以花园口水文站资料为代表。当前黄河下游的防洪流量为花园口流量 22 000 m^3/s,在小浪底水库建成蓄水的现状条件下,该流量重现期已提高为千年一遇,百年一遇洪水流量为 15 700 m^3/s。

该闸设计引水位 77.73 m,最高运用水位 80.67 m,设计防洪水位 83.90 m,校核防洪水位 84.90 m。

2. 气象

(1)气温:该区属温带大陆性季风型气候,四季明显,多年平均气温 13.7 ℃;最冷 1 月份平均气温 -1 ℃,极端最低气温 -18.9 ℃;最热 7 月份平均气温 27 ℃,极端最高气温 42 ℃。

(2)降雨:多年平均降水量 572 mm,年际分布极不均匀,最大为 1 044.7 mm,最小为 302.3 mm,主要集中在 7、8、9 月三个月,占全年降水量的 50%,而又集中于几次降雨。

(3)蒸发:多年平均蒸发量 1 921.5 mm,6 月份最大达 322.8 mm,1、2 月最小仅 60 mm,蒸发量大于降水量,尤以冬春季最明显,土壤水分外逸,含水量减少。灌区内平均相对湿度 70%,春季偏小,进入 7 月份雨季偏大,9 月份以后雨量减少、气温渐降,相对湿度逐步下降。

(4)风向、风速:以北、东北风居多,其次是西、西南风。多年平均风速 3.4 m/s,4 月份最大为 4.5 m/s,8、9 月份最小为 2.6 m/s。冬季干旱,春季多风,往往造成风沙灾害。

(5)霜冻:全年无霜期 214 天,平均地温 16.5 ℃,一般 11 月底开始结冻,次年 2 月上旬解冻,全年封冻时间约 70 天;一般冻土深度 10 cm 左右,表层土温 1 月份平均最低 -6.9 ℃,7 月份最高 45.8 ℃。

(二)工程地质

工程区发育巨厚的第四系松散堆积物,最大勘探深度 35.5 m,均为第四系全新统地层,两期地勘资料成果相近,各层土岩性特征如下:

表层大堤回填土:以壤土、砂壤土为主,局部为黏土、粉砂,土质不均,组成混杂。土体干密度 1.44 ~ 1.67 g/cm^3,平均 1.55 g/cm^3;标准贯入击数 3 ~ 19.7,平均 8.5 击。总的看来,土质松散,压实质量较差,饱水后可能产生塌陷、强度降低、渗透变形等,应引起重视。

第①层:砂壤土,局部夹有薄层黏土、壤土及粉砂,粉粒含量较高。黄、灰及黄灰色,松软,土质不均,中等压缩性土,微—弱透水性。分布较稳定,层底高程在 70 ~ 73 m,厚度一般 2 ~ 6 m,渠东穿堤部位较深,高程约 70 m,厚度达 8.0 m,自南向北有变薄趋势。按照饱和少黏性土地震液化判别公式计算, 7 度地震时,引水渠西侧存在可能液化土。该层土承载力较低，抗冲刷性较差。各项工程特性均较差，不适合作基础持力层。

第②层：粉细砂，黄、灰及灰黄色，中密—密实，饱和，土质不均，局部夹有砂壤土、壤土及黏上团块，可塑—软塑状，粉粒含量较高。多呈低压缩性，中等透水性。该层沿大堤方向分布不稳定，水渠西侧一般厚度 3 ~ 5 m，层底高程 67 ~ 69 m；东侧较厚，8 ~ 13 m。层底高程 61 ~ 63 m。闸基下平均厚 12 m，层底高程 61 m。二期勘探资料表明，沿引渠方向层位分布稳定，闸室附近层厚不小于 12 m，层底高程 59 ~ 62 m，最小标贯击数 22 击，为不液化土层。

第③层：自上而下由壤土、砂壤土和黏土组成，壤土和黏土可塑—硬塑，砂壤土中密—密实，局部含少量姜石。各层均呈中等压缩性，局部为高压缩，微弱透水性。该层分布稳定，厚度 4 ~ 6 m，层底高程 54 ~ 56 m。

第④层：粉细砂，灰、灰黄色，密实，饱和，低压缩性，局部夹有砂壤土。分布较稳定，层底高程 48 ~ 50 m，厚度 3.5 ~ 6.5 m。

第⑤层：中砂，黄色，中密—密实，饱和。层面高程在 50 m 以下，所有钻孔均未揭穿该层。

闸基土层主要参数建议指标见附表 2.1。

附表 2.1　闸基土层主要参数建议值

层号	岩性	干密度（g/cm^3）	凝聚力（kPa）	摩擦角（°）	桩端容许承载力（kPa）	桩周容许摩擦力（kPa）	容许承载力（kPa）
①	砂壤土	1.52	6	18		31	80
②	粉细砂	1.60	2	24	200	32	224

注：土质不均，夹有黏土、粉质壤土等，局部为淤泥质粉质黏性土。

（三）工程设计

经安全鉴定，红旗闸为四类闸，随于 2002 年废除重建。重建闸址位于老闸上游渠道约 170 m 处，老闸不予废除，作为过水渠道的一部分。

1. 工程规模

1）灌区需水量

红旗闸为河南某引黄灌区的渠首穿越黄河大堤的渠首闸。该引黄灌区近期设计灌溉面积 16.35 万 hm^2，其中正常灌区 3.82 万 hm^2，补水灌区 13.1 万 hm^2，整个灌区内，按保证率 $P=75\%$ 的农业用水，县城工业用水、县城居民用水、乡镇企业用水、农村人口生活用水及牲畜用水，总需水量 65 728.89 万 m^3。其中，利用地下水 28 598.75 万 m^3，当地径流 6 237.29 万 m^3，引黄河水 30 892.85 万 m^3。根据总干渠规划，近期设计流量 70 m^3/s，远期达到 120 m^3/s 规模。远期控制灌溉面积 27.6 万 hm^2，其中正常灌区 3.82 万 hm^2，补水灌区 23.78 万 hm^2。正常灌区灌水率 7.29 $m^3/(s \cdot hm^2)$，渠系利用系数 0.55；补水灌区灌水率 3.15 $m^3/(s \cdot hm^2)$，渠系利用系数 0.55，则引水流量为 187 m^3/s。

根据灌区情况和与地方政府协商，红旗闸重建工程规模定为设计引水流量 70 m^3/s，加大引水流量 90 m^3/s。

重建工程位置在原闸上游黄河大堤缺口处，新建闸与原闸基本在同一纵轴线上，两闸相距约 170 m。原闸待新闸建成后予以废除，拆除闸墩以上结构和设备。

2）水源供水量

根据来水方向，红旗闸闸前共有三个引水口，各引水口的现状特征指标如下：

(1)1 号引水渠：渠长 3.94 km，设计引水流量 70 m^3/s，加大引水流量 100 m^3/s；

(2)2 号引水渠：渠长 3.38 km，设计引水流量 30 m^3/s；

(3)3 号引水渠：渠长 10.3 km，设计引水流量 30 m^3/s。

近年来由于河道整治步伐加快，河势得到有效控制，1 号引水口和 2 号引水口的引水条件将得到有效改善。

从以上三个引水口的现状、规划及设计流量来看，红旗闸设计引水流量 70 m^3/s，加大引水流量 90 m^3/s 是合适的，也是有保障的。

2. 工程布置

红旗闸新闸址位于现堤防豁口处。涵闸由进口段、闸室段、涵洞段、出口消能防冲段四部分组成。目前大堤缺口闸位处为缓弯，闸前引渠也呈 U 形弯道。为使引水顺畅，结合工程布置将引渠裁弯取直。闸管所位于涵闸下游左岸大堤后台地上，长 × 宽 = 128 m × 55 m，约计 7 000 m^2。变电站布置在闸管所院内。

1）底板高程

黄河是条多泥沙河流，根据多年水文系列知，红旗闸所处河段河床平均每年淤高 0.08 m，所以黄河上建引水闸，闸底板高程不但要考虑灌区建筑物的配套，还要考虑河床淤积问题。

由于原闸下游干渠起始高程为 73.14 m，故涵洞出口高程一般不宜低于此值，以免形成倒坡输水。涵洞式引水闸，底坡不宜太缓，以免洞内淤积，而影响输水效率。兼顾多方因素，红旗闸闸底高程采用 73.6 m，涵洞纵坡采用 5.1‰，大于临界坡 4.0‰，比闸前引渠高程 73.34 m 抬高 0.26 m。如果新定闸底高程低于 73.6 m，采用与闸前渠底高程一致，则涵洞纵坡属缓坡，而长涵洞缓坡输水其进水口和洞身阻力将影响泄量。如果新定闸底高程再高于 73.6 m，涵洞底坡为陡坡时，对输水有利，但将加大与闸前引渠高差，一旦引渠淤积纵坡变缓，则影响输水量。

经以上分析，认为闸底高程 73.6 m 是适宜的。

2）主体工程结构布置

(1)闸室布置。红旗闸为涵闸型式，为减小工程量，闸室以胸墙为界，前为开敞式，后为涵洞式。该闸三孔一联，每孔净宽 2.7 m，中墩、边墩厚 1.2 m，闸室总宽 12.9 m，总长 10 m。闸底板顶面高程 73.6 m，底板厚度 1.2 m，胸墙后涵洞段厚 0.7 m。闸墩顶高程 81.7 m，比最高运行水位超高 1.0 m。闸室前部布置检修门槽和工作门槽，闸墩顶布置检修桥板。工作门槽后为胸墙和涵洞进口，涵洞段宽度由同闸室等宽 12.9 m 渐变宽度为 10.5 m。进口洞顶高程 77.18 m 处以 30 cm 半径抹圆，胸墙顶高程与闸墩相同，为 81.7 m，胸墙后涵洞长 4.6 m，该范围填土高程与墩顶一致，以便安装、检修和交通。

门槽上部为启闭机工作桥，桥面为 T 形梁结构，高程 89.0 m，总宽 8.4 m，由三根排架支承，其上设 3 台单吊点 400 kN 固定卷扬启闭机。工作桥上设启闭机房，房上游侧为中控室。

(2)闸门。主闸门为平面定轮钢闸门,为2.7 m×3.58 m(宽×高)。检修门为两节叠梁平面钢闸门,每节为2.7 m×1.79 m(宽×高),由安装于排架顶部的2台2×30 kN电动葫芦启闭。

(3)涵洞。采用三孔一联箱涵,标准断面为2.7 m×3.58 m(宽×高)。底板纵坡5.1‰,首端底板高程同闸室,出口高程73.14 m。共9段,每段长10.0 m。分缝处设两道止水带,为651型橡胶止水带及弹性密封胶条,洞外周围设黏土截水环。

(4)上、下游连接段。

a.上游连接段:闸前依次设15 m长、0.5 m厚钢筋混凝土铺盖段,8 m长、0.4 m厚浆砌石护砌及15 m长干砌石渐变连接段。铺盖段两岸为圆弧形钢筋混凝土扶壁导水墙,墙顶高程78.34~81.70 m,闸室平台(高程81.70 m)至堤顶(高程86.90 m)坡面上设预制混凝土板护坡。

b.下游连接段:包括消力池、海漫、防冲槽。消力池全长24.94 m,深1.5 m,底高程71.64 m。消力池池宽与涵洞孔宽一致。消力池后设10 m长水平混凝土海漫段,下接45.5 m长干砌石海漫及5 m长抛石防冲槽。消力池混凝土底板下布置反滤排水孔。消力池与混凝土海漫段两岸为浆砌石护坡,浆砌石护坡下部布设排水孔;其余均为干砌石护坡,干砌石护坡下均设反滤土工布及碎石垫层。相应排水孔部位设置反滤带,并埋设排水管。

(5)高水位防渗。由于黄河下游河床淤积抬高,使得设计防洪水位也相应升高。为了减小工程投资,引黄涵闸的墩顶高程一般均低于设计防洪水位,设防挡水的任务由涵洞顶堤防承担。为解决防渗和绕渗问题,在大堤临水侧要布设防渗体与涵闸防渗体相接,也就是高水位防渗。红旗闸高水位防渗体采用复合土工膜,其上采用预制混凝土板防护。

3)水力计算

(1)闸孔尺寸确定。闸底板高程为73.6 m,闸前引渠底高程为73.34 m,设计闸前水位为76.68 m,下游水深为1.47 m。根据下列公式判别过闸流态:

$h_s/H_0 \geq 0.72$ 为淹没出流

$h_s/H_0 < 0.72$ 为自由出流

式中:h_s 为闸底板以上下游水深,为1.47 m;H_0 为计入行近流速的堰上水头,为3.08 m。

经判别为自由出流。根据宽顶堰自由出流公式进行计算。

宽顶堰堰流情况下,闸孔过水能力按下式计算:

$$Q = \varepsilon m B_0 \sqrt{2g} H_0^{3/2}$$

$$\varepsilon = \frac{\varepsilon_z (n-1) + \varepsilon_b}{n}$$

其中
$$\varepsilon_z = 1 - 0.171\left(1 - \frac{b_0}{b_0 + d_z}\right)\sqrt[4]{\frac{b_0}{b_0 + d_z}}$$

$$\varepsilon_b = 1 - 0.171\left(1 - \frac{b_0}{b_0 + \frac{d_z}{2} + b_b}\right)\sqrt[4]{\frac{b_0}{b_0 + \frac{d_z}{2} + b_b}}$$

式中：B_0 为闸孔总净宽，m；H_0 为计入行近流速水头的堰上水深，m；m 为堰流流量系数；g 为重力加速度，取 9.81 m/s^2；ε 为堰流侧收缩系数；b_0 为闸孔净宽，m；n 为闸孔数；ε_z 为中间闸孔侧收缩系数；d_z 为中墩厚度，m；ε_b 为边闸侧收缩系数；b_b 为边闸墩顺水流向边缘线至上游河道水边线之间的距离，m。

对有坎宽顶堰，闸孔过水能力计算方法同平底堰，流量系数 m 按下列公式计算：

当 $0 \leqslant P/H \leqslant 3.0$ 时，$m = 0.36 + 0.01\dfrac{3 - P/H}{1.2 + 1.5P/H}$；

当 $P/H > 3.0$ 时，$m = 0.36$。

本工程中 $P = 0.26$ m，H 为 3.08 m，可求得 $m = 0.382$。

本工程中 n 为 3，d_z 为 1.2 m，b_b 为 10.75 m。通过试算，可求得当水闸通过 70 m^3/s 水流时，闸孔总净宽 B_0 计算值为 8.06 m，取 $B_0 = 8.1$ m，即单孔净宽为 2.7 m。

（2）消力池计算。消力池的池深 d 可根据以下公式计算：

$$d = \sigma_0 h''_c - h'_s - \Delta z$$

其中

$$h''_c = \frac{h_c}{2}\left(\sqrt{1 + \frac{8\alpha q^2}{g h_c^3}} - 1\right)$$

$$h_c^3 - T_0 h_c^2 + \frac{\alpha q^2}{2g\phi^2} = 0$$

$$\Delta z = \frac{\alpha q^2}{2g\phi^2 h_s'^2} - \frac{\alpha q^2}{2g h_c''^2}$$

式中：d 为消力池深度，m；σ_0 为水跃淹没系数，取 1.05；h''_c 为跃后水深，m；h_c 为收缩水深，m；α 为水流动能校正系数，取 1.0；q 为过闸单宽流量，$m^3/(s \cdot m)$；T_0 为由消力池底板顶面算起的总势能，m；Δz 为出池落差，m；h'_s 为出池河床水深，m；ϕ 为流速系数，取 0.95。

消力池的长度包括消力池斜坡段的水平投影长度和平底段长度两部分：

$$L_{sj} = L_s + \beta L_j$$

其中

$$L_j = 6.9(h''_c - h_c)$$

式中：L_{sj} 为消力池长度，m；L_s 为消力池斜坡段水平投影长度，与斜坡段的坡度有关，为防止在斜坡段产生负压，要求消力池斜坡段的坡度不得陡于 1∶4；β 为水跃长度校正系数，可采用 0.75；L_j 为自由水跃长度，m。

海漫长度 L_p 的计算公式：

$$L_p = K_s\sqrt{q_s\sqrt{\Delta H}}$$

式中：L_p 为海漫长度，m；q_s 为消力池末端单宽流量，$m^3/(s \cdot m)$；ΔH 为上下游水位差，m；K_s 为海漫长度计算系数，粉细砂地基取 14。

不同引水工况消力池及海漫计算结果见附表 2.2 和附表 2.3。

附表 2.2　设计引水工况下消力池和海漫计算结果

项目	开 1 孔			开 2 孔			开 3 孔			备注
Q(m³/s)	2	5	10	20	30	40	50	60	70	引水流量
T_0(m)	4.04	4.27	4.50	3.94	3.98	3.92	3.50	3.40	3.28	堰上水头
q(m³/(s·m))	0.50	1.25	2.50	2.56	3.85	5.13	4.76	5.71	6.67	单宽流量
h_c(m)	0.06	0.15	0.29	0.32	0.49	0.68	0.67	0.75	1.07	跃前水深
h''_c(m)	0.90	1.40	1.96	1.89	2.25	2.50	2.31	2.40	2.43	跃后水深
H_s(m)	0.44	0.74	1.10	1.60	1.95	2.30	2.55	2.80	3.00	下游水深
d(m)	0.50	0.73	0.95	0.38	0.41	0.32	0.21	0.23	0.28	池深
L_j(m)	5.77	8.68	11.51	10.84	12.16	12.55	11.28	10.70	9.40	自由水跃长
$L_{池}$(m)	4.33	6.51	8.63	8.13	9.12	9.41	8.46	8.03	7.05	池长
q'(m³/s)	0.44	1.04	1.98	2.27	3.36	4.47	4.33	5.22	6.16	出池单宽流量
ΔH(m)	3.10	2.80	2.44	1.94	1.59	1.24	0.99	0.74	0.54	上下游水位差
L_p(m)	12.34	18.49	24.60	24.91	28.83	31.22	29.07	29.68	29.78	海漫长

附表 2.3　最高引水工况下消力池和海漫计算结果

项目	开 1 孔			开 2 孔			开 3 孔			备注
Q(m³/s)	2	5	10	20	30	40	50	60	70	引水流量
T_0(m)	8.23	8.59	8.97	8.46	8.66	8.76	8.36	8.41	8.49	堰上水头
q(m³/(s·m))	0.50	1.25	2.50	2.56	3.85	5.13	4.76	5.71	6.67	单宽流量
h_c(m)	0.04	0.10	0.20	0.21	0.32	0.42	0.40	0.48	0.56	跃前水深
h''_c(m)	1.09	1.72	2.42	2.41	2.93	3.36	3.20	3.48	3.74	跃后水深
H_s(m)	0.44	0.74	1.10	1.60	1.95	2.30	2.55	2.80	3.00	下游水深
d(m)	0.70	1.06	1.44	0.93	1.13	1.23	0.81	0.85	0.93	池深
L_j(m)	7.22	11.15	15.33	15.16	18.06	20.28	19.31	20.70	21.94	自由水跃长
$L_{池}$(m)	5.41	8.36	11.49	11.37	13.54	15.21	14.48	15.52	16.45	池长
q'(m³/(s·m))	0.43	0.99	1.85	2.17	3.17	4.14	4.07	4.84	5.59	出池单宽流量
ΔH(m)	7.09	6.79	6.43	5.93	5.58	5.23	4.98	4.88	4.53	上下游水位差
L_p(m)	14.96	22.54	30.31	32.22	38.31	43.07	42.21	43.92	45.41	海漫长

由附表 2.2 和附表 2.3 可以看出，消力池池深由最高运行水位单孔引水流量 10 m³/s 时控制，最大池深为 1.44 m，取 1.5 m；消力池池长由最高运行水位三孔引水流量 70 m³/s

时控制，最大池长 16.45 m，取 16.5 m。海漫长度受最高运行水位三孔引水流量 70 m^3/s 时控制，最大长度为 45.4 m，取 45.5 m。

4）闸室稳定计算

（1）计算内容：水平抗滑安全系数 k_c 及地基应力不均匀系数 η。

（2）计算工况及荷载组合见附表 2.4。

附表 2.4 计算工况及荷载组合

荷载组合	计算工况	水位(m) 闸上	水位(m) 闸下	荷载 自重	静水压力	扬压力	土压力	泥沙压力	波浪压力	地震荷载	备注
基本组合	完建期	无水	无水	√			√				不控制，可不计算
	设计引水位	76.68	76.14	√	√	√	√	略	略		
	最高运用水位	80.67	73.60	√	√	√	√	略	略		非引水期闸下无水
	设计洪水位	83.90	73.60	√	√	√	√	略	略		非引水期闸下无水
特殊组合	校核洪水位	84.90	73.60	√	√	√	√	略	略		非引水期闸下无水
	最高运用水位＋地震情况	80.67	73.60	√	√	√	√	略	略	√	非引水期闸下无水

（3）计算公式：按水闸设计规范公式。

闸室沿基础底面抗滑安全系数 K_c 按抗剪公式计算：

$$K_c = \frac{f \cdot \sum G}{\sum H}$$

式中：$\sum G$、$\sum H$ 分别为作用在闸室上的总垂直力和总水平力；f 为混凝土与地基摩擦系数，采用 0.35。

地基应力

$$P_{\substack{\max \\ \min}} = \frac{\sum G}{A} \pm \frac{\sum M}{W}$$

不均匀系数
$$\eta = \frac{P_{\max}}{P_{\min}} \leqslant [\eta]$$

式中：$\sum M$ 为全部荷载对基础底面垂直水流向形心轴的总力矩；W 为基础底面对垂直水流向形心轴的截面矩。

计算结果见附表 2.5。

附表 2.5　闸室稳定计算成果

荷载组合	计算工况	水位(m)		安全系数		地基应力(kPa)				不均匀系数	
		闸上	闸下	K_c	[K]	$P_{上游}$	$P_{下游}$	$P_{平均}$	[P]	η	[η]
基本组合	完建期	无	无			132.03	127.17	129.60	200	1.04	2.0
	最高运用水位	80.67	73.6	1.40	1.35	115.30	132.90	124.10	200	1.15	2.0
	设计洪水位	83.90	73.6	1.38	1.35	117.25	145.19	131.22	200	1.24	2.0
特殊组合	校核洪水位	84.90	73.6	1.24	1.20	114.70	161.26	148.37	200	1.41	2.5
	最高运用水位+地震情况	80.67	73.6	1.36	1.10	88.28	159.93	124.09	200	1.81	3.0

(4)成果分析：计算成果表明，不同运用工况，闸室稳定的各项控制指标均满足规范要求。地基应力 88.28～161.26 kPa，大于天然地基允许承载力(80 kPa)，需进行地基处理。地基应力不均匀系数 1.04～1.81，均小于允许值，符合规范要求。其安全系数为 1.22～1.47，满足相应工况规范要求指标。

5)翼墙稳定及基底应力计算

(1)荷载组合：闸室进口翼墙及箱涵出口"一"字翼墙完建情况荷载组合为：自重＋土重＋土压力。

(2)计算结果见附表 2.6。

附表 2.6　翼墙抗滑、抗倾及基底应力计算汇总

名称	K_c	[K_c]	K_0	[K_0]	P_{max} (kPa)	P_{min} (kPa)	[P] (kPa)	η	[η]
进口翼墙	1.46	1.35	6.73	1.5	210.4	147.0	224	1.46	2.0
出口翼墙	1.65	1.35	13	1.5	168.7	134.4	224	1.26	2.0

(3)成果分析：计算结果表明，翼墙抗滑、抗倾稳定及基底应力不均匀系数均满足要求。

6)渗流稳定计算

(1)基础防渗轮廓线布置。涵闸为粉细砂地基，按渗径系数法估算基础防渗轮廓线长度。

$$L = C\Delta H$$

式中：L 为闸基防渗长度，即闸基轮廓防渗部分水平段和垂直段长度的总和，m；ΔH 为上下游水位差，为 11.57 m；C 为允许渗径系数值，采用 9～13。

经计算，基础防渗长度应在 104.13～150.41 m，本涵闸基础防渗轮廓线水平投影总长为 145.46 m，在上述范围之内。

(2)渗流计算。

a.地基有效深度的确定。本工程地下轮廓线水平与垂直投影长度的比值 $L_0/S_0>5$，按有效深度 $T_e=0.5L_0$ 取值，鉴于 T_e 大于实际透水深度，故按实际透水深度计算，其层底高程为 58.0 m。

b. 分段阻力系数计算。进、出口段阻力系数：

$$\xi_0 = 1.5\left(\frac{S}{T}\right)^{3/2} + 0.441$$

式中：ξ_0 为进、出口段的阻力系数；S 为板桩或齿墙的入土深度，m；T 为地基透水层深度，m。

内部垂直段阻力系数： $\xi_y = \frac{2}{\pi}\ln\cot\left[\frac{\pi}{4}\left(1 - \frac{S}{T}\right)\right]$

内部水平段阻力系数： $\xi_x = \frac{L_x - 0.7(S_1 + S_2)}{T}$

式中：L_x 为水平段长度，m；S_1、S_2 分别为进、出口板桩或齿墙的入土深度，m。

c. 分段水头损失。计算公式如下：

$$h_i = \frac{\xi_i}{\sum_{i=1}^{n} \xi_i}\Delta H$$

式中：h_i 为各分段水头损失，m；ξ_i 为各分段的阻力系数；n 为总分段数；ΔH 为水闸的上下游水位差，m。

d. 进、出口水头损失修正。计算公式如下：

$$h_0' = \beta' h_0$$

$$h_0 = \sum_{i=1}^{n} h_i$$

其中

$$\beta' = 1.21 - \frac{1}{\left[12\left(\frac{T'}{T}\right)^2 + 2\right]\left(\frac{S'}{T} + 0.059\right)}$$

式中：h_0' 为进、出口段修正后的水头损失值，m；h_0 为进、出口段水头损失值，m；β' 为阻力修正系数，当 $\beta' \geqslant 1$ 时，取 1.0；S' 为底板埋深和板桩入土深度之和，m；T' 为板桩另一侧地基透水层深度，m。

若 $\beta' \geqslant 1$，说明不需要修正；若 $\beta' < 1$，则应进行修正，修正后水头损失减小值为：$\Delta h = (1 - \beta')h_0$。

e. 出口渗流坡降值：

$$J = \frac{h_0}{S} < [J]$$

选择设计防洪水位时，不设垂直防渗的基础防渗轮廓线进行渗流稳定复核。计算结果见附表 2.7。

附表 2.7　设计防洪水位基底渗透压力和不同部位水力坡降

项目	铺盖水平段		闸室水平段		涵洞水平段		消力池水平段		出口	
	始	末	始	末	始	末	始	末	始	末
渗压(m)	11.29	9.86	9.86	8.58	8.58	1.52	1.181	0.74	0.38	0.00
水力坡降	0.084		0.07		0.072		0.07		0.38	
允许水力坡降	0.20		0.20		0.09		0.09		0.39	

计算结果表明,基底各水平段水力坡降为0.084~0.072,出口出逸坡降为0.38,满足本工程渗流稳定控制指标要求。

7)沉降计算

采用《水闸设计规范》的分层总和法,计算最终沉降量。

$$S = m\sum_{i=1}^{n}\frac{e_{1i}-e_{2i}}{1+e_{1i}}h_i$$

式中:S为最终沉降量;e_{1i}为由压缩曲线所查第i层土平均自重应力的孔隙比;e_{2i}为第i层土平均自重应力加平均附加应力的孔隙比;h_i为第i层土厚度;m为地基沉降量修正系数,取1.4。

计算深度按附加应力为自重应力的1/5控制。

选取三个覆土厚度差别较大的部位进行最终沉降估算,其覆土顶高程分别为86.90 m、82.00 m、79.00 m。

作为基础下主要持力层的第②层粉细砂土属中密—密实的土层,多呈低压缩性。经计算三点的最终沉降量分别为9.5 cm、5.2 cm和3.2 cm。满足规范规定的最大沉降量不超过15 cm和相邻部位的最大沉降差不超过5 cm的规定。

8)地基处理设计

(1)地基处理目的。涵闸涵洞段、消力池及海漫段的基础均位于粉细砂层,而闸室部分及涵洞尾部的粉细砂层埋藏较深,约在71.00 m高程,该部位的基础层为砂壤土层,地基承载力只有80 kPa,满足不了建筑物对地基承载力的要求。而涵洞段地基压力也超过允许承载力224 kPa,故地基需要加固处理。

地基处理以提高承载力为主,同时减少渗压、改善地基应力不均匀性,以及边荷载所造成的基础不均匀深降,使各项指标满足规范要求。

(2)地基处理方案。工程主要持力层为饱和粉细砂地基,适宜水泥搅拌成桩,并且成桩后桩体强度高于水泥黏土搅拌桩。采用桩径$D=0.6$ m,桩体设计强度$P_v=1\ 800$ kPa,桩间距S为1.4 m,等边三角形布置。按复合地基计算,其地基承载力为:

$$R = \frac{1}{K}[mP_V + (1-m)P_s]$$

式中:K为安全系数,K采用2.0;m为面积置换率,$m=\frac{D^2}{(1.05S)^2}=0.167$。

天然地基承载力采用第二层,即粉细砂层的桩端容许承载力$P_s=200$ kPa。

经计算$R=233$ kPa,满足涵闸最大地基应力229 kPa要求。

本方案桩体水泥掺量按10%控制。涵闸共布桩928根,单桩长7 m。总桩长6 496 m。

考虑涵闸闸室基础、箱涵尾部和进口混凝土翼墙基础下部的第一层砂壤土数量很少,且结构松软,承载力低,存在振动液化并有不均匀沉陷的趋势,因而施工时将其挖除并换成壤土,以增加稳定性和承载力。

9)水工建筑物外部观测设计

(1)观测项目。根据涵闸结构布置特点和安全运用要求,主体建筑物设垂直位移、闸室基础扬压力、上下游水位、过闸流量观测等。

(2)观测设备布置。

a. 垂直位移观测：为监测建筑物的沉降量和沉降差，分析判别安全运用情况。测点具体布置如下：

闸室段：两边墩顶部外露部分首部各布 1 点，共 2 点；闸底板靠边墩首尾各 1 点，共 4 处，总计 8 点。

涵洞段：每洞段于两边孔靠近边墩首、尾各设 1 点，共 20 点。

进口翼墙：每段翼墙顶部两端各设 1 点，计六段墙 12 个测点。

出口翼墙：两岸一字墙两端各设 1 点，共设 4 测点。

上述总计 46 个测点。

标点以φ16 钢筋制作，顶部焊不锈钢磨圆，外露混凝土基面 1 cm。垂直位移观测的工作基点利用原红旗闸的基点，不再新建。涵洞的垂直位移观测需在停水期洞内无水时进行，应做好检测安排。

b. 闸室基础扬压力观测：观测设备采用渗压计，其电缆埋设于底板和墩墙内。集中引至左边墩排架处，再沿排架引至中控室的集线箱内观测。渗压计于一侧边孔和中孔各布一排。

c. 上、下游水位自动测量：采用数字式水位综合测量装置，自动监测上、下游水位。测站的测井应设在流态稳定断面，并尽量靠近中控室，方便管理和减少敷设电缆。上游测井设在左岸边铺盖段前 10 m，下游设在左岸边相应海漫首部位置。测井采用 DN500 钢管，管底埋设于渠底同高位置，并通过 DN100 硬塑料管与渠道连通。井内装设水位传感器，通过电缆传输至中控室。

d. 上、下游水尺：为便于现场随时查看水位，在进出口翼墙设搪瓷标尺，进口尺高 8.0 m、出口尺高 4.0 m，共 12.0 m。

e. 测流缆道：为计量过闸流量，于下游海漫段设测流缆道，横跨渠道，缆道跨距 50 m，并于左岸设缆道房，房内设置双频式测流绞车，存放流速仪等测流设备。

10）箱涵段结构受力计算

(1)基本资料。箱涵顶部最大回填土高程为 86.90 m，回填土为壤土或砂壤土，其主要参数为：$\gamma_{湿}=1.85\ g/cm^3$，$\gamma_{干}=1.55\ g/cm^3$，$\gamma=2.0\ g/cm^3$，$\gamma_{sat}=2.02\ g/cm^3$，$\varphi=25°$，凝聚力$C=6\ kPa$。

箱涵段地下水位在 75.2～76.2 m，平均取 75.5 m 作为计算的地下水位。

(2)计算工况。建筑物安全级别为Ⅰ级，受力为持久状况。

结构系数和荷载分项系数根据《水工混凝土结构设计规范》确定。箱涵混凝土标号为 C20。

内力图是根据箱涵各种受力工况最不利组合计算得出的，其中包括涵洞内不过水、中间一孔过水、两边孔过水和三孔同时过水 4 种工况。一节(10 m)箱涵钢筋用量为 20.8 t。由于箱涵基础采用较密的搅拌桩，因此基础按弹性地基考虑。计算简图中各力均未考虑各项设计系数，内力计算考虑荷载分项系数、结构重要性系数和设计状况系数，配筋计算还考虑了结构系数。

(3)计算简图。箱涵 3 孔一连，顶板边墙厚 60 cm，底板厚 70 cm。净断面为 2.7 m ×

3.58 m,结构受力计算断面为3.3 m×4.23 m。计算简图(取箱涵单位长度按平面计算,箱涵内水压力未时)见附图2.2,标准箱涵段内力图见附图2.3,配筋图见附图2.4。

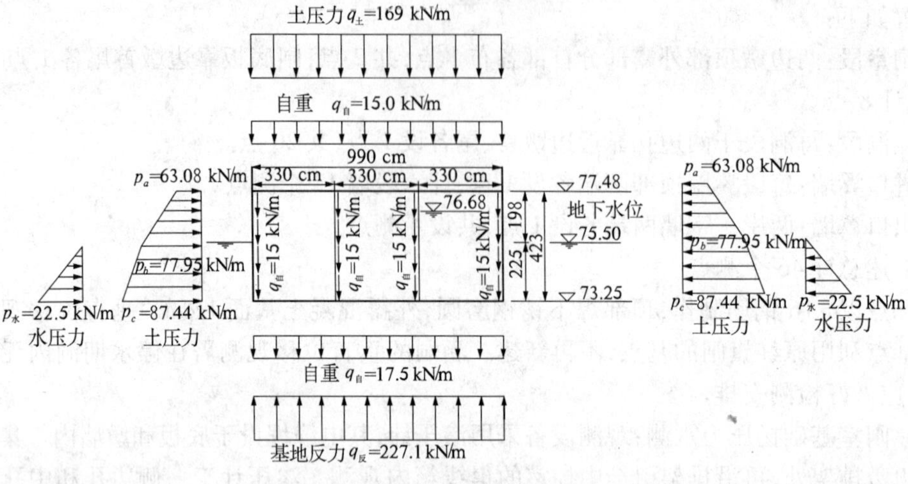

附图2.2　箱涵结构受力工况计算简图

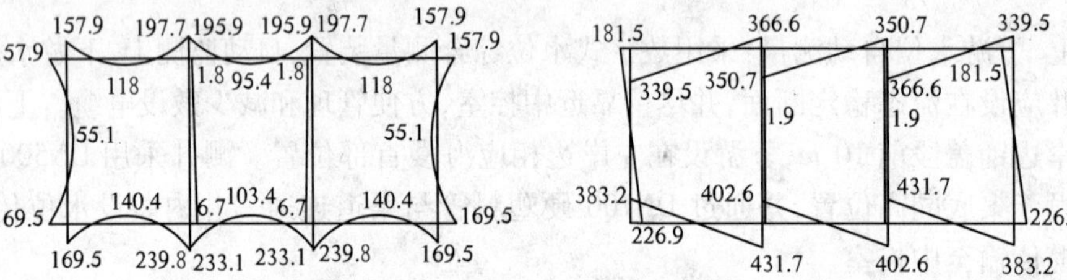

(a) 弯矩图 (单位: kN·m)　　(b) 剪力图 (单位: kN)

附图2.3　内力图(最不利组合)

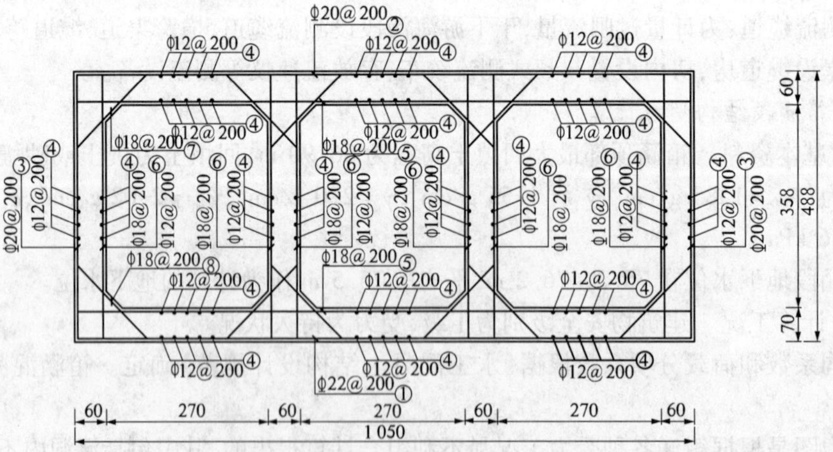

附图2.4　箱涵标准段配筋图　(单位:cm)

参考文献

[1] 熊启钧. 涵洞[M]. 北京:中国水利水电出版社,2006.

[2] 宋万增,朴哲浩,宋力,等. 水闸安全鉴定技术指南[M]. 郑州:黄河水利出版社,2009.

[3] 陈宝华,张世儒. 水闸[M]. 北京:中国水利水电出版社,2003.

[4] 刘细龙,陈福荣. 水闸与启闭设备[M]. 北京:中国水利水电出版社,2003.

[5] 洪晓琳,柯敏勇,金初阳,等. 水闸安全检测与评估分析[M]. 北京:中国水利水电出版社,2007.

[6] 孙志恒,鲁一晖,岳跃真. 水工混凝土建筑物的检测评估与缺陷修补工程应用[M]. 北京:中国水利水电出版社,2004.

[7] 魏涛,李珍,等. 化灌法[M]. 北京:中国水利水电出版社,2006.

[8] 杨定华,李小平,等. 抗碳化法[M]. 北京:中国水利水电出版社,2006.

[9] 王恩远,吴迈. 工程实用地基处理手册[M]. 北京:中国建材工业出版社,2005.

[10] 徐志钧,等. 建筑地基处理工程手册[M]. 北京:中国建材工业出版社,2005.

[11] 中国工程院土木水利与建筑学部工程结构安全性与耐久性研究咨询项目组. 混凝土结构耐久性设计与施工指南[M]. 北京:中国建材工业出版社,2004.

[12] 杨世斌,伍至刚. 水闸工程观测[M]. 北京:中国建材工业出版社,2007.

[13] 张严明. 全国病险水库与水闸除险加固专业技术论文集[C]. 北京:中国水利水电出版社,2001.

[14] 蒋元驷,韩素芳. 混凝土工程病害与评估分析[M]. 北京:海洋出版社,1996.

[15] 黄国兴,陈改新. 水工建筑物修补技术及应用[M]. 北京:中国水利水电出版社,1998.

[16] 孙志恒,鲁一晖. 水工建筑物病害评估与修补文集[C]. 北京:中国水利水电出版社,1998.

[17] 熊进,祝红,董建军. 长江三峡工程灌浆技术研究[M]. 北京:中国水利水电出版社,2003.

[18] 李桂林. 环氧树脂与环氧涂料[M]. 北京:环境工业出版社,2003.

[19] 白永年,等. 中国堤防防渗加固新技术[M]. 北京:中国水利水电出版社,2003.

[20] 龚晓楠. 地基处理手册[M]. 北京:中国建筑工业出版社,2000.

[21] 龚晓楠. 复合地基理论及工程应用[M]. 北京:中国建筑工业出版社,2002.

[22] 侯发亮. 建筑结构粘结加固的理论与实践[M]. 武汉:武汉大学出版社,2003.

[23] 李惠强. 建筑物结构诊断鉴定与加固修复[M]. 武汉:武汉大学出版社,2001.